"十三五"国家重点出版物出版规划项目
材料科学研究与工程技术系列图书

材料研究方法

Materials Research Methods

● 黄新民　等编著

哈尔滨工业大学出版社
HARBIN INSTITUTE OF TECHNOLOGY PRESS

内 容 简 介

本书主要介绍材料分析研究的新方法,包括典型透射电子显微镜,扫描电子显微镜,扫描探针显微镜,X 射线衍射分析技术,X 射线光电子能谱原理与应用,X 射线荧光光谱分析,等离子体发射光谱,红外吸收光谱法和激光拉曼光谱法。

本书是材料科学与工程学科必备的研究和测试类图书,也是从事材料科学研究与分析测试的工程技术人员的参考书。

图书在版编目(CIP)数据

材料研究方法/黄新民等编著. —哈尔滨:哈尔滨工业大学出版社,2017.11(2019.1 重印)

ISBN 978 - 7 - 5603 - 6724 - 8

Ⅰ.①材⋯ Ⅱ.①黄⋯ Ⅲ.①材料科学-研究方法 Ⅳ.①TB3 - 3

中国版本图书馆 CIP 数据核字(2017)第 125443 号

策划编辑 杨 桦 张秀华
责任编辑 张秀华
封面设计 卞秉利
出版发行 哈尔滨工业大学出版社
社   址 哈尔滨市南岗区复华四道街 10 号 邮编 150006
传   真 0451 - 86414749
网   址 http://hitpress. hit. edu. cn
印   刷 哈尔滨圣铂印刷有限公司
开   本 787mm×960mm 1/16 印张 23.5 字数 400 千字
版   次 2017 年 11 月第 1 版 2019 年 1 月第 2 次印刷
书   号 ISBN 978 - 7 - 5603 - 6724 - 8
定   价 68.00 元

前　言

科学技术的发展促进了对材料的需求,人们不断地在发展创造各种各样的材料以满足各种各样的性能要求。材料的性能取决于材料的成分、结构、微观组织和缺陷等,任何一种材料的宏观性能或行为,都是由材料的成分和微观组织结构决定的。材料在制备、加工、运输和使用过程中都可能受到自身成分、组织与外部环境(温度、压力等)的共同作用而产生成分与组织结构的变化,进而影响性能。掌握这些材料成分及组织性能变化的详细信息对于研制、生产和使用新材料都是必须的。因此,一系列材料分析测试技术应运而生。

现代材料分析表征方法主要是以电子、中子、离子、电磁辐射等为探针与样品物体发生相互作用,产生各种各样的物理信号,接收、分析这些信号来分析表征材料的成分、结构、微观组织和缺陷等。概括起来,这些分析表征方法可分为衍射法、显微镜法、光谱法、能谱法、电化学法、热分析方法等。

本书主要介绍近年发展起来的,比较现代的和常用的分析测试方法,主要包括三个部分。第一部分是扫描电子显微镜和扫描探针显微镜的分析方法;第二部分是基于 X 射线的 X 射线衍射学、X 射线光电子能谱和 X 射线荧光光谱的分析方法;第三部分是光谱分析,包括等离子发射光谱、红外吸收光谱和激光拉曼光谱的分析方法。

全书分为 9 章,第 1 章由黄新民撰写,第 2 章和第 5 章由解挺撰写,第 3 章由黄新民、吴玉程撰写,第 4 章由袁晓敏撰写,第 6 章由黄新民、吴国胜撰写,第 7 章和第 8 章由谢跃勤、刘少民撰写,第 9 章由吴晓静撰写。全书由黄新民统稿定稿。

由于编者水平有限,书中疏漏之处在所难免,如蒙指正,不胜感谢。

编　者

2016 年 9 月

目　　录

第1章　透射电子显微镜

随着科学技术的发展,透射显微镜因其有限的分辨本领而难以满足许多微观分析的需求。20 世纪 30 年代后,电子显微镜的发明将分辨本领提高到纳米量级,同时也将显微镜的功能由单一的形貌观察扩展到集形貌观察、晶体结构分析、成分分析等功能于一体。人类认识微观世界的能力从此有了长足的发展。

1.1　分析型透射电子显微镜

透射电子显微镜(Transmisson Electron Microscopy, TEM)的发展趋势是追求高分辨率与多功能集成。所谓分析透射电子显微镜(Analytical Transmisson Electron Microscopy, AEM)就是将晶体结构分析、形貌分析、成分分析等多种功能集成在一起,实现对观察分析微区的原位分析,这种原位分析功能是其他分析仪器所不具备的。

1.1.1　AEM 的结构与功能

AEM 的组成结构如图 1.1 所示。AEM 的多种功能是在 TEM 的基础上增加附件实现的。常见的扩展功能的附件有:

扫描附件(SEM)是在样品上方安装二次电子(背散射电子)探测器,接收二次电子(背散射电子)调制成像实现对样品表面形貌的观察。

能谱仪(EDS)是以安装在样品上方的锂漂移硅探头接收样品中被激发出的特征 X 射线,实现样品成分分析。

透射扫描成像(STEM)装置是在样品下表面接收透射扫描电子成像,分析样品内部组织形貌。

电子能量损失谱(EELS)装置是在电镜下部(成像部位),其作用是接收经过样品损失后的一定能量的电子,根据损失的特征能量分析微区成分及元素价态等。

能量过滤器(FEG)是在样品与成像位置中间安装 Ω 形能量过滤器,以损失了特征能量的电子成像。

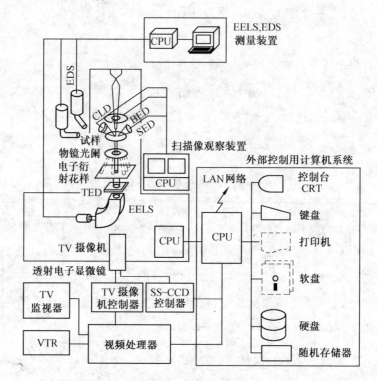

图 1.1 AEM 的组成结构图

另外,AEM 还能通过样品台的设计,实现对样品的连续加热、冷却与拉伸,扩展 TEM 的动态研究。通常加热台温度可达 800 ~ 1 000 ℃,实现对样品材料在加热状态下及相变过程中组织成分的分析。冷却台一般是注入液态 N_2 进行降温,冷却温度通过冷质传递到样品,因此冷却温度在 -196 ℃ 以下。拉伸台可以对样品进行拉伸过程中裂纹起源及扩展路径的观察分析。

1.1.2 AEM 的成像方式

在分析型透射电子显微镜中有多种成像方式,通过这些不同的成像方式可以从不同角度去观察分析材料的组织形貌。

（1）TEM 像。TEM 像显示的是样品晶体组织与缺陷形貌。

（2）SEM 像。AEM 中的 SEM 装置是一台扫描电镜,获得的是一幅二次电子图像,给出的是样品表面组织形貌。虽然两者同为 SEM,但 AEM 中的 SEM 附件与 SEM 还是有一定的区别。首先是加速电压不同,AEM 中电压在 35 ~ 200 kV(以 H-800 电镜为例),而常见 SEM 中的加速电压小于等于 30 kV,高电压下图像分辨率更高。其次,AEM 中的样品是透射电镜的薄样品或小样品,所以对材料导电性能要求较低。由于薄样品或小样品表面电荷累积程度低,所以导电性能不好的样品,可以在 AEM 中观察,而在 SEM 中的大样品则必须喷镀导电层才能进行观察。

（3）STEM 像。这种成像方式是以聚焦电子束来扫描样品,在样品下方接收透过样品的扫描电子成像。STEM 像衬度与 TEM 像衬度原理相同,但是 STEM 成像不存在色差,所以在样品较厚的区域,TEM 成像很差或不能成像时, STEM 仍然可以成一幅清晰度满意的像。STEM 像在同等条件下比 TEM 像的分辨率低。STEM 也可以通过接收大散射角的电子成暗场像(DSTEM)。

（4）成分像。这是以某一特征能量的电子束成像,对应于 SEM 或 STEM 图像,在含有该特征能量元素的区域显示亮点。这是 EDS 分析方法中的一种,即元素分布面扫描。

（5）能量过滤图像。这种方法成像是通过能量过滤器将弹性散射、非弹性散射的各种能量损失的电子区分开,有选择地接受特征能量损失的电子成像。能量过滤像分为零损失像、Z-衬度像、元素分布像。

零损失像是过滤掉非弹性散射电子成像,可以有效地提高图像的衬度与分辨率。

Z-衬度像是原子弹性散射截面与弹性散射截面的比值像,Z-衬度像强度正比于原子序数 Z,常用于显示单个原子位置。

仅接收损失了特定能量的电子成像,从而显示该特征能量损失的原子在样品中的位置,给出含有该元素的物相形貌,就是元素分布像,如图 1.2 所示。能量过滤像通过 C-K 边能量和 N-K 边能量能很好地显示样品中 SiC 和 SiN 相的形态与分布。其作用虽与 EDS 像相同,但像的清晰度、完整性、立体感是 EDS 像无法比拟的。由于 EDS 与 EELS 分析元素的范围、灵敏度等的不同,两者可以互补不足。

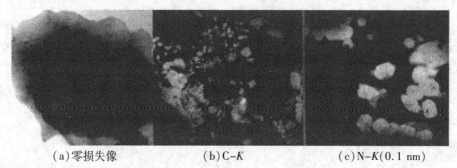

(a)零损失像　　　　　　(b)C-K　　　　　　(c)N-K(0.1 nm)

图 1.2　SiN-SiC 的能量过滤像

1.1.3　AEM 的成分分析

AEM 的成分分析是由两个附件实现的,一个是 EDS,一个是 EELS。

1. EDS

EDS 是以 Si(Li)半导体探测器接收特征 X 射线的能量,根据特征 X 射线能量分析样品中含有什么元素,这些元素含量是多少。EDS 的特点是效率高,几分钟就能分析一个样品,并能给出定量或半定量结果。但是 EDS 分析范围通常在 Z:11～92,分辨率大于 133 eV,定量精度不高。当 Si(Li)探头的铍窗打开后,EDS 可分析 Z:5～92 的元素,但对轻元素的分析精度较差。近年来 EDS 在分析软件方面有较大改进,使得 EDS 分析精度大大提高,使之成为 TEM 中最基本、最可靠、最重要的分析方法。

2. EELS

EELS 是 AEM 中另一种成分分析方法。以往人们认为 EELS 在轻元素分析上比 EDS 强,而定量分析效果不佳。近年来随探测器的改进和场发射电子枪的应用,分析精度有显著提高,所以 EELS 越来越广泛地作为 TEM 的附件应用于样品的深入分析。

透射电子显微镜的结构和光路图如图 1.3 所示。由图可见,透过样品的电子在电镜成像面下部,以扇形磁场进行色散,通过探测器接收展开线 EELS 谱图。最早接收装置是以底片记录 EELS 谱,到 20 世纪 20 ~ 70 年代,采用的是闪烁体和光电倍增管组合探测器,这是一种串行探测器。今天接收 EELS 的是由连

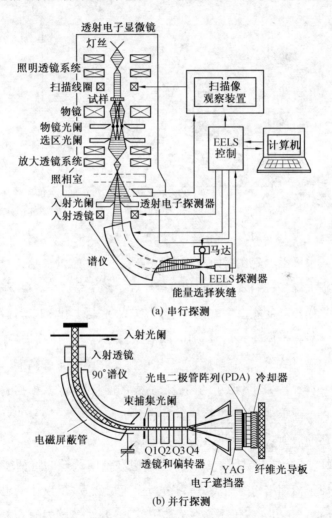

图 1.3　透射电子显微镜的结构和光路图

接钇榴石(YAG)晶体和纤维光导板的半导体并行探测器元件,以及光电二极管阵列(1 024 或 2 048 通道的)构成的探测器,与串行探测器相比,效率提高了数倍。

电子束射到样品中与样品原子发生相互作用,产生了弹性散射与非弹性散射,将发生能量损失的非弹性散射电子接收起来,并按损失的能量展开就是 EELS。图 1.4 是一个氧化铁粒子的电子能量损失谱。

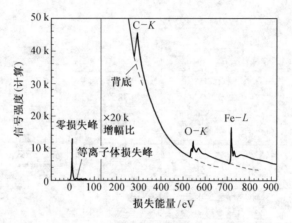

图 1.4　氧化铁粒子的电子能量损失谱

在图 1.4 中可以看到在谱的左侧首先出现一个尖锐的峰,这是具有入射电子能量的零损失峰(Zero Loss)。它的右侧伴有一些小峰,这是等离子体激发的电子能量损失的峰。低能损失谱对试样中特定的元素并不具有特征性,但对某些能给出尖锐等离子体峰的元素,则可以精确测定等离子体损失峰的能量,以分析样品中的微区成分、样品厚度、电子密度等。在图 1.4 的高能一侧是支持膜中 C 原子和样品中 O、Fe 原子的内壳层激发的能量损失峰,根据它的能量值和强度分布可以确定其元素,进行成分分析和价态分析。EELS 的背底则是由晶格振动引起的散射、自由电子激发、韧致辐射等形成。

对于 EELS 来说,内壳层激发的 K 边、L 边和带间跃迁的特征能量损失含有更丰富的原子精细结构的信息,所以分析内壳层激发,不仅能给出样品所含元素,而且还可以获得元素价态。在电离边以上 50 eV 范围内的 EELS 谱图,称之为近边结构(XANES)。在这 50 eV 范围内由 2 ~ 3 个明显的峰组成,它和 X

射线吸收谱的近边结构相当,简单的解释是费密能级上态密度有起伏。图 1.5 是 C 不同结构的 EELS 谱图,可以明显地看出近边结构的差异。完整的金刚石结构不存在 π^* 峰(π^* 峰对应的是石墨层与层间的原子结合键,σ^* 是层内原子结合键)。图 1.6 是 Cu 与铜化合物的 EELS 谱图。由图可以看出纯铜没有 2p 到 3d 跃迁产生的尖锐峰,但铜化合物的 3d 电子一部分给了氧,空出一些便可以提供 2p 到 3d 的跃迁,所以 CuO 就可以形成能量损失峰。

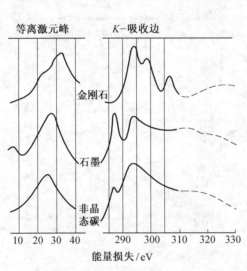

图 1.5　C 不同结构的 EELS 谱图

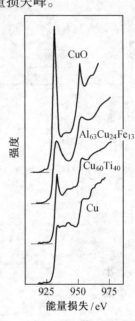

图 1.6　Cu 与铜化合物的 EELS 谱图

在电离边以上延伸几百 eV 的范围的 EELS 谱图是由芯电子激发强度的较弱的周期性调制组成,它和 X 射线吸收谱的近边结构相似,称之为广延能量损失精细结构(EXELFS)。在 EXELFS 中通过激发的强度把振荡分量分离出来进行傅里叶变换并考虑应有的相移,可以得到径向分布的函数(RDF),给出特定元素的配位原子数和其他有关配位的信息。图 1.7 给出了对有关石墨的 C-K 边高能区域 EXELFS 的分析结果。图中分布函数主峰对应的是石墨碳原子间距($d=0.14$ nm)。

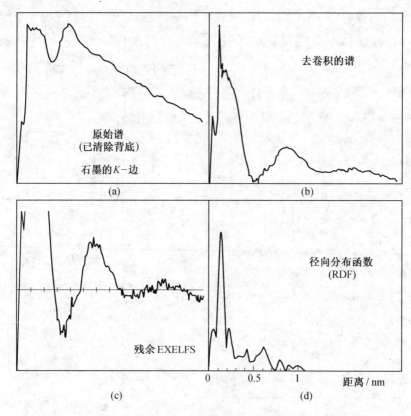

图 1.7　石墨的 C–K 边以及求出的石墨径向分布函数(RDF)

1.2　透射电子显微镜样品制备

透射电子显微镜成像时,电子束是透过样品成像。由于电子束的穿透能力比较低,用于透射电子显微镜分析的样品必须很薄,根据样品的原子序数大小不同,一般在 50~500 nm 之间。制备透射电子显微镜分析样品的方法很多,这里介绍几种常用的制样方法。

1.2.1　复型样品的制备

所谓复型就是把样品表面形貌复制出来,其原理与侦破案件时用石膏复制罪犯鞋底花纹相似。复型法实际上是一种间接或部分间接的分析方法,因为通过复型制备出来的样品是真实样品表面形貌组织结构细节的薄膜复制品。使用这种方法主要是因为早期透射电子显微镜的制造水平有限和制样水平不高,难以对实际样品进行直接观察分析。近年来扫描电子显微镜分析技术和金属薄膜技术发展很快,复型技术几乎被这两种分析方法所代替。但是,用复型观察断口比扫描电镜的断口清晰,以及复型金相组织和透射金相组织之间的相似,致使复型电镜分析技术至今仍有人使用,而使用最多的是萃取复型。

复型方法有一级复型法、二级复型法和萃取复型法三种。

1. 一级复型

图 1.8 是塑料一级复型的示意图。在已制备好的金相样品或断口样品上滴上几滴体积分数为 1% 的火棉胶醋酸戊酯溶液或醋酸纤维素丙酮溶液,溶液在样品表面展平,多余的溶液用滤纸吸掉,待溶剂蒸发后样品表面即留下一层 100 nm 左右的塑料薄膜。把这层塑料薄膜小

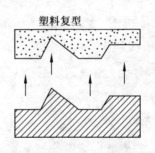

图 1.8　塑料一级复型示意图

心地从样品表面揭下来,剪成小于 3 mm×3 mm 的小块后,就可以放在直径为 3 mm 的专用铜网上,进行透射电子显微分析。制备塑料一级复型不破坏样品,但塑料一级复型因其塑料分子较大,所以分辨率较低。塑料一级复型在电子束照射下易发生分解和破裂。

另一种是碳一级复型。碳一级复型是直接把表面清洁的金相样品放入真空镀膜装置中,在垂直方向上向样品表面蒸镀一层厚度为数十纳米的碳膜。蒸发沉积层的厚度可根据放在金相样品旁边的乳白瓷片的颜色变化来估计。在瓷片上事先滴一滴油,喷碳时油滴部分的瓷片不沉积碳而基本保持本色,其他部分随着碳膜变厚而渐渐变成浅棕色和深棕色。一般情况下,瓷片呈浅棕色

时,碳膜的厚度正好符合要求。把喷有碳膜的样品用小刀划成对角线小于 3 mm 的小方块,然后把样品放入配好的分离液中进行电解或化学分离。碳膜剥离后也必须清洗,然后才能进行观察分析。碳一级复型的特点是在电子束照射下不易发生分解和破裂,分辨率可比塑料复型高一个数量级,但进行碳一级复型时,样品易遭到破坏。

2. 二级复型

二级复型是应用最广的一种复型方法。它是先制成中间复型(一次复型),然后在中间复型上进行第二次碳复型,再把中间复型溶去,最后得到的是第二次复型。醋酸纤维素(AC 纸)和火棉胶都可以作中间复型。

图1.9 为二级复型制备过程示意图。图 1.9(a)为塑料中间复型,图1.9(b)为在揭下的中间复型上进行碳复型。为了增加衬度可在倾斜15°~45°的方向上喷镀一层重金属,如 Cr,Au 等(称为投影)。一般情况下,在一次复型上先投影重金属再喷镀碳膜,但有时也可喷投次序相反,图1.9(c)表示溶去中间复型后的最终复型。

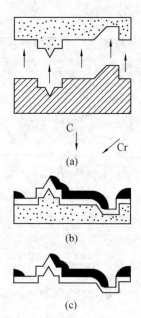

图1.9 二级复型制备过程示意图

塑料-碳二级复型可以将两种一级复型的优点结合,克服各自的缺点。制备复型时不破坏样品的原始表面,最终复型是带有重金属投影的碳膜,其稳定性和导电导热性都很好,在电子束照射下不易发生分解和破裂。但因中间复型是塑料,所以,塑料-碳二级复型的分辨率和塑料一级复型相当。塑料-碳二级复型是使用较多的一种复型技术,图1.10 是一些二级复型组织形貌照片。

3. 萃取复型

在需要对第二相粒子形状、大小和分布进行分析的同时对第二相粒子进行物相及晶体结构分析时,常采用萃取复型的方法。图1.11 是萃取复型的示意

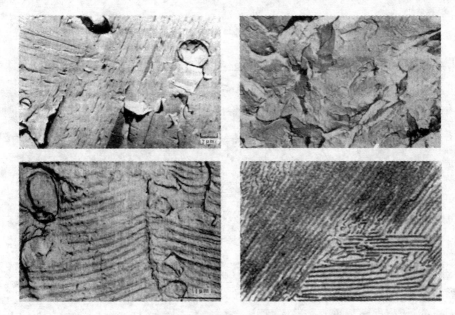

图 1.10　二级复型组织形貌照片

图。这种复型的方法和碳一级复型类似，只是金相样品在腐蚀时应进行深腐蚀，使第二相粒子容易从基体上剥离。此外，进行喷镀碳膜时，厚度应稍厚，以便把第二相粒子包裹起来。蒸镀过碳膜的样品用电解法或化学法溶化基体（注意电解液和化学试剂应该对第二相不起溶

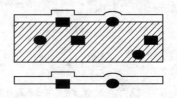

图 1.11　萃取复型示意图

解作用），因此带有第二相粒子的萃取膜和样品脱开后，膜上第二相粒子的形状、大小和分布仍保持原来的状态。萃取膜比较脆，通常在蒸镀的碳膜上先浇铸一层背膜，待萃取膜从样品表面剥离后，再用溶剂把背膜溶去，由此可以防止膜的破碎。

　　可以在萃取复型的样品上观察样品组织形态，同时观察第二相粒子的形状、大小和分布，对第二相粒子进行电子衍射分析，还可以直接测定第二相的晶体结构。

1.2.2 粉末样品的制备

随着材料科学的发展,超细粉体及纳米材料发展很快,而粉末的颗粒尺寸大小、尺寸分布及形态对最终制成材料的性能有显著影响,因此,如何用透射电镜来观察超细粉末的尺寸和形态便成了电子显微分析的一项重要内容。其关键工作是粉末样品的制备,样品制备的关键是如何将超细粉体的颗粒分散开来,各自独立而不团聚。

需透射电子显微镜分析的粉末颗粒一般都小于铜网小孔,因此要先制备对电子束透明的支持膜。常用支持膜有火棉胶膜和碳膜,将支持膜放在铜网上,再把粉末放在膜上送入电镜分析。粉末或颗粒样品制备的关键是能否使其均匀分散到支持膜上。通常用超声波搅拌器,把要观察的粉末或颗粒样品加水或溶剂搅拌为悬浊液;然后,用滴管把悬浊液滴一滴在黏附有支持膜的样品铜网上,静置干燥后即可供观察。为了防止粉末被电子束打落污染镜筒,可在粉末上再喷一层薄碳膜,使粉末夹在两层膜中间。

对于一些脆性材料,进行 TEM 分析时可以通过研磨方法进行粉碎,制成粉末样品进行分析。

1.2.3 大块材料制备薄膜样品

大块材料制备薄膜样品通常经过下面三个步骤:

(1)从大块试样上切割薄片。

(2)将薄片样品进行研磨减薄。

(3)将研磨减薄的样品进一步地最终减薄。

从大块材料上切取薄片的方法因材料不同而异,对于金属材料可以用电火花切割方式(又称线切割)切下 0.3 ~ 0.5 mm 的薄片,如图 1.12 所示;对于无机非金属材料则可用金刚石切刀切割约 0.5 mm 的薄片。上述切割过程必须保持在冷却条件下进行,例如金属线切割过程中始终用泵泵取冷却液沿钼丝流下,保持切割面冷却。

无论是切割下的金属薄片还是无机非金属薄片都需要进一步研磨减薄。为了便于手工握持或机械夹持,可以将切割的薄片黏着在稍大的物体上,黏着样品薄片的胶水可以是 502 胶水等黏着剂。黏着好的薄片在水砂纸上研磨,一边研磨一边用水冷却,确保磨面不会因为摩擦而升温过高;另一方面,研磨过程中要反复调换研磨面,使薄片两面摩擦磨损均匀,以免应力不均引起试样翘曲变形。当薄片被研磨到约 50 μm 左右,

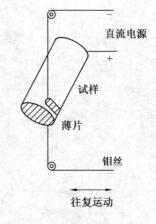

图 1.12　金属薄片的线切割示意图

再从薄片上取出一些直径为 3 mm 圆片样品进行最终减薄。

50 μm 左右的厚度对电子束来说还是太厚,难以透过,必须进行最终减薄。最终减薄方法有两种即双喷减薄和离子减薄。效率最高和最简便的方法是双喷减薄抛光法。图 1.13 为双喷电解减薄方法的示意图。将研磨减薄后的直径为 3 mm 圆片夹持在试样架中,试样架与阳极相连。减薄时,直径为 3 mm 圆片的中心部位两侧各有一个电解液喷嘴,从喷嘴喷出的液柱和阴极相接,这样作为阳极的样品被腐蚀抛光。电解液是通过耐酸泵进行循环的,在两个喷嘴的轴线上还装有一对光导纤维,其中一个光导纤维和光源相接,另一个则和光敏元

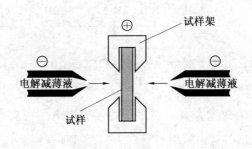

图 1.13　双喷电解减薄方法的示意图

件相连。如果样品经抛光减薄时中心出现小孔,光照射到光敏元件上,输出的电信号就可以将抛光腐蚀线路的电源切断。用这样的方法制成的薄膜样品,中心穿孔附近有一个较大的楔形薄区,可以被电子束穿透。直径为 3 mm 圆片周边是一个厚度较大的刚性支架,可以保证样品夹持搬运过程中不会损坏。因为透射电子显微镜样品座的直径也是 3 mm,因此,用双喷抛光装置制备好的样品可以直接装入电镜,进行分析观察,观察区域就是穿孔附近的薄区。常用电解抛光液的成分见表 1.1。

表 1.1　常用电解抛光液的成分

材　料	电解抛光液成分(体积分数)	备　注
铝及其合金	(1)1% ~20% $HClO_4$+C_2H_5OH (2)8% $HClO_4$+11% $(C_4H_9O)CH_2CH_2OH$+ 　　79% C_2H_5OH+2% H_2O (3)40% CH_3COOH+30% H_3PO_4+20% HNO_3	双喷减薄,−10 ℃ ~ −30 ℃ 电解抛光,15 ℃ 双喷减薄,−10 ℃
铜及其合金	(1)33% HNO_3+7% CH_3OH (2)25% H_3PO_4+25% C_2H_5OH+50% H_2O	双喷减薄或电解抛光, 10 ℃
钢	(1)2% ~10% $HClO_4$+C_2H_5OH (2)96% CH_3COOH+4% H_2O+200 g/L CrO_3	双喷减薄,−20 ℃ ~室温 电解抛光,65 ℃搅拌 1 h
铁和不锈钢	6% $HClO_4$+14% H_2O+80% C_2H_5OH	双喷减薄
钛和钛合金	6% $HClO_4$+35% $(C_4H_9O)CH_2CH_2OH$+59% C_2H_5OH	双喷减薄,0 ℃

大块材料制取透射电子显微镜样品必须注意下列问题:首先,切割部位应选择准确,切割的薄片能代表大块材料或者是有用的区域。其次,在切割薄片、研磨和最终减薄过程中,必须保证样品不会发生组织结构或成分的变化,不会被氧化或腐蚀。因此切割的薄片不能太薄,以免切割过程引起组织变化;也不能太厚,否则研磨工作量太大。研磨时注意不能用力(或加载)太大,过大的研磨压力会引起强烈变形,表面应力太大。一般薄片研磨到 50 μm 左右较合适。

过厚的材料研磨薄片不仅使最终减薄时间延长,而且难以得到较大的薄区;但是,太薄的材料研磨薄片,最终减薄后样品机械强度太低难以夹持。最后要注意的问题是减薄后的样品防腐蚀。双喷减薄介质通常是强腐蚀性的溶液,因此,双喷减薄腐蚀穿孔后应立即取出,在酒精溶液中清洗干净,放在滤纸上晾干,在干燥的环境下保存。

离子减薄是物理方法减薄,它采用离子束将试样表层材料层层剥去,最终使试样减薄到电子束可以通过的厚度。图 1.14 是离子减薄方法示意图。试样放置于 $10^{-2} \sim 10^{-3}$ Pa 的高真空样品室中,离子束(通常是高纯氩)从两侧在 $3 \sim 5$ kV加速电压加速下轰击试样表面,样品表面相对离子束成 $0° \sim 30°$ 的夹角。离子减薄方法可以适用于矿物、陶瓷、半导体及多相合金等电解抛光所不能减薄的场合。离子减薄的效率较低,一般情况下 4 μm/h 左右,但是离子减薄的质量高薄区大。表 1.2 是双喷减薄和离子减薄的比较。

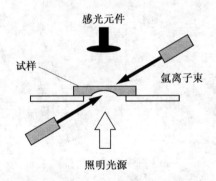

感光元件

试样

氩离子束

照明光源

图 1.14 离子减薄方法示意图

表 1.2 双喷减薄和离子减薄的比较

	适用的样品	效 率	薄区大小	操作难度	仪器价格
双喷减薄	金属与部分合金	高	小	容易	便宜
离子减薄	矿物、陶瓷、半导体及多相合金	低	大	复杂	昂贵

透射电子显微镜样品制备是复杂而困难的工作。对于透射电子显微分析,如果样品制备成功,那么整个实验就成功了一半。今天仍然有许多透射电子显微分析工作不能进行就是受阻于样品制备。为此,人们设计了多种多样的样品制备方法,研制了各种制样仪器设备,不断地提高样品制备的成功率。

1.2.4 大块表层材料的薄膜层样品制备

由于经过表面处理如镀、涂、渗层等工艺制备的透射电子显微镜样品薄膜的制备难度较大,通常采用的制备方法是,首先在镀、涂、渗层表面切割一块大面积的含有结合面的薄层;将薄层再切割成长宽都大于 3 mm 的小块;再将这些小块用黏接剂(通常是环氧树脂等)粘接成厚度大于 3 mm 的块;最后,沿厚度方向将块切割成数个约 0.5 mm 的薄片,按上节的制样方法制备电镜样品。工艺过程如图 1.15 所示。

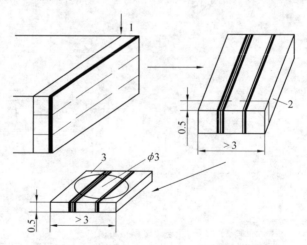

图 1.15　大块表层材料试样制备示意图

1—切割有结合面的薄层;2—将小块粘接在一起;3—切割成 0.5 mm 的薄片

通常这类样品最终采用离子减薄,而不要双喷减薄。为了减少离子减薄的时间,可以先用一种叫"挖坑机(dimpling)"的仪器将表面预磨减薄到一定程度,再离子减薄。

1.2.5 大块脆性材料的薄膜层样品制备

大块脆性材料如半导体材料、无机非金属材料等,制备透射电子显微镜样品不能像金属材料那样用线切割制备薄片。便捷的方法是将脆性材料用超声波切割机割出一段 $\phi 2.3$ mm 的圆棒,表面涂上黏接剂后塞入 $\phi(3.1 \sim 3.2)$ mm 的内孔为 $\phi 2.3$ mm 的铜管中,如图 1.16 所示。这时再将塞有分析材料的铜管切成约 0.5 mm 的薄片,用"挖坑机"将表面预磨减薄到一定程度,再离子减薄制备成透射电子显微镜需要的样品。

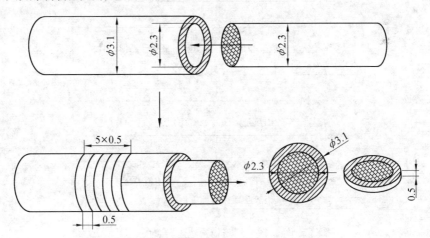

图 1.16 大块脆性材料试样制备示意图

1.2.6 超薄切片制备透射电镜样品

超薄切片制备样品是生物、医学试样制备透射电子显微镜样品的方法。这种制样方法也可以用在软的无机非金属、金属试样的超薄切片上。

超薄切片制备方法是将试样先包埋固定,然后用金刚石刀或玻璃刀切割薄片,再用铜网托住薄片制成样品。具体工艺步骤如图 1.17 所示。

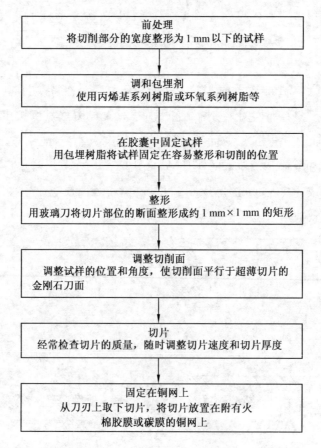

图 1.17   超薄切片法工艺步骤

包埋剂的作用是固定试样,可以选用丙烯基系列树脂或环氧系列树脂。丙烯系列树脂容易切薄,且切割后可用三氯甲烷等除去树脂。环氧系列树脂的特点是硬化时间短,耐电子束轰击。

超薄切片法要求操作者要有熟练的技术,无论是包埋、切片,还是将切片放置到铜网上都需要一定的经验和细心的操作,否则不仅得不到好的样品,还可能损坏贵重的金刚石刀。

超薄切片法的不足之处是切割试样时可能引入变形预应力导致晶格畸变。另外包埋剂或铜网的支撑膜等会成为显微像的背底。

参考文献

[1] 常铁军,刘喜军.材料近代分析测试方法(修订版)[M].哈尔滨:哈尔滨工业大学出版社,2010.

[2] 左演声,陈文哲,梁伟.材料现代分析方法[M].北京:北京工业大学出版社,2000.

[3] 进藤大辅,平贺贤二.材料评价的高分辨电子显微方法[M].刘安生,译.北京:冶金工业出版社,1998.

[4] 谈育煦,胡志忠.材料研究方法[M].北京:机械工业出版社,2004.

[5] 刘安生,邵贝羚.高压电子显微镜的发展[J].电子显微学报,2004,23(6):674-678.

[6] 汤栋,FREITAG B.透射电子显微镜分辨率的改进[J].电子显微学报,2004,23(4):293-297.

[7] 郭可信.金相学史话(6):电子显微镜在材料科学中的应用[J].材料科学与工程,2002,20(1):5-10.

第 2 章　扫描电子显微镜

扫描电子显微镜(Scanning Electron Microscope,SEM)是继透射电子显微镜(TEM)之后发展起来的一种电子显微镜。扫描电子显微镜的成像原理和透射显微镜或透射电子显微镜不同,它是以电子束作为照明源,把聚焦得很细的电子束以光栅状扫描方式照射到试样上,产生各种与试样性质有关的信息,然后加以收集和处理从而获得微观形貌放大像。尤其在最近 20 多年的时间内,扫描电子显微镜发展迅速,又结合了 X 射线光谱仪、电子探针以及其他许多技术而发展成为分析型的扫描电子显微镜,仪器结构不断改进,分析精度不断提高,应用功能不断扩大,越来越成为众多研究领域不可缺少的工具,目前已广泛应用于冶金矿产、生物医学、材料科学、物理和化学等领域。

扫描电子显微镜之所以得到迅速发展和广泛应用,主要是其具有以下特点:

(1)分辨本领较高,二次电子像分辨本领可达 7～10 nm。

(2)放大倍数变化范围大(从几十倍到几十万倍),且连续可调。

(3)图像景深大,富有立体感,可直接观察起伏较大的粗糙表面,如金属和陶瓷的断口等。

(4)试样制备简单。将块状或粉末的、导电的或不导电的试样不加处理或稍加处理,就可直接放到 SEM 中进行观察。其样品比透射电子显微镜(TEM)所用的试样制备简单,且可使图像更接近于试样的真实状态。

(5)可做综合分析。SEM 装上波长色散 X 射线谱仪(简称波谱仪)或能量色散 X 射线谱仪(简称能谱仪)后,在观察扫描形貌图像的同时,可对试样微区进行元素分析。装上半导体样品座附件,可以直接观察晶体管或集成电路的

p-n 结及器件失效部位的情况。装上不同类型的试样台和检测器可以直接观察处于不同环境(加热、冷却、拉伸等)中的试样显微结构形态的动态变化过程(动态观察)。

2.1　扫描电子显微镜的结构和工作原理

2.1.1　扫描电子显微镜的结构

扫描电子显微镜由电子透射系统、信号收集及显示系统、真空系统及电源系统组成。其实物照片以及结构原理图,如图 2.1 所示。

1. 电子透射系统

电子透射系统由电子枪、电磁透镜、扫描线圈和样品室等部件组成,其作用是获得扫描电子束,使被扫描的样品产生各种物理信号。为获得较高的信号强度和图像分辨率,扫描电子束应具有较高的亮度和尽可能小的束斑直径。

(1)电子枪(Electron Gun)。其作用是利用阴极与阳极灯丝间的高压产生高能量的电子束。扫描电子显微镜电子枪与透射电子显微镜的电子枪相似,只是加速电压比透射电子显微镜的低。

(2)电磁透镜(Electromagnetic Lens)。其作用是把电子枪的束斑逐渐聚焦缩小,使原来直径约 50 μm 的束斑缩小成一个只有纳米级的细小束斑。扫描电子显微镜一般由三组透镜组成,前两组透镜是强透镜,用来缩小电子束光斑尺寸。第三组透镜是弱透镜,具有较长的焦距,该透镜下方放置样品,为避免磁场对二次电子轨迹的干扰,该透镜采用上下极靴不同且孔径不对称的特殊结构,这样可以大大减小下极靴的圆孔直径,从而减小试样表面的磁场强度。

(3)扫描线圈(Scanning Section Coil)。其作用是提供入射电子束在样品表面上以及阴极射线管内电子束在荧光屏上的同步扫描信号。扫描线圈是扫描电子显微镜的一个重要组件,它一般放在最后两透镜之间,也有的放在末级透镜的空间内,使电子束进入末级透镜强磁场区前就发生偏转,为保证方向一致

(a)实物照片

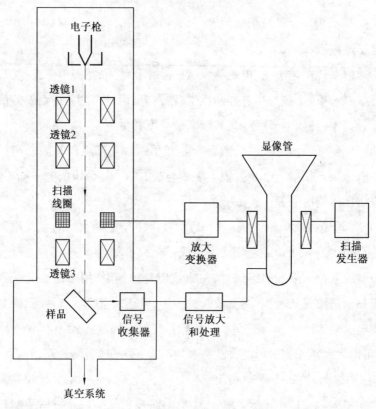

(b)结构原理图

图 2.1 扫描电子显微镜的结构

的电子束都能通过末级透镜的中心射到样品表面。扫描电子显微镜采用双偏转扫描线圈,当电子束进入上偏转线圈时,方向发生转折,随后又由下偏转线圈使它的方向发生第二次转折。在电子束偏转的同时还进行逐行扫描,电子束在上下偏转线圈的作用下,扫描出一个长方形,相应地在样品上画出一帧比例图像。如果电子束经上偏转线圈转折后未经下偏转线圈改变方向,而直接由末级透镜折射到入射点位置,这种扫描方式称为角光栅扫描或摇摆扫描。

(4)样品室(Sample Chamber)。扫描电子显微镜的样品室空间较大,一般可放置 20 mm×10 mm 的块状样品。为适应断口实物等大零件的需要,近年来还开发了可放置尺寸在 ϕ 125 mm 以上的大样品台。观察时,样品台可根据需要沿 X、Y 及 Z 三个方向平移,在水平面内旋转或沿水平轴倾斜。

样品室内除放置样品外,还安置各种信号检测器。信号的收集效率和相应检测器的安放位置有很大关系,如果安置不当,则有可能收不到信号或收到的信号很弱,从而影响分析精度。新型扫描电子显微镜的样品室内还配有多种附件,可使样品在样品台上能进行加热、冷却、拉伸等实验,以便研究材料的动态组织及性能。

2. 信号收集和显示系统

信号收集和显示系统包括各种信号检测器、前置放大器和显示装置,其作用是检测样品在入射电子作用下产生的物理信号,然后经视频放大,作为显像系统的调制信号,最后在荧光屏上得到反映样品表面特征的扫描图像。

检测二次电子、背散射电子和透射电子信号时可以用闪烁计数器进行检测,随检测信号不同,闪烁计数器的安装位置不同。闪烁计数器由闪烁体、光导管和光电倍增器组成。当信号电子进入闪烁体时,有光子产生出来,光子将沿着没有吸收的光导管传送到光电倍增器进行放大,后又转化成电流信号输出,电流信号经视频放大器放大后就成为调制信号。

由于镜筒中的电子束和显像管中的电子束是同步扫描,荧光屏上的亮度是根据样品上被激发出来的信号强度来调制的,而由检测器接收的信号强度随样品表面状态不同而变化,从而,由信号检测系统输出的反映样品表面状态特征的调制信号在图像显示和记录系统中就转换成一幅与样品表面特征一致的放大的扫描像。

3.真空系统和电源系统

真空系统的作用是为保证电子透射系统正常工作,防止样品污染提供高质量的真空度,一般情况下要求保持 $10^{-2} \sim 10^{-3}$ Pa 的真空度。

电源系统由稳压、稳流及相应的安全保护电路组成,其作用是提供扫描电子显微镜各部分所需要的电源。

2.1.2 扫描电子显微镜的工作原理

扫描电子显微镜的工作原理可以根据图 2.1 的示意图加以说明。由最上边电子枪发射出来的电子束,经栅极聚焦后,在加速电压作用下,经过二至三个电磁透镜所组成的电子光学系统,将电子束会聚成一个细的电子束聚焦在样品表面。在末级透镜上边装有扫描线圈,在它的作用下使电子束在样品表面扫描。由于高能电子束与样品物质的交互作用,产生了各种信息:二次电子、背散射电子、吸收电子、X 射线、俄歇电子、阴极发光和透射电子等。这些信号被相应的接收器接收,经放大后送到显像管的栅极上,调制显像管的亮度。由于经过扫描线圈上的电流是与显像管相应的亮度一一对应的,也就是说,电子束打到样品上一点时,在显像管荧光屏上就出现一个亮点。扫描电镜就是这样采用逐点成像的方法,把样品表面不同的特征,按顺序、成比例地转换为视频信号,完成一帧图像,从而在荧光屏上观察到样品表面的各种特征图像。

2.1.3 扫描电子显微镜的主要性能

1.放大倍数(Magnification)

当入射电子束做光栅扫描时,若电子束在样品表面的扫描幅度为 A_S,在荧光屏上阴极射线同步扫描的幅度为 A_C,则扫描电子显微镜的放大倍数为

$$M = \frac{A_C}{A_S}$$

(2.1)

由于扫描电子显微镜的荧光屏尺寸是固定不变的,因此,放大倍数的变化是通过改变电子束在试样表面的扫描幅度 A_S 来实现的。如果荧光屏的宽度 $A_C=100$ mm,当 $A_S=5$ mm 时,放大倍数为 20 倍;如果减少扫描线圈的电流,电子束在试样上的扫描幅度减小为 $A_S=0.05$ mm,放大倍数则达 2 000 倍。可见改变扫描电子显微镜的放大倍数十分方便。目前商品化的扫描电子显微镜,放大倍数可以从 20 倍连续调节到 20 万倍左右。

2. 分辨率(Resolution)

分辨率是扫描电子显微镜的主要性能指标。对微区成分分析而言,它是指能分析的最小区域;对成像而言,它是指能分辨两点之间的最小距离。这两者主要取决于入射电子束直径,电子束直径愈小,分辨率愈高。但分辨率并不直接等于电子束直径,因为入射电子束与试样相互作用会使入射电子束在试样内的有效激发范围大大超过入射电子束的直径。

在高能入射电子作用下,试样表面激发产生各种物理信号,用来调制荧光屏亮度的信号不同,则分辨率就不同。俄歇电子和二次电子因其本身能量较低以及平均自由程很短,只能在样品的浅层表面内逸出。入射电子束进入浅层表面时,尚未向横向扩展开来,可以认为在样品上方检测到的俄歇电子和二次电子主要来自直径与扫描束斑相当的圆柱体内。因为束斑直径就是一个成像检测单元的大小,所以这两种电子的分辨率就相当于束斑的直径。扫描电子显微镜的分辨率通常是指二次电子像的分辨率,为 5～10 nm。

入射电子束进入样品较深部位时,已经有了相当宽度的横向扩展,从这个范围中激发出来的背散射电子能量较高,它们可以从样品的较深部位处弹射出表面,横向扩展后的作用体积大小就是背散射电子的成像单元,所以背散射电子像分辨率要比二次电子像低,一般为 50～200 nm。

X 射线也可以用来调制成像,但其深度和广度都远较背散射电子的发射范围大,如图 2.2 所示。例如,钢在能量为 30 keV、直径为1 μm 的电子束照射下,背散射电子的广度约为 2 μm,特征 X 射线的广度约为 3 μm。所以,X 射线图像的分辨率低于二次电子像和背散射电子像。

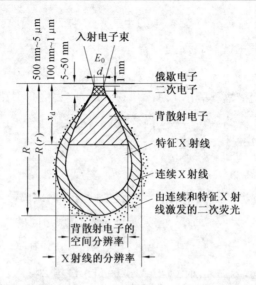

图 2.2　各种信号发生的深度和广度(滴状作用体积)

扫描电子显微镜的分辨率除受电子束直径和调制信号类型的影响外,还受样品原子序数、信噪比、杂散磁场、机械振动等因素影响。样品原子序数愈大,电子束进入样品表面的横向扩展愈大,分辨率愈低;噪声干扰造成图像模糊;磁场的存在将改变二次电子运动轨迹,降低图像质量;机械振动引起电子束斑漂移,这些因素的影响都降低了图像分辨率。

扫描电子显微镜的分辨率可以通过测定图像中两颗粒(或区域)间的最小距离来确定。测定方法是,在已知放大倍数的条件下把在图像上测到的两点的最小间距除以放大倍数就是分辨率。目前商品化扫描电子显微镜二次电子分辨率已达到 1 nm。

3. 景深(Depth of Field /Depth of Focus)

景深是指透镜对高低不平的试样各部位能同时聚焦成像的一个能力范围,这个范围用一段距离来表示。如图 2.3 所示,扫描电子显微镜中电子束最小圆截面(点 P)经过透镜聚焦后成像于 A 处,试样就放在点 A 所在的像平面内。景深则是指试样沿透镜轴在点 A 前后移动而仍可达到聚焦的一段最大距离。设点 1 和点 2 是在保持图像清晰的前提下,试样表面移动的两个极限位置,则其之间的距离 D_S 就是景深。实际上电子束在点 1 和点 2 处得到的不是像点,而是一以 ΔR_0 为半径的漫散圆斑。这一圆斑的半径就是电镜的分辨率。也就是说样品表面上两间距为 ΔR_0 的点刚能为扫描电子显微镜鉴别。由此可见如果样品表面高低不平(如断口试样)时,只要高低范围值小于 D_S,则在荧光屏上就能清晰地反映出样品表面的凹凸特征。由图 2.3 可得到

$$D_S = \frac{2\Delta R_0}{\tan \beta} \approx \frac{2\Delta R_0}{\beta} \tag{2.2}$$

式中　β——电子束孔径角。

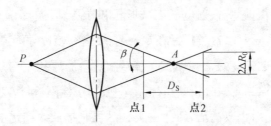

图 2.3　扫描电子显微镜的景深示意图

可见,电子束孔径角是控制扫描电子显微镜景深的主要因素,它取决于末级透镜的光阑直径和工作距离。由式(2.2)可知,如果电子束孔径角 β 愈小,在维持分辨率 ΔR_0 不变的条件下,D_S 将愈大。一般情况下,扫描电子显微镜末级透镜焦距较长,β 角很小(约 10^{-3} rad),所以它的景深很大。它比一般透射显微镜景深大 100 ~ 500 倍,比透射电子显微镜的景深大 10 倍。由于景深大,所以扫描电子显微镜图像的立体感强,形态逼真。对于表面粗糙的断口试样来说,透射显微镜因景深小无能为力,透射电子显微镜对样品要求苛刻,即使用复型样品也难免存在假象,且其景深也较扫描电子显微镜小,而对于扫描电子显微镜来说,如果放大 5 000 倍时,D_S 可达数十微米,相当于一个晶粒直径的大小,这个距离对于显微断口分析来说已经是足够了。因此用扫描电子显微镜观察分析断口试样具有其他分析仪器无法比拟的优点。

2.1.4　扫描电子显微镜的样品制备

扫描电子显微镜的最大优点之一是样品制备方法简单,对金属和陶瓷等块状样品,只需将它们切割成大小合适的尺寸,用导电胶将其粘贴在电镜的样品座上即可直接进行观察。为防止假象的存在,在放试样前应先将试样用丙酮或酒精等进行清洗,必要时用超声波振荡器振荡或进行表面抛光。对颗粒及细丝状样品,应先在一干净的金箔片上涂抹导电涂料,然后把粉末样品贴在上面,或将粉末样品混入包埋树脂等材料中,然后使其硬化而将样品固定。若样品导电性差,还应加覆导电层。对于非导电性样品,如塑料、矿物质等,在电子束作用下会产生电荷堆积,影响入射电子束斑形状和样品发射的二次电子运动轨迹,使图像质量下降。因此,这类样品在观察前,要进行喷镀导电层处理,通常采用二次电子发射系数较高的金、银或碳膜做导电层,膜厚控制在 20 nm 左右。在实际工作中经常遇到观察分析断口样品,一般用于检测材料各项机械性能的试样相对较小,其断口也较清洁,因此这类样品可直接放入扫描电镜样品室中进行观察分析。实际构件的断口会受构件所处工作环境的影响,有的断口表面存在油污和锈斑,还有的断口因构件在高温或腐蚀性介质中工作而在断口表面形成腐蚀产物,因此,对这类断口试样首先要进行宏观分析,并用醋酸纤维薄膜或胶带纸干剥几次,或用丙酮、酒精等有机剂清洗去除断口表面的油污及附着物。对于太大的断口样品要通过宏观分析确认能反映断口特征的部位,用线切割等方法取下后放入扫描电子显微镜样品室中进行观察分析。

2.2　场发射扫描电子显微镜

自 20 世纪 90 年代以来,场发射扫描电子显微镜(Field Emission Scanning Electron Microscope,FESEM)在材料科学等许多领域及质量过程控制中得到日益广泛的应用。目前场发射扫描电子显微镜已能分辨到 0.6 nm(加速电压 30 kV)和 2.2 nm(加速电压 1 kV),利用场发射扫描电镜可以在低加速电压下获

得高分辨率的样品表面信息,促使高分辨扫描电子显微镜和低能扫描电子显微
镜得到了很大的发展。

场发射扫描电子显微镜技术的发展主要有以下几方面:

(1)进一步提高电子束照明源的工作稳定性,减小其闪烁噪声。

(2)进一步提高在低加速电压下对大试样观察和分析的分辨率。

(3)开拓同低能扫描电子显微镜有关功能的新仪器技术。

2.2.1　场发射电子枪

在电子显微镜中,电子枪的作用是形成电子照明源,并且其所形成电子照
明束的亮度(或束流密度)、高斯斑尺寸、相干性和能量分散性等均直接影响图
像的分辨率和显微分析(包括晶体学分析和成分分析)的选区尺寸、电镜的灵
敏度和精确度。在目前已知的各类电子枪中,场发射电子枪所产生的电子照明
束具有高的亮度、小的高斯斑尺寸、高的相干性和小的能量分散性,这更能满足
近代高分辨电子显微学和分析电子显微学的技术发展要求。

使金属中自由电子克服其表面位垒而逸出表面所做的功,称为电子逸出
功,它是材料的一个物理常数。研究表明,当一个强的外电场施加到金属的表
面时,其效果是使其表面位垒降低,并促使金属中自由电子逸出表面的几率增
加。如果位垒的降低值接近其电子逸出功值(即表面位垒接近为零),则即使
在常温下也会从金属中发射出电了,
这种现象称为场电子发射效应。场
发射电子枪就是应用上述原理来产
生电子发射的,其基本结构如图 2.4
所示。它由阴极、抽取电极和加速电
极组成。其中阴极作为电子照明源
的发射体,在抽取电极所施加的强电
场作用下引致电子发射,而加速电极
的作用是对场发射电子加速。从图

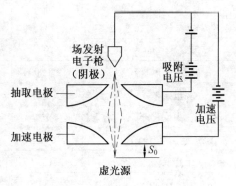

图 2.4　场发射电子枪示意图

2.4 中的虚线可以看出,这三个电极的综合效果是形成一个静电透镜,并在加速电极下方的 S_0 处形成一个虚光源,其直径为 10 ~ 20 nm。

在扫描电镜电子枪的发展史上,场发射电子枪曾存在着图像容易失焦和闪烁噪声等问题,且要求在超高真空(10^{-8} Pa)的条件下工作,故在过去商品化生产的扫描电镜中没有普遍采用,但是现在对上述这些技术难题均已能够克服。例如,采用一种完全由微机控制的自动变焦的会聚透镜系统,就可以解决场发射电子枪因工作不稳定而导致图像容易失焦的问题。扫描电子显微镜中使用的场发射电子枪,曾采用钨(310)单晶作冷阴极(工作温度为室温)和采用钨(100)单晶作热阴极(工作温度为 1 800 K),但这两种场发射电子枪的闪烁噪声都很大。近年研制出一种以 ZrO/W(100) 单晶作肖特基式阴极的场发射电子枪,可以保证在 1 800 K 的工作温度下电子发射稳定。几种场发射电子枪的性能比较见表 2.1。

表 2.1 几种场发射电子枪的主要性能和工作参数

电子枪发射类型	热电子发射		冷场	肖特基场
阴极材料	W(100)	LaB_6	W(310)	ZrO_2/W(100)
电子逸出功/eV	4.5	2.7	4.5	2.95
工作温度/K	1 800	1 900	300	1 800
阴极半径/nm	60 000	10 000	≤100	≤1 000
等效光源半径/nm	15 000	5 000	215	15
发射电流密度/(A·cm^{-2})	3	30	17 000	5 300
亮度/(A·cm^{-2}·s^{-1})	10^5	~10^6	10^7 ~ 10^9	10^8
最大探针电流/nA	1 000	1 000	20	200
能量发散度/eV	1.5 ~ 2.5	1.3 ~ 2.5	0.3	0.6
束噪声/%	1	1	5 ~ 10	1
稳定性/(%·h^{-1})	0.1	0.2	5	<1
工作真空度/Pa	10^{-3}	10^{-6}	10^{-10}	10^{-8}
寿命/h	200	1 000	2 000	2 000
相对使用费用	低	中	较高	高

2.2.2 场发射扫描电子显微镜的特点

在微结构形态研究工作中,大量的样品需要在高放大倍数下进行详细的观察和分析。同时,随着样品种类的不断增多(如低原子序数材料、不导电材料等),需要扫描电子显微镜提供优异的低加速电压性能,以获得高质量的真实的表面图像。而新型的场发射扫描电子显微镜就是根据这一要求设计的。

与一般扫描电镜相比,场发射扫描电子显微镜能以更高的分辨率观察固体样品表面显微结构和形貌,是研究材料表面结构与性能关系的重要工具。几种新型的场发射扫描电子显微镜的主要性能见表2.2。

表 2.2 几种新型的场发射扫描电子显微镜的主要性能

性 能	JEOL JSM 7401	FEI Sirion	Hitachi S-4800
分辨率/nm	1.0(15 kV)/1.5(1 kV)	1.0(15 kV)/2.0(1 kV)	1.0(15 kV)/2.0(1 kV)
加速电压/kV	0.1 ~ 30	0.2 ~ 30	0.5 ~ 30
放大倍数	25 ~ 10 000 000	20 ~ 600 000	20 ~ 800 000

2.2.3 场发射扫描电子显微镜的应用

场发射扫描电子显微镜广泛用于生物学、医学、材料分析、地质勘查、采矿、商品检验、产品生产质量控制、宝石鉴定、考古和文物鉴定及公安刑侦物证分析等,可以观察和检测非均相有机材料、无机材料及上述的微米、纳米级样品的表面特征。最大特点是具备超高分辨扫描图像观察能力,特别是采用最新数字化图像处理技术,可提供高倍数高分辨扫描图像,是纳米材料粒径测试和形貌观察最有效仪器,也是研究材料结构与性能关系不可缺少的重要工具。

2.3　低真空扫描电子显微镜

用扫描电子显微镜观察非导体的表面形貌,需将试样首先进行干燥处理,然后在其表面喷镀导电层,以消除样品上的堆积电子。由于导电层很薄,所以样品表面的形貌细节无大损伤。但导电层毕竟改变了样品表面的化学组成和晶体结构,使这两种信息的反差减弱;而且干燥常引起脆弱材料微观结构的变化,更重要的是干燥终止了材料的正常反应,使反应动力学观察不能连续进行。

为了克服这些缺点,低真空扫描电镜应运而生,是其中的一种环境扫描电镜。低真空扫描电镜是指其样品室处于低真空状态下,气压可接近 3 kPa,其成像原理与普通扫描电镜基本一样,只不过普通扫描电镜样品上的电子由导电层引走;而低真空扫描电镜样品上的电子被样品室内的残余气体离子中和,因而即使样品不导电也不会出现充电现象。

低真空扫描电镜的机械构造除样品室的真空系统和光栅外,与普通扫描电镜基本上是一样的。所以它的工作原理除样品室内的电离平衡外,也和普通扫描电镜相差无几。低真空扫描电镜既可在低真空下工作也可在高真空下工作,带有场离子发射电子枪的环境扫描电镜,在低真空下的分辨本领已达到普通扫描电镜高真空下操作时的水平。

2.3.1　环境扫描电镜的工作原理

环境扫描电镜成像原理及电子探测器的机理可以简单地用图2.5来描述。图中,由电子枪发射的高能入射电子束穿过压差光阑进入样品室,射向被测定的样品,从样品表面激发出信号电子:二次电子和背散射电子。由于样品室内有气体存在,入射电子和信号电子与气体分子碰撞,使之电离产生电子和离子。在样品和电极板之间加一个稳定电场,电离所产生的电子和离子会被分别引往与各自极性相反的电极方向,其中电子在途中被电场加速到足够高的能量时,会电离更多的气体分子,从而产生更多的电子,如此反复倍增。环境扫描电镜探测器正是利用这个原理进行增强信号的,所以又称为气体放大原理。

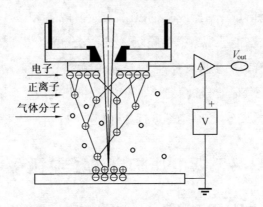

图 2.5　环境扫描电镜成像原理示意图

但是,样品室中气体分子的存在对于 SEM 的成像也有副作用,由于气体分子对入射电子的散射使部分电子改变方向,不落在聚焦点上,从而产生图像的背底噪声;同时,入射电子使气体分子电离产生电子和离子,也会加大图像的背底噪声。因而,偏压电场的电压、方向及电极板的形状,气体状态(种类、压力等)和入射电子路径等因素都会对图像的分辨率产生影响,必须选择适当的参数才能使分辨率的降低保持在最小的限度。

2.3.2　低真空扫描电镜的主要特性与应用

低真空扫描电镜的主要特性与应用如下:

(1)可以直接检测绝缘样品而不必在样品表面喷涂导电层,因而可直接观察到样品表面真实的信息,为检测玻璃、陶瓷、矿物、水泥、化肥、橡胶、纤维聚合物、塑料等绝缘体样品创造了条件。

(2)可以检测含油、含水、易挥发、会放气的样品,检测潮湿、新鲜的活样品,在农业、林业、生物、医学、环保等方面有着广阔的应用前景。

(3)由于气体二次电子检测器对样品的温度和发光不敏感,所以可以对处于高温(最高可达 1 500 ℃)、低温(最低可达−185 ℃)和发光的样品进行形貌观察和成分分析。

（4）利用配套的高温、低温、拉伸、变形、脆断、温差制冷台等附件对样品进行动态检测，利用微量注射器或微量控制器改变样品室内的气氛，观察样品在不同气氛下的变化，能够观察样品脆断、变形、熔化、溶解、冷冻、结晶、腐蚀、水解以及观察生物样品的生长发育等，可连续观察材料反应的动力学过程。

（5）可以配上其他的分析仪器，如能谱仪、波谱仪、电子背散射衍射仪等，实现对样品的化学成分、相结构等进行分析。

2.4 低电压扫描电子显微镜

目前，大多数扫描电镜利用 10 ~ 30 kV 的加速电压工作，都可获得较好的图像分辨率和信噪比。在进行微区成分分析时，也能提供可靠的定性、定量结果。然而，这种常规电压范围并不适合检测半导体材料和器件。近年来超大规模集成电路发展迅速，线路与元件更加密集，利用透射显微镜和机械触针等检测已不能完全控制生产和成品质量，因而扫描电镜逐步成为有效的检测手段。在生产过程中不允许将大尺寸芯片和集成电路元件镀上导电膜，而必须用扫描电镜直接检测，因此只能选用较低的加速电压，以防止芯片上绝缘部分充电或损坏。还有生物活性样品在高电压下会受到损坏，也必须选用较低的加速电压。这都有力地促进了低电压扫描电子显微镜（LVSEM）的发展，即选用 1 ~ 5 kV 或更低的加速电压检测，便可获得高质量的图像。

2.4.1 低电压扫描电子显微镜的特点

低于 5 kV 的扫描电子显微镜简称为低电压扫描电子显微镜（或低能扫描电子显微镜），这样的扫描电子显微镜称为低电压扫描电子显微镜。从原理上来说，它有以下优越性：

（1）有利于减小试样荷电效应。

（2）样品的辐照损伤小，可以避免表面敏感试样（包括生物试样）的高能电子的辐照损伤。

（3）有利于减轻边缘效应，使原来图像中淹没在异常亮区域中的形貌细节得以显示。

（4）有利于二次电子发射，改善图像质量，提高作为试样表面图像的真实性。

（5）可兼作显微分析和极表面分析。

（6）入射电子与物质相互作用产生的二次电子发射强度是随着工作电压的降低而增加的，且对被分析试样的表面状态和温度更敏感，因此对开拓新的应用领域前景可观。

采用低电压扫描电子显微镜的困难在于：扫描电子的束流是随着工作电压的降低而显著下降的，因而信噪比不能满足显微分析的基本要求。但随着商品扫描电镜普遍采用场发射电子枪，通过提高电子枪发射电流密度的途径，即使在很低的工作电压（例如 1 kV）条件下，仍能保证有足够大的电子束流，从而为低电压扫描电子显微镜的发展扫清道路。

几乎所有低电压扫描电子显微镜，都采用亮度比热发射电子枪高 2～3 个数量级的场发射电子枪和强励磁透镜。在 5 kV 时分辨能力可达 3～5 nm，1 kV 时可达 15 nm，900 V 时可达 18 nm。例如，有人用低电压扫描电子显微镜观察低熔点（39 ℃，49 ℃）石蜡时指出，加速电压 2 kV 放大倍数为 20 000 时，没发现石蜡有任何损伤；当电压高于 4 kV 时会发生损伤。对于人的毛发，2 kV 时无试样荷电现象，能清晰地观察毛发表面的精细形态结构。在低电压扫描电子显微镜中常用的工作电压见表 2.3。

入射电子在试样中多次散射路程与加速电压的关系是 1：10：100（1 kV、5 kV、20 kV），对于金属 Al，散射路程为 45 nm、48 nm 和 4.5 μm。显然，在低压条件下观察试样，有利于观察试样表面的极微小起伏。用低压扫描电子显微镜观察集成电路时，可有效地防止试样带电、损伤及引起集成电路临界电压下降。

使用低电压扫描电子显微镜时，尚须注意解决试样表面污染及杂散磁场对电子束的干扰。

表 2.3　在低电压扫描电子显微镜中常用的工作电压

应用目的	建议工作电压/kV
1. 直接观察不导电试样	1.5～3
2. 观察细灯丝的表面结构 3. 观察碳纤维芯部的精细结构 4. 观察轻元素试样的表面结构	约1
5. 观察重元素试样的表面结构 6. 在小于 0.1 μm 选区内进行的 EDS 分析	约5
7. 表面薄膜分析	约2

2.4.2　低电压扫描电子显微镜的应用

低电压扫描电子显微镜对检验生物样品,合成纤维、溅射或氧化膜层、半导体集成电路特别有用,为材料科学和生物学的研究开辟了新途径。

采用低电压扫描电子显微镜,由于在低于 5 kV 的工作电压下,被分析试样产生的二次电子的发射量(产额)显著增高,且其发射数量对表面的成分、表面的电子结构、表面晶体缺陷的浓度以及表面的温度等都十分敏感,且存在独立分离的对应关系,因此,应用二次电子发射的数量效应会使低电压扫描电子显微镜开拓出新的应用领域。例如:

(1)对多相陶瓷(如介电相、半导体相、超导相等)的显微组织(微米的数量级)进行相鉴定。

(2)确定铁电体和超导体随温度和浓度变化所发生的相变。

(3)测定半导体的能带中施主(或受主)的能级和能级深度。

(4)测定半导体和超导体中的缺氧度(灵敏度高达 10^{-5} mol)。

（5）研究在金属和合金显微组织中（微米的数量级）的氧化动力学。

（6）以微米数量级的空间分辨率确定天然氧化物和人工合成氧化物的还原程度。

（7）测定二次电子与物质相互作用的参数，如逸出深度和自由程等。

实际上，低电压扫描电子显微镜是当今场发射电子枪扫描电镜（FESEM）及其应用技术的重要发展方向之一。

2.5　电子背散射衍射技术

20 世纪 90 年代以来，扫描电子显微镜装配上电子背散射衍射图样（Electron Back Scattering Patterns，EBSP）后，使晶体微区取向和晶体结构分析技术取得了较大的发展，并已在材料微观组织结构及微织构表征中广泛应用。该技术也被称为电子背散射衍射（Electron Back Scattered Diffraction，EBSD）或取向成像显微技术（Orientation Imaging Microscopy，OIM）。EBSD 的主要特点是在保留扫描电子显微镜的常规特点的同时，进行空间分辨率亚微米级的衍射（给出结晶学的数据）。

EBSD 改变了以往织构分析的方法，并形成了全新的科学领域，称为"显微织构"——将显微组织和晶体学分析相结合。与"显微织构"密切联系的是应用 EBSD 进行相分析，获得界面（晶界）参数和检测塑性应变。EBSD 技术已经能够实现全自动采集微区取向信息，样品制备较简单，数据采集速度快（能达到约 36 万点/h，甚至更快），分辨率高（空间分辨率和角分辨率分别能达到 0.1 μm 和 0.5°），为快速高效地定量统计研究材料的微观组织结构和织构奠定了基础，已成为材料研究中一种有效的分析手段。

EBSD 技术的应用领域集中于多种多晶体材料，如金属及合金、陶瓷、半导体、超导体、矿石，主要研究各种现象，如热机械处理过程、塑性变形过程、与取向有关的性能（成型性、磁性等）、界面性能（腐蚀、裂纹、热裂等）、相鉴定等。

2.5.1 电子背散射衍射的工作原理

1.电子背散射衍射花样

在扫描电镜中,入射样品的电子束与样品作用产生几种不同的效应,其中之一就是在每一个晶体或晶粒内规则排列的晶格面上产生衍射。从晶面上产生的衍射组成"衍射花样",可被看成是一张晶体中晶面间的角度关系图。图2.6是在单晶硅上获得的花样。

图2.6 单晶硅的 EBSD 花样

衍射花样包含晶体对称性的信息,而且晶面和晶带轴间的夹角与晶系种类和晶体的晶格参数相对应,这些数据可用于 EBSD 相鉴定。对于已知相结构的样品,则衍射花样与微区晶体相对于宏观样品的取向直接对应。

2. EBSD 系统组成

系统设备的基本要求是一台扫描电子显微镜和一套 EBSD 系统。EBSD 的硬件部分通常包括一台高灵敏度的 CCD 摄像仪和一套用于花样平均化和去除背底的图像处理系统。图2.7所示是 EBSD 系统的构成及工作原理。

在扫描电子显微镜中得到一张电子背散射衍射花样的基本操作比较简单,相对于入射电子束,样品被高角度倾斜,以便背散射(即衍射)的信号,即 EBSD 花样被充分强化到能被荧光屏接收(在显微镜样品室内),荧光屏与一个 CCD

相机相连,EBSD 花样能直接或经放大储存图像后在荧光屏上观察到。只需很少的输入操作,软件程序就可对花样进行标定以获得晶体学信息。据不完全统计,最快的 EBSD 系统每 1 s 可进行近 100 个点的测量。

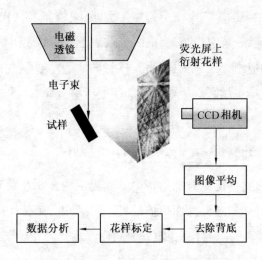

图 2.7　EBSD 系统的构成及工作原理

现代 EBSD 系统和能谱 EDX 探头可同时安装在 SEM 上,这样,在快速得到样品取向信息的同时,可以进行成分分析。

3. EBSD 的分辨率

EBSD 的分辨率包括空间分辨率和角度分辨率。EBSD 的空间分辨率是 EBSD 能正确标定的两个花样所对应在样品上两个点之间的最小距离。EBSD 的空间分辨率主要取决于电子显微镜的电子束束斑的尺寸,电子束束斑的尺寸越大则空间分辨率越小;同时也取决于标定 EBSD 花样的算法。降低加速电压、减小光阑和电子束的束流等都可以提高 EBSD 的空间分辨率。EBSD 在垂直于转轴方向和平行于转轴方向的空间分辨率是不一样的,前者大约是后者分辨率的 3 倍,平行于转轴方向的空间分辨率为 0.1 μm,垂直于转轴方向上的空间分辨率为 0.03 μm。

角度分辨率是表示标定取向结果的准确程度,目前主要有以下两种定义方法:

（1）用标定的取向与该点的理论取向的取向差表示角度分辨率。

（2）将取向转换为轴角对,用标定取向的角度与该点理论取向的角度的差表示角度分辨率。

角度分辨率主要取决于电子束的束流大小,束流越大,EBSD 花样越清晰,标定结果也越精确,分辨率也越高;同时也取决于样品的表面状态,样品表面状态越好,花样也越清晰,分辨率也越高。样品的原子序数越大,所产生的 EBSD 信号也越强,分辨率也越高。所以提高加速电压和增加束流可以提高 EBSD 的角度分辨率。

2.5.2　电子背散射衍射技术的应用

扫描电子显微镜中电子背散射衍射技术已成为分析材料显微结构及织构的强有力的工具。如通过样品面扫描采集到数据可绘制取向成像图(图 2.8)、极图和反极图(图 2.9),这样在很短的时间内就能获得关于样品大量的晶体学信息,如晶体织构和界面取向差,晶粒尺寸及形状分布,晶界、亚晶及孪晶界性质分析,应变和再结晶的分析,相鉴定及相比计算等。EBSD 对很多材料都有多方面的应用,这也是源于 EBSD 花样中所包含的这些信息。

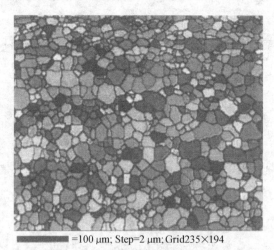

=100 μm; Step=2 μm; Grid235×194

图 2.8　无取向硅钢样品的取向成像图

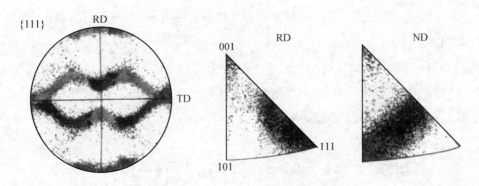

图 2.9　高纯镍的{111}极图和反极图

1. 织构及取向差分析

EBSD 不仅能测量宏观样品中各晶体取向所占的比例,还能测量各种取向在样品中的显微分布,这是不同于 X 射线宏观结构分析的重要特点。图 2.10 是无取向硅钢 300 ℃ 退火后 Goss 织构的分布,Goss 织构占整个区域面积的 4.6%。

=100 μm; Map5; Step=2 μm;Grid235×194

图 2.10　无取向硅钢 Goss 织构的分布

EBSD 应用于取向关系测量的范例有:确定第二相和基体间的取向关系、穿晶裂纹的结晶学分析、单晶体的完整性、微电子连续使用期间的可靠性、断口面的结晶学、高温超导体沿结晶方向的氧扩散和形变研究、薄膜材料晶粒生长方向测量。

由于 EBSD 是测量样品中每一点的取向，所以不同点或不同区域的取向差异就都可以获得，从而可以研究晶界或相界等界面，如在图 2.10 中任意画一条线，就可得到沿此线的取向差分布。

2. 晶粒尺寸及形状的分析

传统的晶粒尺寸测量依赖于显微组织图像中晶界的观察。自从 EBSD 出现以来，并非所有晶界都能被常规侵蚀方法显现这一事实已变得很清楚，特别是那些被称为"特殊"的晶界，如孪晶和小角晶界。因为其复杂性，严重孪晶显微组织的晶粒尺寸测量就变得十分困难。由于晶粒主要被定义为均匀结晶学取向的单元，EBSD 是晶粒尺寸测量的理想工具。

3. 晶界、亚晶及孪晶性质的分析

在得到 EBSD 整个扫描区域相邻两点之间的取向差信息后，可对所有界面的性质进行确定，如亚晶界、相界、孪晶界、特殊界面（重合位置点阵 CSL 等）。图 2.11 是 EBSD 扫描 Ni 基超合金中孪晶界的分布图。

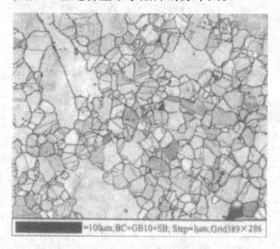

图 2.11　Ni 基超合金中孪晶界的分布

4. 相鉴定及相比计算

相鉴定是指根据固体的晶体结构来对其物理上的区别进行分类。EBSD 技术的发展,特别是与微区化学分析相结合,已成为进行材料微区相鉴定的有力工具。EBSD 技术最有效的是区分化学成分相似的相,例如,扫描电子显微镜很难在能谱成分分析的基础上区别某元素的氧化物、碳化物或氮化物,但是,这些各种相的晶体结构有很大差异,能很方便地用 EBSD 技术给予区分。如图 2.12 所示,M_7C_3 和 M_3C 相(M 大多是铬)已被从二者共存的合金中鉴别出来,因为它们分别属于六方晶系和四方晶系,具有完全不同特征的 EBSD 花样。类似地,已用 EBSD 区分了赤铁矿、磁铁矿和方铁矿。同样,在实践中经常碰到要区分体心立方和面心立方的铁,还有分析钢中的铁素体和奥氏体,因为用元素的化学分析方法是无法办到的,但在相鉴定和取向成像图绘制的基础上,却很容易能够进行多相材料中相含量的计算。

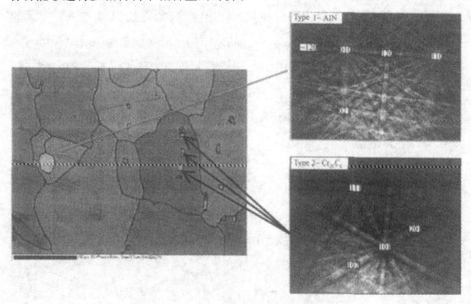

图 2.12　合金钢中析出相的相鉴定

5. 应变测量

花样中菊池线的清晰程度反映了晶体结构完整性的差异,因此从 EBSD 花样质量可直观地定性或半定量地评估晶格内存在的塑性应变。

利用 EBSD 还可以对部分晶体的应变进行测量,如:

(1)在部分再结晶的显微组织中辨别有无应变晶粒。

(2)分析陨石中的固溶诱导应变。

(3)测定锗离子束注入硅中产生的损伤。

2.5.3　EBSD 与其他衍射技术的比较

对材料晶体结构及晶粒取向的传统研究主要有两个方面:一是利用 X 光衍射或中子衍射测定宏观材料中的晶体结构及宏观取向的统计分析;二是利用透射电镜中的电子衍射及高分辨成像技术对微区晶体结构及取向进行研究。前者虽然可以获得材料晶体结构及取向的宏观统计信息,但不能将晶体结构及取向信息与微观组织形貌相对应,也无从知道多相材料和多晶材料中不同相及不同晶粒取向在宏观材料中的分布状况。EBSD 技术是在 SEM 中进行微区的晶体结构及取向分析,并且可以将微区晶体结构及取向信息与微观组织形貌相对应。而透射电镜的研究方法由于受到样品制备及方法本身耗时的限制往往只能获得材料非常局部的微区晶体结构及晶体取向信息。

因此,EBSD 技术具有不同于 X 射线衍射和透射电子显微镜进行晶体结构及取向分析的特点。

2.5.4　EBSD 技术的特点

归纳起来,EBSD 技术具有以下四个方面的特点:

(1)对晶体结构分析的精度已使 EBSD 技术成为一种继 X 射线衍射和电子衍射后的一种微区物相鉴定的新方法。

(2)晶体取向分析功能使 EBSD 技术已成为一种标准的微区织构分析技术。

(3)EBSD 方法所具有的高速(每秒钟可测定 100 个点)分析的特点及在样品上自动线、面分布采集数据点的特点,已使该技术在晶体结构及取向分析上既具有透射电镜的微区分析的特点,又具有 X 射线衍射(或中子衍射)对大面积样品区域进行统计分析的特点。

(4)进行 EBSD 分析所需的样品制备相对于 TEM 要求的样品而言大大简化。

由于 EBSD 技术具备以上的特点,所以在材料科学研究中得到了广泛的应用。

参考文献

[1] 周玉,武高辉.材料分析测试技术——材料 X 射线衍射与电子显微分析(第 2 版)[M].哈尔滨:哈尔滨工业大学出版社,2007.

[2] 常铁军,刘喜军.材料近代分析测试方法(修订版)[M].哈尔滨:哈尔滨工业大学出版社,2010.

[3] 左演声,陈文哲,梁伟.材料现代分析方法[M].北京:北京工业大学出版社,2000.

[4] 廖乾初.场发射扫描电镜进展及其物理基础[J].电子显微学报,1998,17(3):311-318.

[5] 郑东.LEO SUPRA 系列热场发射扫描电子显微镜[J].现代仪器,2005(2):41-42,40.

[6] 盛克平,丁听生,王虎,等.环境扫描电子显微镜的特性及应用概况[J].理化检验-物理分册,2003,39(9):470-473.

[7] 闫允杰,唐国翌.利用场发射扫描电镜的低电压高性能进行材料表征[J].电子显微学报,2001,20(4):275-278.

[8] 刘庆.电子背散射衍射技术及其在材料科学中的应用[J].中国体视学与图像分析,2005,10(4):205-210.

[9] 张寿禄.电子背散射衍射技术及其应用[J].电子显微学报,2002,21(5):703-704.

[10] 张廷杰.电子背散射衍射(EBSD)在材料研究中的应用[J].中国材料进展,2004,23(8):38-39

第 3 章 扫描探针显微镜

1982 年,G. Binnig 和 H. Rohrer 在 IBM 公司苏黎世实验室共同研制成功了第一台扫描隧道显微镜(Scanning Tunneling Microscope,STM),使人们首次能够真正实时地观察到单个原子在物体表面的排列方式和与表面电子行为有关的物理、化学性质。STM 的横向分辨率达 0.1 nm,在与样品垂直的 z 方向,其分辨率高达 0.01 nm。

由于 STM 只能观察金属材料,为了观察绝缘材料表面的原子图像,1986 年 G. Binnig 和斯坦福大学的 C. F. Quate,C. Gerber 合作,发明了原子力显微镜(Atomic Force Microscope,AFM)。当时 AFM 的横向分辨率达到 2 nm,纵向分辨率达到 0.01 nm,而且 AFM 对工作环境和样品制备的要求比电子显微镜低得多,因此立即得到了广泛的重视。

STM 和 AFM 是继高分辨透射电子显微镜、场离子显微镜之后,第三种以原子尺寸观察物质表面结构的显微镜,并且不像其他表面结构分析仪器那样多真空测试环境的限制,可在大气和液体环境下直接观察到物质的表面特征。

AFM 的进一步发展又衍生了磁力显微镜(MFM)、电化学原子力显微镜(EC-AFM)等分析仪器,当今将 STM、AFM、MFM、EC-AFM 等统称为扫描探针显微镜(Scanning Probe Microscope, SPM)。扫描探针显微镜是 20 世纪 80 年代最伟大的发明之一。

3.1 扫描隧道显微镜

应用隧道效应已有很长的历史了,1928 年 G. Gamow,E. Condon 和 R. Gurney 应用隧道效应解释研究了放射性核 α 衰变中发现的物理问题。20 世纪 50

年代,人们研究"金属–绝缘体–金属"结构的导电性时,发现在加上偏压后,当绝缘体厚度很薄时会产生隧道电流。当偏压小时,I–V 呈线性关系;当偏压高时,I–V 呈指数关系。

　　一般情况下,金属中位于费米能级(E_F)上的自由电子,若要逸出金属表面,必须要获得足以克服金属表面逸出功(Φ)的能量。根据量子力学理论,金属中的自由电子具有波动性,电子波(Ψ)向表面传播,在遇到边界时一部分被反射,而另一部分则可透过边界,从而在金属表面形成电子云。当两侧金属靠近到很小间距时,两侧金属表面电子云相互重叠即产生隧道效应。隧道电流是自由电子在电极之间的相互运动形成的。这种相互运动在任何条件下都在发生,在没有电位差的情况下,由于两侧电极的费米能级相互持平,两个方向的电流幅度相等而不出现可检测电流,加上外加偏压,则必有一侧电极的费米能级要相对下移,从而产生可检测的净电流。

　　电子在穿越隧道结的过程中要受到电极的功函数、隧道结势垒等局域特性的影响。隧道效应是通过对两电极表面电子波函数与势函数相互作用的研究了解电子的运动行为,了解物质精细结构。隧道效应可分为弹性隧道效应和非弹性隧道效应。弹性隧道效应模型简化电子在一系列中间过程中可能发生的变化,重点考虑电极的功函数和势垒宽度对隧道电子波函数的影响。非弹性隧道效应主要考虑的是势垒中分子振动能级的激发,或声子能级的激发。通过弹性隧道效应可以认识隧道结的功函数,非弹性隧道效应则与隧道结中存在的分子极化状态和内部能级有密切关系,对这些效应的利用导致了一系列具有重要价值的分析手段的诞生。扫描隧道显微镜(STM)就是根据弹性隧道效应来分析材料表面结构和性质的仪器。

3.1.1　扫描隧道显微镜的工作原理

　　扫描隧道显微镜是以原子尺度的探测针尖和金属样品作为两个电极,通过它们之间的隧道电流来揭示样品表面结构形貌,如图 3.1 所示。基于隧道电流理论人们给出扫描隧道显微镜针尖和样品表面间的隧道电流为

$$I = \frac{2\pi e}{h^2} \sum_{\mu\nu} f(E_\mu) \left[1 - f(E_\nu + eV) \right] \times$$

$$|M_{\mu\nu}|^2 \delta \{ E_\mu - E_\nu \} \tag{3.1}$$

式中　$M_{\mu\nu}$——隧道矩阵元;

　　　$f(E_\mu)$——费米函数;

　　　V——跨越能垒的电压;

　　　E_μ——状态 μ 的能量;

　　　μ, υ——针尖和样品表面的所有状态。

　　$M_{\mu\nu}$ 可表示为

$$M_{\mu\nu} = \frac{h^2}{2m} \int \mathrm{d}s \cdot (\psi_\mu^* \, \nabla \psi_\nu - \psi_\nu^* \, \nabla \psi_\mu^*) \tag{3.2}$$

式中　ψ——波函数。

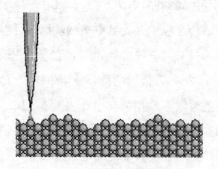

图 3.1　STM 探针与试样间的隧道效应

在低温低压下,隧道电流 I 可近似地表示为

$$I \propto \exp(-2kd) \tag{3.3}$$

式中　I——隧道电流;

　　　d——样品与针尖间的距离;

　　　k——常数。

在真空隧道条件下,k 与有效局部功函数 Φ_e 有关,可表示为

$$k = \frac{2\pi}{h} \sqrt{2m\Phi_e} \tag{3.4}$$

式中　m——电子质量；

　　　Φ_e——有效局部功函数；

　　　h——普朗克常数。

当 Φ 近似为 4 eV，$k = 10$ nm^{-1} 时，由式（3.3）可得：当间隙 d 每增加 0.1 nm 时，隧道电流 I 将下降一个数量级。由此可见隧道电流 I 对样品表面的微观起伏十分敏感，这也就是 STM 能观察样品表面原子量级微观形貌且具有极高分辨率的物理本质。

在扫描隧道显微镜进行隧道扫描测量时，仅仅考虑两侧电极的态密度是不够的，更重要的是通过针尖局域特征波函数来解释扫描隧道显微镜成像机理和空间分辨能力。隧道电流 I 并非样品表面起伏的简单函数，它表征样品和针尖电子波函数的重叠程度，隧道电流 I 与针尖和样品之间距离 d 以及平均功函数 Φ 之间的关系可表示为

$$I \propto V_b \exp\left(-A\Phi_a^{1/2}d\right) \tag{3.5}$$

式中　V_b——偏置电压；

　　　d——针尖与样品之间的距离；

　　　Φ_a——平均功函数。

从式（3.5）可知，在 V_b 和 I 保持不变的扫描过程中，如果功函数随样品表面的位置而异，也同样会引起探针与样品表面间距的变化。如样品表面原子种类不同，或样品表面吸附有原子分子时，由于不同种类的原子或分子团等具有不同的电子态密度和功函数，此时 STM 给出的等电子态密度轮廓不再对应于样品表面原子的起伏，而是表面原子起伏与不同原子和各自态密度组合后的综合效果。

在扫描隧道显微镜中用扫描隧道谱（STS）方法能区分表面原子起伏与不同原子和各自的态密度。利用表面功函数、偏置电压与隧道电流之间的关系，可以得到表面电子态和化学特性的有关信息。

3.1.2　扫描隧道显微镜的工作模式

扫描隧道显微镜的工作模式如图3.2所示，针尖可以在样品表面进行 x,y

方向扫描运动,z 方向则根据扫描过程中针尖与样品间相对运动的不同,可将 STM 的工作分为恒电流模式和恒高度模式,如图 3.3 所示。

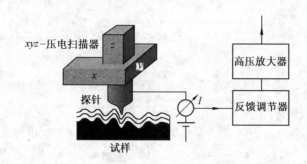

图 3.2　STM 的工作原理图

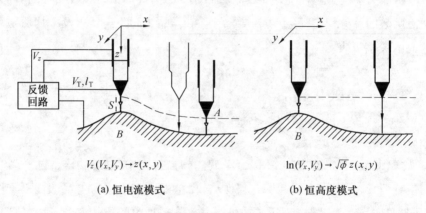

(a) 恒电流模式　　　　　　　　(b) 恒高度模式

图 3.3　扫描隧道显微镜的工作原理示意图

　　恒电流模式是通过一定的电子反馈系统,驱动针尖随样品高低变化而做升降运动,以确保针尖与样品间的隧道电流始终一致。此时针尖在样品表面扫描时的运动轨迹直接反映了样品表面态密度的分布,如图 3.3(a) 中虚线所示。如果是等电子态密度,样品的表面态密度即是样品表面的高低起伏,也就是样品的轮廓形貌。恒电流模式是目前 STM 仪器设计时常用的工作模式,适合于观察表面起伏较大的样品。

　　恒高度模式是控制针尖在样品表面某一水平面上扫描,针尖的运动轨迹如图 3.3(b) 所示,随着样品表面高低起伏,隧道电流不断变化,通过记录隧道电流的变化,可得到样品表面的形貌图,此即恒高度模式。恒高度模式适合于观察表面起伏较小的样品,一般不能用于观察表面起伏大于 1 nm 的样品。恒高度模式下,STM 可进行快速扫描,而且能有效地减少噪声和热漂移对隧道电流信号的干扰,从而获得更高分辨率的图像。

扫描隧道显微镜的运动精度要求很高,普通的机械控制是达不到的。STM 仪器中针尖的升降、平移运动均采用压电陶瓷控制。常用的压电陶瓷材料是多晶陶瓷如钛酸锆酸铅($Pb(Ti,Zr)O_3$,简称 PZT)和钛酸钡等,这些压电陶瓷可以简单地将 1 mV ~ 1 000 V 电压信号转换成十几分之一的纳米到几微米的位移。利用压电陶瓷特殊的电压、位移敏感性能,通过在压电陶瓷材料上施加一定电压,使压电陶瓷制成的部件产生变形,并驱动针尖运动,只要控制电压连续变化,针尖就可以在垂直方向或水平面上做连续的升降或平移运动,其控制精度要求达到 0.001 nm。由压电陶瓷制成的三维扫描控制器的针尖在 z 方向的运动范围可以达到 1 μm 以上,在 x,y 方向的运动范围可以达到 125 μm × 125 μm。

探针是扫描隧道显微镜的重要部件,探针针尖的尺寸、形状及化学均匀性都会影响显微图像的分辨率,影响原子的电子态的测定与分析。理想的针尖最尖端应该只有一个稳定的原子,这样才能够获得原子级分辨率的图像,才不会产生多重针尖导致图像干涉,才可以避免表面吸附层产生系列势垒影响测定。探针的制备方法很多,有电化学腐蚀法、机械成型法等。常用的针尖是钨丝或铂铱合金丝经电化学腐蚀后再经适当处理制成的。

扫描隧道显微镜分析的样品表面状态对显微图像的质量也有重要的影响。通常样品要经过一系列的处理获得平坦而纯净的表面,观察也应该在超高真空的环境下进行。总之扫描隧道显微镜的样品表面必须是没有氧化和污染的,分析过程中也不能被氧化和污染。对于非导电的样品进行扫描隧道显微镜分析,必须先进行导电化处理,或将样品制成薄膜均匀地放在导电性良好的衬底上,或在表面均匀覆盖导电膜。有些材料已经很少使用扫描隧道显微镜分析研究了,大多数使用原子力显微镜来分析研究。

3.1.3 扫描隧道显微镜的特点与应用

与其他分析方法比较,扫描隧道显微镜有其独特的优点:

(1)具有极高的分辨率。扫描隧道显微镜不像透射显微镜、透射电子显微镜那样受照明波长的限制而难以提高分辨率。扫描隧道显微镜的分辨率可以达到横向不大于 0.1 nm、纵向不大于 0.01 nm 的水平,可以分辨单个原子。

(2)可以适时进行三维成像,观察样品的三维结构。

(3)可以在各种环境下工作,真空、大气、溶液中及常温、高温等都可以进行扫描隧道显微分析。

(4)STM 不仅可以对表面的性质进行分析研究,还可作为一种表面加工手段在纳米级尺度上对各种表面进行刻蚀与修饰,实现纳米加工。

(5)相对于透射电子显微镜来说,扫描隧道显微镜的结构简单,成本低廉。

将扫描隧道显微镜(STM)、透射电子显微镜(TEM)、扫描电子显微镜(SEM)进行粗略的比较,部分性能特点见表 3.1。

表 3.1　STM、TEM、SEM 仪器的部分性能特点

仪器	分辨率	工作环境	工作温度	功　　能
STM	纵向≤0.01 nm 横向≤0.1 nm	大气、溶液、真空、超高真空	极低温、室温、高温	表面原子排列形貌观察,反应或吸附过程观察,纳米加工
TEM	横向点分辨约 0.3 nm 晶格分辨约 0.1 nm	真空	低温、室温、高温	形貌观察,晶体结构、微区成分分析
SEM	横向:场发射约 1 nm 钨灯丝约 3 nm	高真空、低真空	低温、室温、高温	形貌观察,晶体结构、微区成分分析

由此可见,STM 具有极优异的分辨本领,可有效地填补 SEM、TEM 的不足,而且,从仪器工作原理上看,STM 对样品的尺寸形状没有任何限制,不破坏样品的表面结构。这诸多的特点使得 STM 广泛应用于材料、物理、化学、生物等领

域,用以研究固体表面结构及其在物理、化学过程中的变化,揭示材料表面原子尺度的结构及其变化规律。

STM 最早是用来直接观察金属、半导体材料的周期性结构和无周期特征的结构,观察表面因吸附等产生的重构以及表面结构的缺陷。这些直接观察有助于研究材料表面的几何结构、电子结构和表面形貌等。

STM 可以原位观察材料表面发生吸附的过程、外延生长的过程、催化反应的过程和相变的过程,这些物理、化学现象动力学过程的研究可以促进深入认识化学反应的原理和物理相互作用的本质。

STM 不仅能够观察分析表面结构,还能够在观察的同时对表面进行蚀刻、诱导沉积或搬动原子或分子,进行纳米加工,由此产生新技术——原子技术或原子工艺。原子技术可以人为地改变材料表面结构或制造人工分子。

STM 虽然有诸多优点,但也存在局限性。STM 的局限性主要表现在下列几个方面:

(1)不能探测深层结构信息。

(2)扫描范围小。

(3)探针质量具有不确定性,常常依赖于操作者的经验。

(4)无法直接观测绝缘体材料。

STM 由单一的观察仪器向观察、分析、加工的多功能仪器方向发展。结合原子力显微镜及其衍生仪器不仅可以观察三维形貌结构,而且因为 STM 的工作环境可以是真空、气体氛围和液体,工作温度可以是极低温、室温和高温,同时可以外加电场、磁场、加湿和激光调制作用于样品表面,因此可以分析研究表面的各种力学、电学、透射和磁学特性。STM 的发展方向是局域探针法。观察单个的、独立的纳米尺度的研究对象,测量和分析它的性质,操纵它、修饰它、加工它、从根本上评价和控制它可能的功能和相关的过程,将成为 STM 仪器以及纳米科学与技术的重要研究领域。

3.2　原子力显微镜

扫描隧道显微镜(STM)不能直接观察绝缘体材料,使得其应用受到很大限制。1986 年,在 C. Binnig 发明的分析仪器——原子力显微镜的基础上,1988年初,中国科学院化学研究所白春礼等人成功地研制出了国内第一台扫描隧道显微镜,同年又研制出我国第一台原子力显微镜。

3.2.1　原子力显微镜的结构与工作原理

AFM 的原理是将一个对微弱力极为敏感的微悬臂(Cantilever)的一端固定,另一端固定一个微小针尖,针尖与样品表面可轻轻接触。针尖尖端的原子与样品表面原子间存在着极微小的吸引力或排斥力,将这种力控制为恒定,带有针尖的微悬臂在垂直于样品表面的方向上起伏运动,记录下悬臂对应于扫描各点的位置变化,从而获得样品表面形貌的信息。

AFM 的原理与指针轮廓仪(Stylus Profilometer)相似。指针轮廓仪利用针尖(指针),通过杠杆或弹性元件把针尖轻轻压在待测表面上,使针尖在待测表面上做二维扫描,针尖随表面的凹凸做起伏运动,用透射或电学方法测量起伏位移随位置的变化,于是得到表面三维轮廓图。指针轮廓仪所用针尖的半径约为 1 μm,所加弹力(压力)为 $10^{-2} \sim 10^{-5}$ N,横向分辨率达 100 nm,纵向分辨率达 1 nm。但是 AFM 微悬臂上所加弹力很小,可达 10^{-18} N。理想的针尖半径就是一个原子,所以在空气中测量,横向分辨率可达 0.15 nm,纵向分辨率达0.05 nm,接近 STM 的分辨率。

AFM 工作过程中,当针尖非常接近样品表面时,就在针尖–样品之间产生相互作用力,该力作用下微悬臂产生弹性形变量(Δz),则对于弹性元件,受力为

$$F = k_e \cdot \Delta z \tag{3.6}$$

式中　k_e——微悬臂的弹性系数。

微悬臂的弹性系数与其质量和固有振动频率的关系为

$$k_e = \frac{3EI}{L^3} = 9.57mf^2 \tag{3.7}$$

式中　E——弹性模量；

　　　I——转动惯量；

　　　L——微悬臂长度；

　　　m——微悬臂质量，通常在 10^{-10} kg 左右；

　　　f——微悬臂的固有振动共振频率，通常在 10 kHz。

　　因为 AFM 微悬臂针尖工作过程中受到的力极微小，所以产生的位移(Δz)也是极小的。测定这么小的位移(Δz)有三种方法，即隧道电流方法、电容法和透射法。隧道电流方法是早期 AFM 使用的方法，电容法用得很少，最常用的是透射法。

　　Binnig 于 1986 年提出的 AFM 的结构原理图(图3.4)中所使用的就是隧道电流方法。隧道电流方法是在 AFM 微悬臂针尖后安装一个 STM，通过隧道电流反映 AFM 微悬臂针尖的位移大小。图 3.4 中有两个针尖和两套压电晶体控制机构。B 是 AFM 的针尖，C 是 STM 的针尖，A 是 AFM 的待测样品，D 是微悬臂，又是 STM 的样品。E 是使微悬臂发生周期振动的调制压电晶体，用于调制隧道结间隙。

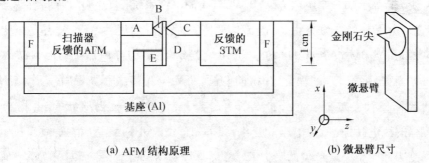

(a) AFM 结构原理　　　　　　　　　　(b) 微悬臂尺寸

图 3.4　AFM 结构原理图

A—AFM 的待测样品；　B—AFM 的针尖；　C—STM 的针尖(Au)；

D—微悬臂，同时又是 STM 的样品；　E—调制压电晶体；　F—氟化橡胶减震器当针尖接近样品时,样品表面势能和表面力的变化如图3.5所示。在距离样品表面较远时表面力是负的(吸引力),随着距离变近,吸引力先增加然后减小直至降到零。当进一步减小距离时,表面力变正(排斥力),并且表面力随距离进一步减小而迅速增加。

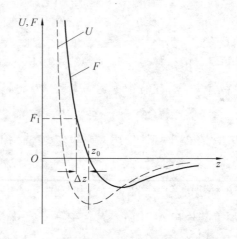

图3.5　样品表面势能和表面力的变化

隧道电流方法测量过程如下:先使样品 A 离针尖 B 很远,这时微悬臂位于不受力的静止位置,然后使 STM 针尖 C 靠近微悬臂 D,直至观察到隧道结电流 I_{STM},使 I_{STM} 等于某一固定值 I_0,并开动 STM 的反馈系统使 I_{STM} 自动保持在 I_0 数值,这时由于 B 处在悬空状态,电流信号噪声很大。然后使 AFM 样品 A 向针尖 B 靠近,当 B 感受到 A 的原子力时,B 将稳定下来,STM 电流噪声明显减小。此时 B 首先感受到 A 的吸力,B 将向左倾,STM 电流将减小,STM 的反馈系统将使 STM 的针尖向左移动 Δz 距离,以保持 STM 电流不变,从 STM 的 P_z(控制 z 向位移的压电陶瓷)所加电压的变化,即可知道 Δz,知道 Δz 后,根据式(3.6)可求样品表面对微悬臂针尖的吸力 F。样品继续右移,样品 A 表面对针尖 B 的吸力增加,到吸力最大值时,微悬臂 D 的针尖向左偏移量亦达到最大值。样品进一步右移时,表面吸力减小,位移 Δz 减小,B 将向右倾,直至样品 A 和针尖 B 的距离相当于 z_0 时,表面力 $F=0$,微悬臂回到原位。样品继续右移,针尖 B 感受到的将是排斥力,即微悬臂 D 将后仰(右移)。

总之,样品和针尖 B 之间的相对距离可由 AFM 的 P_z 所加的电压和 STM 的 P_z 所加的电压确定,而表面力的大小和方向则由 STM 的 P_z 所加的电压的变化来确定。这样,我们就可求出针尖 B 的顶端原子感受到样品表面力随距离变化的曲线。为了描述隧道电流方法测量过程,以上的分析没有考虑 STM 针尖和微悬臂之间的原子力,也未考虑针尖或样品在原子力作用下的变形。

隧道电流法的优点是灵敏度高,并且不需要特别的检测手段,只要在 STM 仪器上稍加改进就可进行 AFM 测量。缺点是当微悬臂上产生隧道电流的部位被污染时,其性能将下降。

透射检测法可分为两种类型:干涉法和光束反射法。这两种方法都可以检测到微悬臂 0.01 nm 幅度的弯曲,检测的 d_c 带宽可到 10 kHz。干涉法的主要优点是不要求微悬臂有特别平滑的高反射性的表面,这一点对于测量表面磁性和静电特性的磁力显微镜和静电力显微镜特别重要,因为它们常用的细丝微悬臂不具备这个条件。光束反射法更加简单、稳定、可靠,不像干涉法要求对振动和声音进行隔绝、对热漂移和激光频率变化敏感,所以光束反射法在商业仪器中广泛使用。

探测悬臂微形变的常用方法是光束偏转法,如图 3.6 所示。一束激光经微悬臂背面反射进入位置灵敏光检测器(PSPD),而 PSPD 由光电二极管组成,它用灵敏光输出反映反射光位置的信号。选择微悬臂和 PSPD 之间的合适距离,是提高灵敏度的重要方法之一。

光电检测单元是仪器的核心,它由激光器、透射透镜、微悬臂、四象限光电检测器等组成。半导体激光束经准直后聚焦在微悬臂背面上,微悬臂背面镀金作为反光镜,经微悬臂反射的光照到四象限的两个光敏面上分别给出信号,当样品扫描时微悬臂在力的作用下将发生微小位移,激光偏转对微悬臂位移的放大作用为

$$\Delta L = (2R/l) \times \Delta z \qquad (3.8)$$

式中　ΔL——光斑在光电探测器上的位移;

l——微悬臂的长度；

Δz——在微悬臂方向的微小位移；

R——微悬臂到光电探测器的距离。

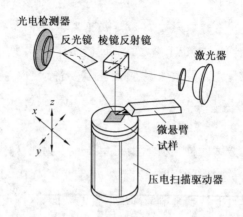

图 3.6　光束偏转法原理图

AFM 中最为关键的技术是对于微弱力作用极其敏感的微悬臂的设计。为制备高分辨率的非常尖细的针尖以及其微小形变的检测技术，为了在原子级分辨率时具有足够的灵敏度，微悬臂必须满足如下要求：悬臂必须容易弯曲，易于恢复原位，具有合适的弹性系数，使得零点几个纳牛顿的力的变化可以被探测；悬臂的共振频率应该足够高，可以追随表面高低起伏的变化，通常悬臂的固有频率必须高于 10 kHz。根据上述两个要求，微悬臂的尺寸必须在微米的范围。通常使用的微悬臂材料是氮化硅(Si_3N_4)。

探针是 AFM 的核心部件。目前，一般的探针式表面形貌测量仪垂直分辨率已达到 0.1 nm，足以检测出物质表面的微观形貌。但是，探针针尖曲率半径的大小将直接影响到测量的水平分辨率。一般的机械触针为金刚石材料，其最小曲率半径约 20 nm。普通的 AFM 探针材料是硅、氧化硅或氮化硅，曲率半径为 5～10 nm。新的针尖制备技术可以获得更细的针尖，曲率半径进一步减小到一个原子。

探针针尖的几何物理特性制约着针尖的敏感性及样品图像的空间分辨率。因此针尖技术的发展有赖于对针尖进行能动的、功能化的分子水平的设计。只有设计出更尖锐、更功能化的探针,改善 AFM 的力调制成像技术和相位成像技术的成像环境,同时改进被测样品的制备方法,才能真正地提高样品表面形貌图像的质量。

对探针进行修饰而发展起来的针尖修饰技术包括化学修饰、生物分子修饰和纳米碳管修饰等。这些针尖修饰技术在传统探测的物理量(力场、电场、磁场等)的基础上,引入了"化学场",从而大大地提高和改善了 AFM 的空间分辨率和物质识别能力。图 3.7 是氮化硅微悬臂及探针针尖。

图 3.7　氮化硅微悬臂及探针针尖

3.2.2　原子力显微镜的工作模式

AFM 有三种不同的工作模式:接触模式(Contact Mode)、非接触模式(Non-contact Mode)和共振模式也称轻敲模式(Tapping Mode)。

1. 接触模式

接触模式包括恒力模式(Constant Force Mode)和恒高模式(Constant Height Mode)。在恒力模式中,通过反馈线圈调节微悬臂的偏转程度不变,从而保证样品与针尖之间的作用力恒定,当沿 x、y 方向扫描时,记录 z 方向上扫描器的移动情况来得到样品的表面轮廓形貌图像。这种模式由于可以通过改变样品的上下高度来调节针尖与样品表面之间的距离,所以样品的高度值较准确,适用于物质的表面分析。在恒高模式中,保持样品与针尖的相对高度不变,直接测量出微悬臂的偏转情况,即扫描器在 z 方向上的移动情况以获得图像。这种模式对样品高度的变化较为敏感,可实现样品的快速扫描,适用于分子、原子的图像的观察。

接触模式的特点是探针与样品表面紧密接触并在表面上滑动。针尖与样品之间的相互作用力是两者相接触原子间的排斥力,约为 $10^{-8} \sim 10^{-11}$ N。接触模式通常就是靠这种排斥力来获得稳定、高分辨样品表面形貌图像的。但由于针尖在样品表面上滑动及样品表面与针尖的黏附力,可能使得针尖受到损害,样品产生变形。

2. 非接触模式

非接触模式是探针针尖始终不与样品表面接触,在样品表面上方 5 ~ 20 nm 距离内扫描。在这种模式中,AFM 对应的针尖-样品间距在几到几十纳米的吸引力区域,相互作用力是吸引力——范德瓦耳斯力,其引力比接触模式小几个数量级,因此直接测量力的大小比较困难。然而其特点是力梯度为正,其大小随针尖-样品距离减小而增大。通常,悬臂的共振频率与弹性系数和质量有关系式 $f=(k_{eff}/m)^{1/2}$,式中有效弹性系数 $k_{eff}=k-F'$,而 k 是自由空间的弹性系数,F' 是力梯度。当以共振频率驱动的微悬臂接近样品表面时,由于受到逐渐增大的力梯度的作用,使得微悬臂的有效的共振频率减小。在频谱上,对应着共振曲线的左移,因此在给定共振频率处,微悬臂的振幅将减小很多。非接触模式 AFM 的工作原理就是以略大于微悬臂自由共振频率的频率驱动微悬臂,当针尖接近样品表面时,微悬臂的振幅显著减小。振幅的变化量对应于作用在微悬臂上的力梯度,因此对应于针尖-样品间距。反馈系统通过调整针尖-样品间距使得微悬臂的振动幅度在扫描过程中保持不变,由此得到样品的表面形貌像。

非接触模式由于针尖-样品距离较大,吸引力小于排斥力,故灵敏度比接触模式高,但分辨率比接触模式低。非接触模式不适用于在液体中成像。

3. 轻敲模式

在轻敲模式中,通过调制压电陶瓷驱动器使带针尖的微悬臂以某一高频的共振频率和 0.01 ~ 1 nm 的振幅在 z 方向上共振,而微悬臂的共振频率可通过氟化橡胶减振器来改变。同时反馈系统通过调整样品与针尖间距来控制微悬臂振幅与相位,记录样品的上下移动情况,即在 z 方向上扫描器的移动情况来获得图像。

轻敲模式是较新的测量模式,它介于接触模式和非接触模式之间。扫描过程中在共振频率附近以更大的振幅(大于 20 nm)驱动微悬臂,使得针尖与样品表面间断地接触。当针尖没有接触到表面时,微悬臂以一定的大振幅振动,当针尖接近表面直至轻轻接触表面时,其振幅将减小,而当针尖反向远离表面时,振幅又恢复到原先的大小。根据该振幅,反馈检测系统不断调整针尖-样品之间的距离来控制微悬臂的振幅,使得作用在样品上的力保持恒定。由于针尖同样品接触,分辨率几乎同接触模式一样好,又因为接触非常短暂,剪切力引起的对样品的破坏几乎完全消失。轻敲模式适合于分析研究柔软、黏性和脆性的样品。

AFM 有多种不同的成像模式,如力调制成像技术和相位成像技术等。力调制成像技术有原子力、磁力、静电力成像等。在原子力调制成像技术中可以使用远程力(范德瓦耳斯力)成像,即非接触模式;也可以使用近程力(斥力)成像,即接触模式。

相位成像技术指的是监测驱动样品或微悬臂震荡的周期信号与被检测到的微悬臂响应信号的相位差的变化,或叫相位滞后,以反映表面黏弹性的差异。相位成像可以在任何微悬臂震荡模式下进行。相位成像信息可以和力调制图像同时获得,因此样品表面形貌特征、弹性模量和黏弹性等信息可被同时捕捉,以便进行对比分析。

相位成像对于较强的表面摩擦和黏附性质变化的反应很灵敏。相位成像在较宽的应用范围内可以给出很有价值的信息,它弥补了力调制方法中有可能引起样品破坏和较低分辨率的不足,可以提高分辨率的图像细节,还能提供其他技术所揭示不了的信息。相位成像技术在复合材料表征、表面摩擦和黏附性以及表面污染发生过程的观察研究中得到广泛应用,图 3.8 给出了力调制成像技术和相位成像技术的比较。

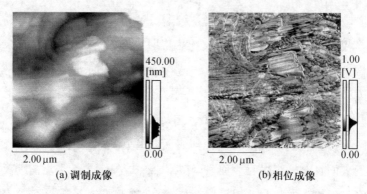

(a) 调制成像　　　　　　　　　　　　　(b) 相位成像

图 3.8　力调制成像技术和相位成像技术的比较

3.2.3　原子力显微镜的应用

AFM 的应用非常广泛,可以用于研究金属和半导体的表面形貌、表面重构、表面电子态及动态过程、超导体表面结构和电子态层状材料中的电荷密度等。理论上金属的表面结构可由晶体结构推断出,但实际上金属表面很复杂。衍射分析方法已经表明,在许多情况下,表面形成超晶体结构,可使表面自由能达到最小值。借助 AFM 可以方便得到某些金属、半导体的重构图像。AFM 已经获得了包括绝缘体和导体在内的许多不同材料的原子级分辨率图像,图 3.9所示为云母表面结构的 AFM 图像。

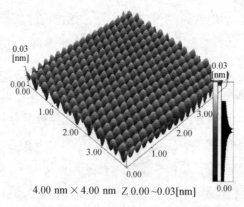

4.00 nm × 4.00 nm　Z 0.00~0.03[nm]

图 3.9　云母表面结构的 AFM 图像

AFM 在摩擦学中的应用将进一步促进纳米摩擦学的发展。AFM 在纳米摩擦、纳米润滑、纳米磨损、纳米摩擦化学反应和机电纳米表面加工等方面得到应用,它可以实现纳米级尺寸和纳米级微弱力的测量,可以获得相界、分形结构和横向力等信息的空间三维图像。

AFM 在水或电解质溶液等电化学环境下工作稳定,AFM 已成功地应用于现场电化学研究。这些研究主要是界面结构的表征、界面动态学和化学材料及结构观察,如观察和研究单晶、多晶局部表面结构,表面缺陷和表面重构,表面吸附物种的形态和结构,金属电极的氧化还原过程,金属或半导体的表面电腐蚀过程、有机分子的电聚合及电极表面上的沉积等。在电化学环境下,将 AFM 应用于对材料表面的纳米加工或修饰是当前的一个热门课题。在 AFM 的作用下,可在材料表面均匀地产生大量金属纳米颗粒,诱导硅的局域刻蚀、增强导电聚合物的局域聚合等。图 3.10 是黄铜腐蚀的 AFM 原位观察图像。

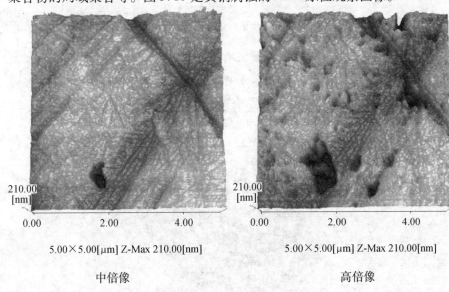

5.00×5.00[μm] Z-Max 210.00[nm]　　　　5.00×5.00[μm] Z-Max 210.00[nm]

中倍像　　　　　　　　　　　　　　　高倍像

图 3.10　黄铜腐蚀的 AFM 原位观察图像

AFM 在高分子领域中的应用已由最初的聚合物表面几何形貌的观测,发展到深入非金属材料的纳米级结构和表面性能分析等新领域,并提出了许多新概念和新方法。对高分子聚合物样品的观测,AFM 可达纳米级分辨率,能得到真实空间的表面形貌三维图像,同时可以用于研究表面结构动态过程。图3.11是苯乙烯/丁二烯嵌块共聚物的高度像和相位像。

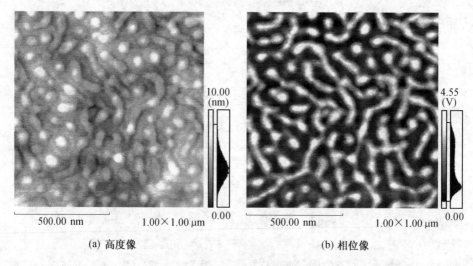

(a) 高度像   (b) 相位像

图3.11　苯乙烯/丁二烯嵌块共聚物的高度像和相位像

AFM 比 STM 更易阐明脱氧核糖核酸(DNA)、蛋白质、多糖等生物大分子的结构,且有其独特的优势。生物大分子样品不需要覆盖导电薄膜,可在多种环境下直接实时观测,图像分辨率高,基底选择性强。图3.12是质粒 DNA 的

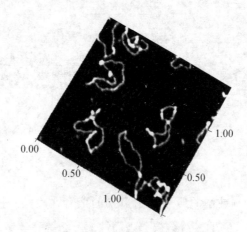

图3.12　质粒 DNA 的 AFM 图像

AFM 图像。

　　原子力显微镜的另外一种重要的测量方法是力–距离曲线,它包含了丰富的针尖–样品之间相互作用的信息。当探针接近,甚至压入样品表面,随后离开,同时测量并记录探针所受到的力,就得到类似图 3.13 的力–距离曲线。例如,测量样品的弹性或塑性变形随力的变化。假如针尖 B 是硬度很高的材料(如金刚石),在针尖与样品距离达到 z_0 以后,再进一步靠近,如果样品 A 是理想的弹性材料,则排斥力 F 增加。但是当样品退回,Δz 从大变小时,力 F 应按原曲线变小直至变至零,这是理想弹性材料的弹性变形,如图 3.13(a)所示。对于另一个极端,在针尖进入样品一定深度后,当样品稍微回撤时,力 F 即降至零,这是理想的塑性材料,如图 3.13(b)所示。一般情况下力–距离曲线如图 3.13(c)所示。在图 3.13(c)中假设样品不动,针尖自点 A 向样品靠近。当到达点 B 感受到显著的引力时,针尖跳跃地接近样品 C,如果针尖具有足够刚性,会压入样品,C 段的形状与斜率反映的是材料弹性性质。针尖退出时并不是沿 CBA 原路返回,而是沿 CD 方向进行,有一段滞后,到达点 E 针尖与样品脱离接触。所以点 E 揭示断键或脱黏附状态,可以用来测量键结合或黏附大小。

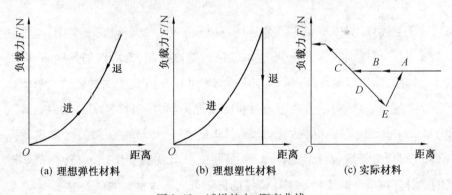

图 3.13　试样的力–距离曲线

　　根据针尖材料与样品材料的不同以及针尖–样品间距的不同,针尖–样品的相互作用力中可以存在原子间斥力、范德瓦耳斯吸引力、弹性力、黏附力、磁力和静电力等,以及针尖在扫描过程中产生的摩擦力。对应于各种各样的力,不仅可以观察样品的形貌结构,而且通过分析针尖-样品之间的相互作用力,还能够了解样品表面局域的各种性质。图 3.14 所示是利用力-距离曲线测得润滑膜厚度,图 3.15 给出了利用力-距离曲线分析离子与其他化学基团静电力作用的结果。

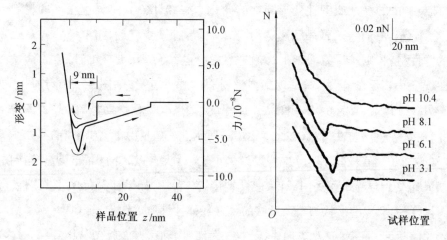

图 3.14　利用力-距离曲线测得润滑膜厚度　　图 3.15　不同 pH 中氮化硅针尖与云母表面间的力-距离曲线

除了上述应用外,AFM 的工作环境可以多样化。既可以在真空中,也可以在大气中;既可以在气体氛围中,也可以进行湿度控制;既可以加热样品,也可以冷却样品;既可以对样品进行气体喷雾,也可以在溶液中观察样品。利用摩擦力显微镜(LFM),可以分析研究材料的摩擦力;利用磁性针尖的磁力显微镜(MFM),分析研究磁性材料尤其是磁记录介质;利用导电针尖的电力显微镜(EFM),可以分析研究样品表面电势、薄膜的介电常数和沉积电荷;在观察形貌的同时进行电流成像等。采用特殊的针尖可以测量材料的微硬度和纳米/微米刻痕。AFM 可以进行原子和分子的操纵、修饰和加工,设计和创造新的结构和物质。

由于 AFM 诸多的功能,因而应用非常广泛,包括力学、物理、化学、材料科学、电子学和生物学等众多领域。AFM 和 STM 及其衍生仪器在纳米科技中发挥着举足轻重的作用。与 STM 一样,观察被研究的物体,测量和理解它的各种性质,操纵和修饰该物体,根本上评价和控制它可能的性能和过程,将成为 AFM 的发展趋势和研究应用纳米技术的有利工具。

3.3　磁力显微镜

原子力显微镜在工作过程中是探测原子间的短程相互作用力(引力、斥力),当针尖与样品距离加大到 10 ~ 100 nm 时,可以测量静电力、磁力等长程作用力。人们利用这种长程作用力发展了扫描探针显微镜,并发明了用磁力显微镜研究磁性材料。

3.3.1　磁力显微镜的结构与工作原理

磁力显微镜(Magnetic Force Microscopy, MFM)的结构如图 3.16 所示。与图 3.6 相比可以发现 MFM 与 AFM 的区别就是探针不同,即 MFM 的探针是铁磁性的。当 AFM 的探针与样品都是磁性材料时,由于磁相的长程磁偶极作用,探针在试样表面扫描时就能感受到磁性材料表面的杂散磁场的磁力。探测这种磁力梯度的分布,就能得到产生杂散磁场的磁畴、磁畴壁、磁畴内微结构等的表面磁结构形态的信息,这就是磁力显微镜。

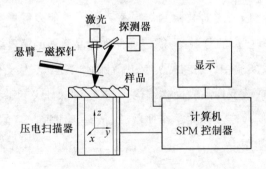

图 3.16　磁力显微镜结构图

磁化强度为 M 的铁磁性材料表面上存在着由磁结构的 $\Delta \cdot M$(或 $M \cdot n$)产生的杂散磁场 H(n 为法线矢量)。在点磁荷模型下,H 作用于磁针尖局域磁

矩 m 上的磁力为

$$F = \int (m \cdot H) \, dV \tag{3.9}$$

积分是对磁针尖的磁膜体积 V 进行的,引起悬臂偏转的只是 F 的 z 分量

$$F_z = \frac{m_x H_x}{z} + \frac{m_y H_y}{z} + \frac{m_z H_z}{z} \tag{3.10}$$

通常磁针尖是垂直磁化的($m_z \neq 0$),在这种情况下,MFM 只对杂散磁场的 z 分量 H_z 及其微商 H_z/z 敏感。在动态检测的情形下,磁针尖和 H 的相互作用使针尖的共振频率 f_0 和位相 Φ 改变。如保持 $\Delta\Phi$ 不变,则频率位移 Δf 和磁力梯度 F'_z 的关系为

$$\Delta f = f_0 F'_z / 2k_e \tag{3.11}$$

如保持 Δf 不变,则 $\Delta\Phi$ 和磁力梯度 F'_z 的关系为

$$\Delta\Phi = QF'_z / k_e \tag{3.12}$$

式中　k_e——悬臂的弹性系数;

　　　Q——悬臂的品质因数。

由式可知,探测 Δf 或 $\Delta\Phi$,即探测磁力梯度 F'_z,就能测到样品表面杂散磁场 H 的分布,进而得到样品表面磁结构的信息。

由于 MFM 可同时获得样品表面的 AFM 形貌图和磁力梯度图像,因而可直接观察样品表面结构与磁畴结构的对应关系。同其他表征样品磁畴结构的方法相比,MFM 具有更高的分辨率,能够观察到样品表面的微磁结构。

在 MFM 测量实验中,需要样品与磁探针的恰当匹配,从而保证在扫描过程中磁探针不干扰或改变样品表面磁结构。同样,磁探针尖的磁状态也不被样品表面的杂散磁场所改变。样品是待测的,一般是不可以改变的。要保证匹配,要获得高分辨率的图像,磁探针的磁特性是决定 MFM 分辨率和灵敏度的最关键因素之一。

一般情况下,仪器提供的磁探针能与被测样品有较好的匹配。但是,当样品是矫顽力 H_c 很小,磁化强度也不大的软磁材料薄膜时,磁探针对样品的磁畴结构

影响极大;当样品是矫顽力 H_c 极大、磁感应强度也很大的稀土永磁材料时,样品表面杂散磁场会强烈改变磁探针的针尖磁状态,从而导致磁力图失真。这两种情况下,如果提高探针的抬举高度,可以减小相互影响,但是将大大损失分辨率。

MFM 图像分辨率取决于磁探针针尖半径、抬举高度和样品表面的平整度。欲提高图像分辨率,应该选用针尖半径小的磁探针、尽可能高的样品表面平整度和适当的抬举高度。

3.3.2　磁力显微镜的应用

MFM 的早期应用是研究磁记录材料,如磁头、磁带等磁记录介质,观察分析写入的磁斑、记录的轨道,磁头的磁场分布等。图 3.17 是一种录像带的 AFM 表面形貌和 MFM 的磁力图像。AFM 图像仅能给出磁记录介质的表面形貌与颗粒分布状态,而 MFM 图像则清晰地显示了未写入信息的区域和写入了纵向磁记录信息的条带形貌(条带间隔反映的是 $\Delta \Phi$ 的周期改变)。图 3.18 是计算机硬盘的 AFM 表面形貌和 MFM 的磁记录轨道图像。

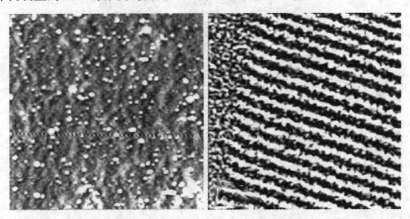

(a)AFM 表面形貌　　　　　　　　(b)MFM 的磁力图像

图 3.17　录像带的 AFM 表面形貌和 MFM 的磁力图像

磁性材料、纳米磁性材料的研究已越来越多,MFM 是研究这些材料的重要工具,它可以深入地研究这些材料的磁畴及其内部的微细结构,发现新的微磁结构。图 3.19 是 GaAs 基体制备的 Fe/Fe-N 多层膜的 MFM 图像。图 3.20 是在

Si 基上沉积 Co 颗粒层的磁力图,表明沉积层厚度改变,磁畴形貌也随之改变。

（a）AFM 图像　　　　　　　（b）MFM 图像

图 3.18　计算机硬盘的 AFM 表面形貌和 MFM 的磁记录轨道图像

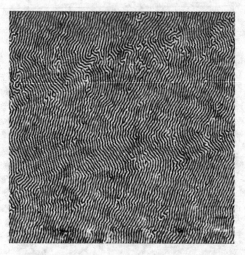

图 3.19　Fe/Fe-N 多层膜的 MFM 图像

　　MFM 在研究纳米材料的纳米晶结构以及材料的剩磁、矫顽力、磁致伸缩等磁性能的相互关系时是必不可少的。在研究广泛应用的稀土永磁材料时,运用 MFM 直接观察微晶粒,测出微晶粒内外的磁畴结构,MFM 研究的结果也可以用来优化和比较稀土永磁材料的制备工艺等。

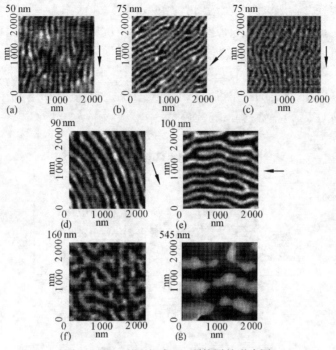

图 3.20 Si 基上沉积 Co 颗粒层的磁力图

3.4 电化学原子力显微镜

电化学原子力显微镜（Electrochemistry-Atom Force Microscope，EC-AFM）是在 AFM 基础上发展的一种新型扫描探针显微镜。它把 AFM 与电化学分析测量仪器结合在一起，在进行电化学测量或分析实验的同时，观察作为工作电极的样品表面原子尺度的形貌变化、探测原子间的相互作用力、静电力等。根据观察测量的结果，帮助我们更深入地认识电化学反应等的微观机制与规律。

3.4.1 电化学原子力显微镜的结构

与 AFM 相结合的电化学测试仪器通常是恒电位仪或电化学工作仪等，结构如图 3.21 所示。对于 EC-AFM 来说，与 AFM 最突出的区别就是探针的工作环境不同。在 EC-AFM 中，探针是在电解质溶液中工作成像，探针的工作模式主要是接触式工作方式，探针附近还可以插入参比电极或对电极。

工作中探针在压电陶瓷驱动器驱动下,在试样表面作 x-y 方向扫描,或者探针针尖接近试样或刺入表面层(膜)时,针尖与试样间的力等随之而变,记录这些变化可以获得试样表面三维形貌图或力曲线。

作为工作电极的试样可以是金属、离子晶体、半导体等材料。试样表面要求极高的平整度,这样的平整度可以通过对样品进行抛光、研磨或在平整表面(如 Si 单晶的表面)蒸镀薄膜来获得。

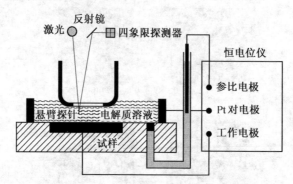

图 3.21　电化学原子力显微镜结构图

3.4.2　电化学原子力显微镜的应用

电化学原子力显微镜主要应用于电化学研究,目前集中在界面结构表征、界面动态学和化学材料及结构等方面。具体应用有电镀(欠电位沉积)研究,利用电化学原子力显微镜观察沉积过程、探索原子在基体表面沉积的步骤和对晶面的选择等、改变外加条件对沉积过程和速度的影响等,从而选择沉积的优化条件。

腐蚀研究中应用电化学原子力显微镜的工作很多,可以应用电化学原子力显微镜观察腐蚀的微观过程(图 3.22),研究金属溶解的优先区域与金属结晶学取向的关系;也可以研究金属阳极极化规律;探索钝化膜的形成(图 3.23)及其减缓腐蚀防腐蚀的机制;研究腐蚀的动力学问题等。

电化学原子力显微镜可以帮助研究材料表面吸附问题,发现小分子吸附的机制与规律;可以研究有机分子的电聚合及电极表面的沉积,监测膜的增长过程;可以研究沉积电位、迁移电荷、溶剂和电极表面性质等的影响;可以测量两表面间的静电力,探测外加电压、pH 和电解质溶液浓度对静电力的影响。将 EC-AFM 改造后,用探针作为工作电极还可以探测一些盐晶体的溶解过程的机理和动力学。

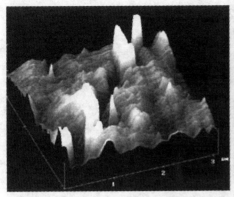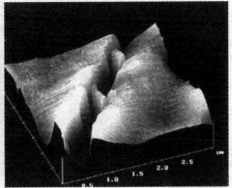

（a）1% 草酸腐蚀 304 不锈钢中的晶界碳化物　　（b）进一步腐蚀碳化物逐渐溶解

图 3.22　腐蚀的微观过程

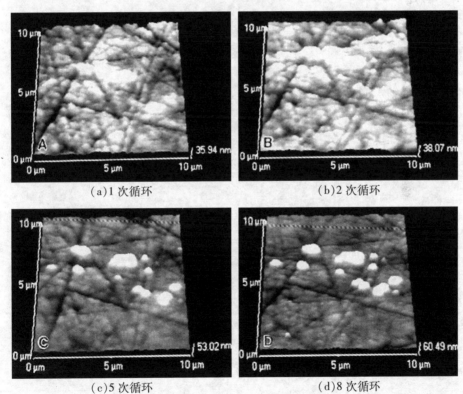

（a）1 次循环　　　　　　　　　　　　　　　（b）2 次循环

（c）5 次循环　　　　　　　　　　　　　　　（d）8 次循环

图 3.23　铁在硼酸溶液中循环腐蚀表面出现的氧化膜

参考文献

[1] 白春礼.扫描隧道显微镜及其应用[M].上海:上海科学技术出版社,1992.

[2] 周玉,武高辉.材料分析测试技术——材料 X 射线衍射与电子显微分析(第 2 版)[M].哈尔滨:哈尔滨工业大学出版社,2007.

[3] 左演声,陈文哲,梁伟.材料现代分析方法[M].北京:北京工业大学出版社,2000.

[4] 白春礼,田芳,罗克.扫描力显微镜[M].北京:科学出版社,2000.

[5] 陈耀文,林月娟,张海丹,等.扫描电子显微镜与原子力显微镜技术之比较[J].中国体视学与图像分析,2006,11(1):53-58.

[6] 朱弋,阮兴云,徐志荣,等.扫描探针电子显微镜综述[J].中国医疗设备,2005,20(11):33-34.

[7] 郭云昌,蔡颖谦.扫描探针显微镜的进展[J].现代科学仪器,2005(3):21-23.

[8] 田文超,贾建援.扫描探针显微镜系列及其应用综述[J].西安电子科技大学学报(自然科学版),2003,30(1):108-112.

[9] 张雪辉,韩立.轻敲式扫描探针显微镜[J].现代科学仪器,2002(5):34-37.

第4章 X射线衍射分析技术

4.1 X射线的物理学基础

4.1.1 X射线的本质

1895年W. C. Roentgen研究阴极射线管时,发现一种有穿透力的肉眼看不见的射线,称为X射线(伦琴射线)。其基本特征是:①穿透力强,可用于医疗。②能使底片感光。③能使荧光物质发光。④能使气体电离。⑤对生物细胞有杀伤作用,可用于癌症治疗。

1912年劳埃(M. Von Laue)以晶体为光栅,发现了晶体的X射线衍射现象,确定了X射线的电磁波属性和晶体结构的周期性。

几乎同时,1912年W. H. Bragg与M. L. Bragg也发现了X射线衍射现象。

X射线的波长为0.01~10 nm,物质结构中,原子和分子的距离正好落在X射线的波长范围内,所以物质(特别是晶体)对X射线的散射和衍射能够传递极为丰富的微观结构信息。

经研究发现,X射线和无线电波、可见光一样都是电磁波,只不过波长很短。它与其他电磁波一样,具有波粒二象性,也就是说它既具有波动的属性,同时又具有粒子的属性,即:

(1)X射线之间相互作用,表现出波动性(干涉)。

(2)与电子、原子的相互作用,表现出粒子特性(光子)。

这种光量子的能量 ε、动量 p、波长 λ 均遵循爱因斯坦公式:即波粒二象性的统一联系

$$\varepsilon = \hbar\nu = \frac{hc}{\lambda}$$

$$p = \frac{\hbar}{\lambda}$$

式中　　h——普朗克常数,等于 6.625×10^{-34} J・s;

　　　　c——X 射线的速度,等于 2.998×10^{8} m/s。

X 射线的波长较可见光短得多,所以能量和动量很大,具有很强的穿透能力。

4.1.2　X 射线的产生

获得 X 射线的方法是多种多样的,如同步辐射等,但大多数射线源都是由 X 射线发生器产生的。最简单的 X 射线发生器是 X 射线管,X 射线管是 X 射线仪的核心,是直接发射 X 射线的装置。X 射线管按其获得电子的方式分为两种基本类型:一种是借助于高压电场内少量的气体发生电离产生电子,称为离子式(冷阴极)X 射线管;另一种是借助于加热阴极灯丝发射电子,称为电子式(热阴极)X 射线管。前者是较原始的 X 射线管,除特殊用途外现已基本被淘汰,现在普遍使用的几乎全是电子式 X 射线管。电子式 X 射线管又可分为封闭式和可拆式两种。一般情况下多用封闭式,只有特殊结构的 X 射线管(如旋转阳极和细聚焦 X 射线管)才采用可拆式。

下面以常用的封闭式 X 射线管为例说明 X 射线管的基本构造。图 4.1(a)是固定阳极 X 射线管的剖面示意图,其结构如下:

固定阳极 X 射线管是玻璃外罩将阴阳两极密封在高真空之中的管状装置。

1. 阴极

阴极是发射电子的地方,它是由绕成螺线形的钨丝制成,给它通以一定的电流加热到白热,便能放射出热辐射电子。

2. 阳极

阳极又称靶,是使电子突然减速和发射 X 射线的地方。由于高速电子束轰击阳极靶面时只有 1% 的能量转变为 X 射线的能量,而其余的 99% 都转变为

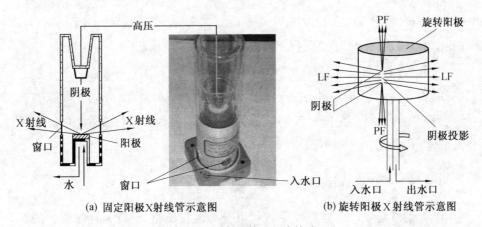

(a) 固定阳极X射线管示意图　　　　(b) 旋转阳极X射线管示意图

图 4.1　X 射线管的基本构造

热能,因此阳极由两种材料制成,阳极底座用导热性能好、熔点较高的材料(黄铜或紫铜)制成,在底座的端面镀上一层阳极靶材料。常用的阳极靶材料有 Cr、Fe、Co、Ni、Cu、Mo、Ag、W 等,在 X 射线装置中也常用 Al 靶。除此之外,阳极必须有良好的循环水冷却,以防靶熔化。

3. 窗口

窗口是 X 射线从阳极靶向外射出的地方。一般的玻璃对 X 射线的吸收是较大的,所以为了减少 X 射线在发射路程中的损失,在 X 射线管的周围开设两个或四个由专门材料制成的窗口。窗口材料要求既要有足够强度以保持管内真空,又要对 X 射线吸收较小。较好的窗口材料是铍片,有时也用硼酸铍锂构成的林德曼玻璃,但它不耐潮湿,使用时要用专制的透明胶涂在窗口上防潮。

4. 焦点

焦点是指阳极靶面被电子束轰击的地方,正是从这块面积上发射出 X 射线。焦点的尺寸和形状是 X 射线管的重要特性之一。焦点的形状取决于阴极灯丝的形状。现代 X 射线管多用螺线形灯丝,产生长方形焦点。在 X 射线衍射工作中,希望有较小的焦点和较强的 X 射线强度,前者可以提高分辨本领,后者可以缩短曝光时间。为了达到上述要求,最简单的办法是在与靶面成一定角度的位置接受 X 射线。在这种情况下实际上长方形(1 mm×10 mm)焦点面积较大,但在接受方向上实际焦点(即接受方向上的 X 射线)的面积却缩小了。在功率不变的情况下,单位面积上的强度也就相应地提高了。

在 X 射线产生过程中,高速运动电子的能量约有 98% 不可避免地在靶上转变成热量,当大量的热量集中于靶面上一点使靶极易融化,因此 X 射线的功率受到一定的限制。在现代 X 射线衍射仪中,采用旋转阳极,功率可提高 10 倍,旋转阳极 X 射线管如图 4.1(b)所示。

4.1.3 X 射线谱

由 X 射线管发射出来的 X 射线可以分为两种类型,一种是连续波长的 X 射线,构成连续 X 射线谱,它和可见光的白光相似,也称为白色 X 射线;另一种是在连续谱的基础上叠加若干条具有一定波长的谱线,构成标识(特征)X 射线谱,它和可见光中的单色光相似,所以也称为单色 X 射线,这些射线与靶材有特定的联系。

1. 连续 X 射线谱

当任何高速运动的带电粒子受阻而减速时,都会产生电磁辐射,这种辐射称之为韧致辐射。由于电子与阳极磁的无规律性,因而其 X 射线的波长是连续分布的。

图 4.2 为不同阳极 X 射线管的 X 射线谱。可以看出,曲线是连续变化的,故而称这种 X 射线谱为多色 X 射线、连续 X 射线或白色 X 射线。在各种管压下的连续谱都存在一个最短的波长值 λ_0,称为短波限。极限情况下,根据能量守恒原则,电子将其在电场中加速得到的全部动能全部转化成一个光子,则该光子能量最大,而波长最短,该波长即为 λ_0。

2. 特征 X 射线

在图 4.2 所示的 Mo 阳极连续 X 射线谱上,当撞击阳极的高能电子能量大于某个临界值时,在连续谱的某个波长处出现强度峰,峰窄而尖锐,改变管电流、管电压,这些谱线只改变强度,而峰的位置所对应的波长不变,即波长只与靶的原子序数有关、与电压无关。因这种强度峰的波长反映了物质的原子序数特征,所以称为特征 X 射线,由特征 X 射线构成的 X 射线谱叫特征 X 射线谱。

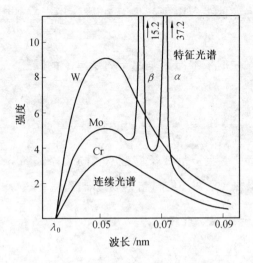

图 4.2　不同阳极 X 射线管的 X 射线谱

特征 X 射线的产生可以从原子结构的观点得到解释,特征 X 射线谱产生的机理与连续谱不同,它的产生是与阳极靶物质的原子结构紧密相关的。原子系统中的电子遵从泡利不相容原理,不连续地分布在 K,L,M,N…不同能级的壳层上,而且按能量最低原理首先填充最靠近原子核的 K 壳层,再依次充填 L,M,N…壳层。各壳层的能量由里到外逐渐增加 $\varepsilon_K < \varepsilon_L < \varepsilon_M < \cdots$。当外来的高速度粒子(电子或光子)的动能足够大时,可以将壳层中某个电子击出去,或击到原子系统之外,或使这个电子填到未满的高能级上。于是在原来位置出现空位,原子的系统能量因此而升高,处于激发态。这种激发态是不稳定的,势必自发地向低能态转化,使原子系统能量重新降低而趋于稳定。这一转化是由较高能级上的电子向低能级上的空位跃迁完成的,比如 L 层电子跃迁到 K 层,此时能量降低为

$$\Delta \varepsilon_{LK} = \varepsilon_L - \varepsilon_K$$

电子跃迁所降低的能量如以 X 射线光子的形式辐射出来,这种由原子外层电子向内层跃迁所产生的 X 射线称为特征 X 射线,也称为标识 X 射线。

这种 X 射线波长只与原子本身的内层结构有关,而与该原子周围的物理、化学状态以及击发它的入射电子能量无关,在谱图上一般叠加在连续 X 射线谱上,其强度比较大。

特征 X 射线产生的根本原因是原子内层电子的跃迁,它的波长与原子序数服从莫塞莱定律,即

$$\sqrt{\frac{1}{\lambda}} = K(Z-\sigma)$$

每种元素的特征 X 射线的波长均是不相同的,测定每种元素的特征 X 射线图谱就可识别出该元素对应的材料,可对该材料进行成分的定性、定量分析。

4.1.4 X 射线的性质

1.X 射线的散射

物质对 X 射线的散射主要是电子与 X 射线相互作用的结果。物质中的核外电子可分为两大类:原子核束缚不紧的和原子核束缚较紧的电子,X 射线照射到物质表面后对于这两类电子会产生两种散射效应。

(1)相干散射。X 射线具有波粒二象性,当它与受原子核束缚很紧的电子相互作用时,就会发生一定的弹性碰撞,其结果是光子的能量没有改变,而只是改变了方向,这时散射线的波长相同,且有一定的位相关系,它们可以相互干涉,当原子的排列有序时,就会形成衍射花样,这种花样与原子排列的规则有着密切的联系,这就是 X 射线晶体分析的基础,这种散射称之为相干散射。相干散射的首要条件是入射 X 射线的波长必须一致。

(2)非相干散射。当光子与原子内的自由电子或束缚很弱的电子碰撞时,光子的能量一部分传递给了原子,这样入射光的能量改变了,方向亦改变了,它们不会相互干涉,这种散射称为非相干散射,它们的存在对衍射分析是有害的。

2.X 射线的真吸收

物质对 X 射线的吸收指的是 X 射线能量在通过物质时转变为其他形式的能量。对 X 射线而言即发生了能量损耗。有时把 X 射线的这种能量损耗称为

真吸收。物质对 X 射线的真吸收主要是由原子内部的电子跃迁引起的。在这个过程中发生 X 射线的光电效应和俄歇效应,使 X 射线的部分能量转变成为光电子、荧光 X 射线及俄歇电子的能量,因此 X 射线的强度被衰减。

(1)光电效应。当一个具有足够能量的光子从原子内部击出一个 K 层电子时,同样会发生像电子激发原子时类似的辐射过程,即产生标识 X 射线。这种以光子激发原子所发生的激发和辐射过程称为光电效应,被击出的电子称为光电子,所辐射出的次级标识 X 射线称为荧光 X 射线(或称二次标识 X 射线),即

$$光子 \rightarrow 击出某层电子 \rightarrow 光电效应$$

(2)俄歇效应。如果原子在入射的 X 射线光子的作用下失掉一个 K 层电子,它就处于 K 激发态,其能量为 E_K。当一个 L 层电子填充这个空位后,K 电离就变成 L 电离,能量由 E_K 变为 E_L。这时会有数值等于 $(E_K - E_L)$ 的能量释放出来。能量释放可以采取两种方式,一种是产生 K 系荧光辐射(上面已讲过);另一种是这个能量 $(E_K - E_L)$ 还能继续产生二次电离使另一个核外电子脱离原子变为二次电子,如 $E_K - E_L > E_L$,可能是 L、M、N 等层的电子逸出,产生相应的电子空位。使 L 层电子逸出的能量略大于 E_L,因为这时不但要产生 L 层电子空位还要有逸出功,这种二次电子称为 K_L 电子,它的能量有固定值,近似地等于"$E_K - E_L$"这种具有特征能量的电子就是俄歇电子。

俄歇效应、光电效应所消耗的那部分 X 射线的能量,称之为真吸收。真吸收既有利又有弊,它可以用来分析成分,同时利用材料的吸收特点,将射线单色化,如荧光分析、AES、滤片。

3.X 射线的衰减规律

(1)质量吸收系数。实验证明,当一束 X 射线通过物质时,出于散射和吸收的作用使其透射方向上的强度衰减,衰减的程度与所经过物质的距离成正比。

假定,入射线束的强度为 I_0,通过厚度为 H 的物质后,强度被衰减为 I_H(图 4.3)。取其中一个薄层单元 dx,当 X 射线通过 dx 时,强度的相对变化为

$$\frac{I_x - I_{x+dx}}{I_x} = \frac{dI_x}{I_x} = -\mu_m x = \frac{\mu}{\rho}\rho x$$

其中 $\mu_m = \mu/\rho$ 为质量吸收系数。

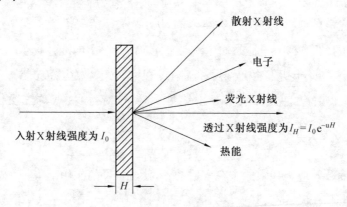

图 4.3 X 射线经过物质的吸收

实验证明,质量吸收系数与波长的关系为

$$\mu_m = K\lambda^3 Z^3$$

质量吸收系数与波长并不是单调的增减关系,一般情况下,波长越短,穿透能力越强,质量吸收系数越小,但在吸收体的 K、L 线系区,质量吸收系数跳跃上升(图 4.4),这表明吸收体对 X 射线发生了真吸收,该波长点称之为吸收体的吸收限。

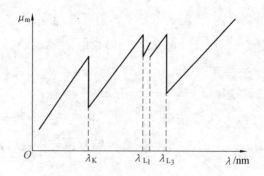

图 4.4 质量吸收系数随波长的变化

（2）吸收限的应用。

①选靶。X 射线衍射分析时,要求尽可能少地激发样品的真吸收,降低背离,提高精度。因此,入射 X 射线应尽可能避开样品的吸收限,选靶的原则是

$$Z_{靶} \leqslant Z_{试样} + 1$$

这样选择就可避免样品的真吸收。

②滤波。应用 X 射线分析都要求使用单色的 X 射线,但是一般使用的靶材 K 线系射线均有两条线 K_{α}、K_{β},而 K_{α} 线强度高,选作分析用,射线 K_{β} 是有害的,必须滤去它。

利用吸收限两边吸收系数相差悬殊的特点,选取一适当厚度的材料,使它的吸收限正好位于入射线靶的 K_{α} 线与 K_{β} 线之间,将此材料放入入射线与分析试样之间即可滤去 K_{β} 线,如图 4.5 所示。

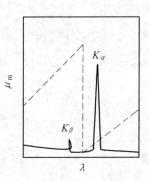

图 4.5　经过滤波后的光谱

滤波片材料是根据阳极靶元素而确定的。从滤波片 K 吸收限与阳极靶 K 系辐射波长的对应关系可以总结出如下的规律,即滤波片的原子序数比阳极靶的原子序数小 1 或 2。一般来说,滤波片的选择是:当 $Z_{靶} < 40$ 时,$Z_{滤片} = Z_{靶} - 1$;当 $Z_{靶} > 40$ 时,$Z_{滤片} = Z_{靶} - 2$。

4. X 射线的防护

X 射线对人体有害,且其损害性是一个积累过程,实验时应尽可能避免一切不必要的照射。

同时亦不必紧张,任何现代分析仪器均有较好的防护措施,只要严格遵守实验室的有关规定,安全是绝对有保障的。

4.2　X 射线的衍射原理

X 射线的衍射是以 X 射线在晶体中的衍射现象为基础的,而衍射可归结为两个方面的问题:

（1）衍射方向——干涉线的位置。

（2）衍射强度——相含量的贡献。

衍射现象是由 X 射线与晶体相互作用的结果,因此有必要对晶体结构做一个简单的回顾。

4.2.1 晶体结构

在自然界中,大多数金属间化合物和无机化合物其结构均具有一定的规律,通常称之为晶体。这些晶体就是由原子、分子或离子在三维空间以一定的规则排列而成的。

在研究晶体结构时,可将这些排列规律抽象地排列成具有重复规律的图形,称之为空间点阵,如一维空间点阵如图 4.6 所示。

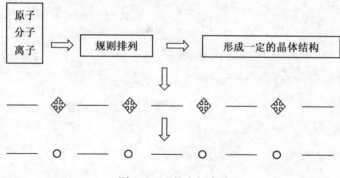

图 4.6　一维空间点阵

将具有相同物理化学环境的原子、离子团、分子团抽象成一个质点,这些空间点阵上的每一个质点都具有相同的环境,都不具有特殊性。在三维空间中,这些质点就构成了一个具有重复周期的点阵。

在空间点阵中选取任何一个质点作为坐标原点,并在空间的三个方向上选取三个最小的重复周期 a、b、c,这样三个方向上的周期矢量称之为基本矢量;由基本矢量构成的平行四面体,称之为单位晶胞;它们之间的夹角表示为:α、β、γ。a、b、c、α、β、γ 即可表示整个晶体点阵,而 a、b、c 的绝对长度称为该点阵的晶格常数。

一般情况下,在选择这样一个晶胞时,尽可能地选择一个最理想的较易计算的晶胞。

在晶体学上满足下列三个条件的即称之为布拉菲晶胞:

①最能反映出点阵的对称性。

② a、b、c 的长度相等且数目最多,尽可能为直角,图 4.7(a)简单立方,(b)底心立方,(c)体心立方,(d)面心立方。

③体积最小。

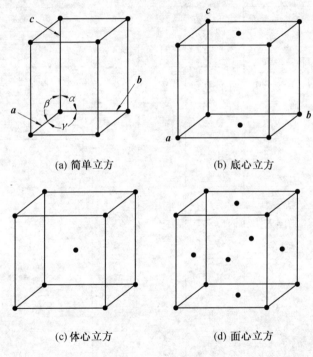

(a) 简单立方   (b) 底心立方

(c) 体心立方   (d) 面心立方

图 4.7 布拉菲晶胞

经过多年的研究,布拉菲证实了在自然界中晶体分为七大晶系最多可有14 种点阵。根据结点在阵胞中位置的不同可将 14 种布拉菲点阵分为 4 类。

表 4.1　七个晶系及其所属的布拉菲点阵

晶　系	点阵常数	布拉菲点阵	点阵符号	结点数	结点坐标
立方晶系 （cubic）	$a=b=c$ $\alpha=\beta=\gamma=90°$	简单立方	P	1	000
		体心立方	I	2	$000,\frac{1}{2}\frac{1}{2}\frac{1}{2}$
		面心立方	F	4	$000,\frac{1}{2}\frac{1}{2}0,\frac{1}{2}0\frac{1}{2},0\frac{1}{2}\frac{1}{2}$
正方晶系 （tetragonal）	$a=b\neq c$ $\alpha=\beta=\gamma=90°$	简单正方	P	1	000
		体心正方	I	2	$000,\frac{1}{2}\frac{1}{2}\frac{1}{2}$
斜方晶系 （orthorhombic）	$a\neq b\neq c$ $\alpha=\beta=\gamma=90°$	简单斜方	P	1	000
		体心斜方	I	2	$000,\frac{1}{2}\frac{1}{2}\frac{1}{2}$
		底心斜方	C	2	$000,\frac{1}{2}\frac{1}{2}0$
		面心斜方	F	4	$000,\frac{1}{2}\frac{1}{2}0,\frac{1}{2}0\frac{1}{2},0\frac{1}{2}\frac{1}{2}$
菱方晶系 （rhombohedra）	$a=b=c$ $\alpha=\beta=\gamma\neq90°$	简单菱方	R	1	000
六方晶系 （hexagonal）	$a=b\neq c$ $\alpha=\beta=90°$ $\gamma=120°$	简单六方	P	1	000
单斜晶系 （monoclinic）	$a\neq b\neq c$ $\alpha=\gamma=90°\neq\beta$	简单单斜	P	1	000
		底心单斜	C	2	$000,\frac{1}{2}\frac{1}{2}0$
三斜晶系 （triclinic）	$a\neq b\neq c$ $\alpha\neq\beta\neq\gamma\neq90°$	简单三斜	P	1	000

4.2.2　晶体学表示方法:晶体学指数

晶体是由质点在空间中按一定的周期规则排列而成的,因此可将晶体点阵分解为在任何方向上的平行的质点直线簇。质点等距离地分布在这些直线上，亦可将晶体在任何方向上分解为相互平行的结点平面簇。

如果在以布拉菲晶胞为基础的特定坐标中，用一定的坐标及与坐标相关的数字，即可描述空间点阵的一系列性质，这就是晶体学指数：

$$
晶体学指数
\begin{cases}
布拉菲晶胞中 \\
以\ a,b,c\ 为单位矢量的坐标系中描述空间点阵的性质 \\
相关的数学运算
\end{cases}
$$

1. 晶向指数

任何晶体均可分解为相互平行的直线簇，质点就等距离地分布在这些直线上：

$$
同簇直线 \rightarrow
\begin{cases}
方向相同 \\
质点密度相同
\end{cases}
\rightarrow 用一条直线表示
$$

$$
不同簇 \rightarrow
\begin{cases}
方向不同 \\
密度不同
\end{cases}
$$

晶向指数的确定方法为：

（1）在一族互相平行的结点直线中引出过坐标原点的结点直线。

（2）在该直线上任选一个结点，量出它的坐标值并用周期点阵对 a、b、c 度量。

（3）将三个坐标值用同一个数乘或除，把它们化为简单整数并用方括号括起，即为该簇结点直线的晶向指数。

对于同一晶体来说，仅仅直线的方向有意义，故可通过过原点的直线方向来表示，其坐标即为该簇直线的指数，通常表示为 $[u\ v\ w]$，u、v、w 为三个互质的最小整数，如 $[110]$。

2. 晶面指数

同样，对于同一晶体结构的结点平面簇，统一取向的平面不仅相互平行，而且间距相等，质点分布亦相同，这样一组晶面亦可用一组数来表示即晶面指数。晶面指数的确定方法为：

（1）在一组互相平行的晶面中任选一个晶面，量出它在三个坐标轴上的截距并以周期点阵 a、b、c 为单位来度量。

（2）写出三个截距的倒数。

（3）将三个倒数分别乘以分母的最小公倍数，把它们化为三个简单整数 h、k、l，再用圆括号括起，即为该组晶面的晶面指数，记为 (hkl)。显然，h、k、l 为互质整数。

简单地讲晶面指数为小括弧加 hkl：(hkl)，h、k、l 为平面在三个坐标轴上截距倒数的互质比，即

$$h:k:l=\frac{1}{m}:\frac{1}{n}:\frac{1}{p}$$

式中　　m、n、p——x、y、z 三个坐标轴上的截距。

需要指出的是，截距是指用轴单位量度所得的整数倍数而不是绝对长度。

3. 倒易点阵

倒易点阵又称倒格子，它是相对于正空间而言，因而纯粹是一种数学工具。从空间点阵的角度上看，它是将正空间中的一簇晶面，在倒空间用一个格点来表示，而该格点点阵矢量的方向为晶面的法线方向，距离为该晶面间距的倒数。

定义　设有一个空间点阵，它由 $\boldsymbol{\rho}_a$、$\boldsymbol{\rho}_b$、$\boldsymbol{\rho}_c$ 三个基本平移矢量来定义。如果存在 $\boldsymbol{\rho}_a^*$、$\boldsymbol{\rho}_b^*$、$\boldsymbol{\rho}_c^*$ 三个基本平移矢量，它们满足以下方程

$$\boldsymbol{\rho}_a^*=\frac{\boldsymbol{\rho}_b\times\boldsymbol{\rho}_c}{\boldsymbol{\rho}_a\cdot(\boldsymbol{\rho}_b\times\boldsymbol{\rho}_c)},\quad \boldsymbol{\rho}_b^*=\frac{\boldsymbol{\rho}_c\times\boldsymbol{\rho}_a}{\boldsymbol{\rho}_a\cdot(\boldsymbol{\rho}_b\times\boldsymbol{\rho}_c)},\quad \boldsymbol{\rho}_c^*=\frac{\boldsymbol{\rho}_a\times\boldsymbol{\rho}_b}{\boldsymbol{\rho}_a\cdot(\boldsymbol{\rho}_b\times\boldsymbol{\rho}_c)}$$

则称由 $\boldsymbol{\rho}_a^*$、$\boldsymbol{\rho}_b^*$、$\boldsymbol{\rho}_c^*$ 所定义的点阵为倒易点阵。实际上，它与 $\boldsymbol{\rho}_a$、$\boldsymbol{\rho}_b$、$\boldsymbol{\rho}_c$ 所定义的点阵互为倒易点阵。在此定义下倒易点阵有如下性质：

（1）
$$a\cdot a=b\cdot b=c\cdot c=k=1$$
$$a\cdot b=a\cdot c=b\cdot c=b\cdot a=c\cdot b=c\cdot a=0$$

（2）从倒易点阵原点向任一个倒易结点所连接的矢量称为倒易矢量（用 g^* 表示）。

（3）倒易矢量 $g^*=ha^*+kb^*+lc^*$ 垂直于正点阵中以 (hkl) 为指数的晶面，其长度等于 (hkl) 晶面的面间距 d_{hkl} 的倒数。

4.2.3　X射线的衍射

由前述的X射线的性质可知,X射线与物质相互作用时,将受原子中电子的散射,散射分为相干散射和非相干散射。非相干散射对衍射没有贡献,且只占一点比例,故忽略,不予以讨论,仅讨论相干散射这一部分。

在下面讨论晶体对X射线衍射时,为简单起见,仅从布拉格方程的导出来介绍衍射过程,为此特约定以下条件:

(1)认为同一原子对X射线的散射同位相。

(2)晶体是完整的。

(3)X射线是严格单色的。

1. 布拉格方程

X射线经原子散射后,相干的X射线在空间就会相互干涉,由于各质点位置不同,同波阵面的X射线受到散射后,其位相就会发生变化,散射后的X射线在空间就会相互干涉形成一个强度再分布,在某些方向上会得到加强,某些方向上会抵消。研究散射后的射线强度分布,就可得到该晶体的结构信息。

在布拉格方程的导出过程中,将各层原子面看成是一个镜面,而将各个质点的散射看成是X射线在镜面上的反射,这些反射线由于质点位置不同在全反射后的同一位置上其位相将会发生变化,由于光程差的不同,它们之间就会发生相互干涉。当它们之间满足一定的条件时,就会相互加强,形成一个衍射线,这个条件就是光程差必须是入射波波长的整数倍,即

$$\Delta\delta = n\lambda$$

对于晶面间距为d_{hkl}的一簇晶面的两层原子面的散射来说(图4.8),它们之间的光程差为

$$\Delta\delta = \overline{AO} + \overline{BO} = 2d_{hkl}\sin\theta$$

由衍射原理可知,若两束光线干涉加强,则光程差必须是波长的整数倍,即

$$\Delta\delta = 2d_{hkl}\sin\theta = n\lambda$$

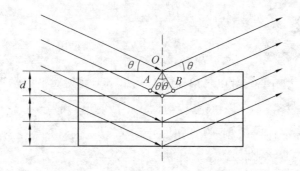

图 4.8　X 射线在原子面上的散射

这就是布拉格方程,可以描述为,对于一个给定的晶体和一给定的波长的 X 射线,一簇晶面要出现反射线,必须在满足布拉格方程的 θ 角上才出现,不满足此条件的 θ 角上的光线由于相干相消,而无任何反射束。这就是说布拉格方程是产生衍射的必要条件。

2. 关于布拉格方程的讨论

(1)反射概念的理解。在 X 射线衍射中,所谓的反射只是为了讨论布拉格方程的方便,实际上反射是不存在的,衍射才是本质,它与可见光在晶面上的反射不同,X 射线只有在满足布拉格方程的 θ 角上才能发生反射,所以这种类似反射的过程又叫做选择性反射。

(2)反射系数 n。

$$2d_{hkl}\sin\theta = n\lambda$$

式中　n——反射系数。

用衍射分析晶体结构时,我们并不讲某一衍射线是某个晶体某个晶面的第 n 级反射,而是引入一个虚拟的晶面来进行分析,即将上面的布拉格方程进行变换,即

$$2d_{hkl}\sin\theta = n\lambda \rightarrow (2d_{hkl}/n)\ \sin\theta = \lambda$$

这样 d_{hkl} 晶面的第 n 级衍射可以看成是晶面间距为 d_{hkl}/n 的晶面 $n(hkl)$ 的一级衍射。

例如,面(100)发生二级反射,那么布拉格方程为

$$2d_{100}\sin\theta=2\lambda\rightarrow(2d_{100}/2)\sin\theta=\lambda=2d_{200}\sin\theta$$

即 d_{100} 的二级衍射看成是 d_{200} 晶面的一级衍射 $d_{200}=d_{100}/2$，这就相当于在实际的(100)晶面间插入一个虚拟的(200)晶面。

(3)干涉指数。晶面 (hkl) 的 n 级反射可看成晶面 $n(hkl)$ 的一级反射，$n(hkl)$ 用符号 (HKL) 表示。H、K、L 称之为干涉指数。

当 $n=1$ 时，$(hkl)=(HKL)$，如无声明，所有资料及我们所谈及的晶面指数一般都为 H、K、L，即干涉指数。

(4)掠射角 θ。θ 是入射线或反射线与晶面的夹角，它表征 X 射线的衍射方向，同时与晶体的结构，即晶面间距密切相关，有

$$\sin\theta=\frac{\lambda}{2d}$$

当 λ 一定时，相同的晶面必然在同一方向上获得反射。在同一晶体中，不同晶面其反射线可能在同一位置上，或者是不同晶体的反射线也有可能重叠。

(5)产生衍射的极限条件。在晶体中产生衍射的波长是有限度的，在电磁波的宽阔波长范围里，只有在 X 射线波长范围内的电磁波才适合探测晶体结构，这个结论可以从布拉格方程中得出。

由于 $\sin\theta$ 不能大于 1，因此，$\sin\theta=\frac{\lambda}{2d}<1$，$n\lambda<2d$。对衍射而言，$n$ 的最小值为 1，所以在任何可观测的衍射角下，产生衍射的条件为 $\lambda<2d$。这也就是说，能够被晶体衍射的电磁波的波长必须小于参加反射的晶面中最大面间距的二倍，否则不会产生衍射现象。

(6)衍射花样和晶体结构的关系。从布拉格方程可以看出，在波长一定的情况下，衍射线的方向是晶体面间距的函数。如果将各晶系的 d 值公式代入布拉格方程式，则得

立方晶系　$\sin^2\theta=\dfrac{\lambda^2}{4a^2}(H^2+K^2+L^2)$

正方晶系　$\sin^2\theta=\dfrac{\lambda^2}{4}\left(\dfrac{H^2+K^2}{a^2}+\dfrac{L^2}{c^2}\right)$

斜方晶系　　$\sin^2\theta = \dfrac{\lambda^2}{4}\left(\dfrac{H^2}{a^2} + \dfrac{K^2}{b^2} + \dfrac{L^2}{c^2}\right)$

六方晶系　　$\sin^2\theta = \dfrac{\lambda^2}{4}\left(\dfrac{4}{3}\dfrac{H^2+HK+K^2}{a^2} + \dfrac{L^2}{c^2}\right)$

其余晶系从略。从这些关系式可明显地看出,不同晶系的晶体,或者同一晶系而晶胞大小不同的晶体,其衍射花样是不相同的。由此可见,布拉格方程可以反映出晶体结构中晶胞大小及形状的变化。

(7)布拉格方程的局限性。布拉格方程可以反映出晶体结构中晶胞大小及形状的变化。但是,布拉格方程并未反映出晶胞中原子的品种和位置。比如,用一定波长的 X 射线照射的具有相同点阵常数的几种晶胞,简单晶胞和体心晶胞衍射花样的区别,从布拉格方程中得不到反映;由单一种类原子构成的体心晶胞和由 A、B 两种原子构成的体心晶胞衍射花样的区别,从布拉格方程中也得不到反映,因为在布拉格方程中不包含原子种类和坐标的参数。由此看来,在研究晶胞中原子的位置和种类的变化时,除布拉格方程外还需要有其他的判断依据。

因此,在衍射时布拉格方程只是产生衍射的必要条件,但不是充分条件,对于一个复杂结构的晶体来说,晶体中的每一个单胞不是含有一个原子,它们由于位置的不同会产生结构消光,而在某些干涉面上不出现衍射。

3. 衍射线的强度分析

计算一个单胞的衍射强度用以下公式

$$I \propto |F_{hkl}|^2 = \Big[\sum_{j=1}^{n} f_j \cdot \cos 2\pi(HX_j + KY_j + L_jZ_j)\Big]^2 +$$

$$\Big[\sum_{j=1}^{n} f_j \cdot \sin 2\pi(HX_j + KY_j + L_jZ_j)\Big]^2$$

式中　$H、K、L$——干涉晶面指数;

$X、Y、Z$——该单胞中含有原子的位置。

例如,简单点阵,每一个单胞只含有一个原子 $X、Y、Z = (000)$,则

$$I \propto |F_{hkl}|^2 = f^2$$

体心立方, 每一个单胞含有两个原子(000)、$(\frac{1}{2}\ \frac{1}{2}\ \frac{1}{2})$, 则

$$I \propto |F_{hkl}|^2 = f^2[1+\cos(H+K+L)]^2$$

当 $H+K+L$ 为偶数时, $F_{hkl} = 4f^2$ 不消光;

当 $H+K+L$ 为奇数时, $F_{hkl} = 0$ 消光。

因此, 由于结构消光的存在, 某些干涉指数面在满足布拉格条件下并不产生衍射。

从结构因子的表达式可以看出, 点阵常数并没有反映在结构因子的计算公式中。这说明结构因子只与原子在晶胞中的位置有关, 而不受晶胞的形状和大小的影响。14 种布拉菲点阵中四种基本类型点阵的系统消光规律列于表 4.2 中。

表 4.2　四种基本类型点阵的系统消光规律

布拉菲点阵	出现的反射	消失的反射
简单点阵	全　部	
底心点阵	H、K 同奇、同偶	H、K 奇、偶混杂
体心点阵	$H+K+L$ 为偶数	$H+K+L$ 为奇数
面心点阵	H、K、L 同奇、同偶	H、K、L 奇、偶混杂

4.3　X 射线衍射仪的结构与工作原理

4.3.1　多晶体 X 射线研究方法

工程材料主要以多晶体形式使用, 故多晶体 X 射线分析方法具有重大的实用价值。X 射线衍射仪法使用的样品一般为粉末, 故又称之为粉末法。较早的 X 射线分析多采用照相法, 其中最重要的是德拜–谢乐法。近年来, 衍射仪法已经基本取代了照相法, 下面主要对衍射仪法做详细介绍。

4.3.2　X射线衍射仪

X射线衍射仪由X射线发生器、测角仪、辐射探测器、记录单元、控制单元组成,其中测角仪是仪器的中心部分。典型的固定靶多晶衍射仪如图4.9所示。

1.X射线测角仪

如图4.10所示,在多晶体X射线衍射时,试样制成平板试样。X射线衍射光源发散地照射到平板试样上,可以证明,满足布拉格条件的某一晶面其反射线必定聚焦于某一点,在此点探测衍射线的强度。在常规的X射线衍射仪中X射线光源是固定的,平板试样的衍射面处于测角仪的中心轴平面上,绕中心轴转动,以改变X射线与晶面的夹角,让不同的晶面满足布拉格关系产生衍射。

当样品转动时,不同晶面产生的衍射线,其在发散面上形成的聚焦点位置是变化的,且不在相同的圆周上,这样就给探测带来了一定的难度。

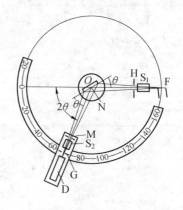

图4.9　布鲁克公司D8型多晶X射线衍射仪　　　图4.10　测角仪示意图

在实际的X射线衍射测角仪上,探测器是在固定半径的圆周上运动的。可以证明,当试样为平板试样时,当使入射角中心线、试样平面法线、反射线中心线一致时,试样表面与聚焦圆相切。当衍射仪设计使得试样转动与探测转动保持θ-2θ关系时,探测器近似满足聚焦条件。

即样品转动θ角,探测器须转动2θ角,这种连动关系保证了当以试样平面为镜面时,X射线相对于平板试样的"入射角"与"反射角"始终相等,等于样品所转动的角度。

衍射仪的特点：

（1）平板试样的衍射面必须严格位于中心轴平面上。

（2）样品台和探测器大圆必须同轴保持2倍转速关系。

（3）转动测角精度必须很高。

2. 光路图

测角仪要求与X射线管的线状焦点连接使用，线焦点的长边方向与测角仪的中心轴平行。X射线管的线焦点 F 的尺寸一般为 $1.5\ mm×10\ mm$，采用线焦点可使较多的入射线能照射到试样上。但是，在这种情况下，如果只采用通常的狭缝光阑，便无法控制沿狭缝长边方向的发散度，从而会造成衍射圆环宽度的不均匀性。为排除这种现象，测角仪采用由狭缝光阑与棱镜光阑组成的联合光阑系统，如图4.11所示。在线焦点 F 与试样 C 之间采用由一个棱拉光阑 S_1 和一个狭缝光阑 H 组成的入射光阑系统。在试样与计数器之间采用由一个棱拉光阑 S_2、两个狭缝光阑 M、G 组成的接收光阑系统。光路中心线所决定的平面称为测角仪平面，它与测角仪中心轴垂直。

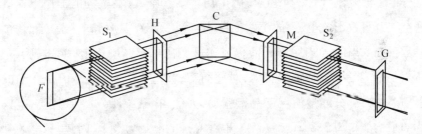

图4.11 衍射仪的透射布置

F—线焦点；C—试样；S_1、S_2—棱拉光阑；H、M、G—狭缝光阑

3. 探测器

（1）闪烁计数器。这种类型计数器是利用 X 射线激发某种物质产生可见的荧光，这种可见荧光的多少与 X 射线强度成正比。由于所产生的可见荧光量很小，因此必须利用光电倍增管才能获得一个可测的输出电信号。闪烁计数

器中用来探测 X 射线的物质一般是用少量(约 0.5%)铊活化的碘化钠 NaI 单晶体。这种晶体经 X 射线照射后能发射可见的蓝光,如图 4.12 所示。

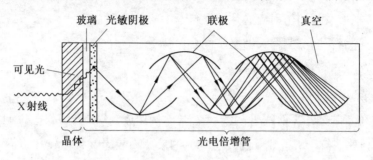

图 4.12　闪烁计数器示意图

(2)锂漂移硅检测器。锂漂移硅检测器是一种固体探测器,通常表示为 Si(Li)检测器。它也和气体计数器一样,借助于电离效应来检测 X 射线,但这种电离效应不是发生在气体介质之中而是发生在固体介质之中。

硅半导体的能带结构由完全被电子填充的价带和部分被电子填充的导带组成,两者之间被禁带分开。当一个外来的 X 射线光子进入之后,它把价带中的部分电子激发到导带,于是在价带中产生一些空穴,在电场的作用下这些电子和空穴都可以形成电流,故把它们称为载流子。在温度和电压一定时,载流子的数目和入射的 X 射线光子能量成比例。在半导体中产生一个电子-空穴对所需要的能量等于禁带的宽度,对硅而言,其值为 1.14 eV。但是在激发的过程中还要有部分能量消耗于晶格振动,因此,在硅中激发一个电子-空穴对实测的平均能量为 3.8 eV。一般 X 射线光子的能量为数千,因此,一个 X 射线光子可激发大量的电子-空穴对,这个过程只要几分之一微秒即可完成。所以,当一个 X 射线光子进入检测电路时,就产生一个电脉冲,我们可以通过这些电脉冲来检测 X 射线的能量和强度。

4. 衍射图

当样品在探测器上进行 $I-2\theta$ 连动时,探测器记录下 X 射线,并将 X 射线的强弱转变成电信号,记录下每一点的平均强度,这样衍射仪就能将衍射强度随角的变化曲线自动地记录下来,即 $I-2\theta$ 曲线,如图 4.13 所示。

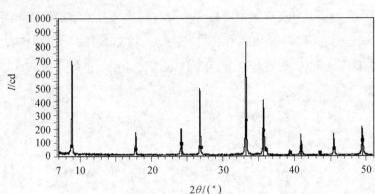

图 4.13　衍射图($I-2\theta$ 曲线)

5. 衍射仪工作方式

(1)连续扫描。探测器以一定的速度在选定的角度内进行连续扫描,探测器以测量的平均强度绘出谱线,特点是快,缺点是不准确,一般情况下,可作为参考确定衍射仪的工作角度。

(2)步进扫描。探测器以一定的角度间隔逐步移动,强度为积分强度,峰位较准确。

4.4　X 射线衍射仪的发展

衍射仪法与其他方法相比优势明显,它的测量速度快,强度精确,信息量大,精度高,分析简便,试样制备简单。近年来用于衍射信息分析的软件很多,使得应用 X 射线衍射的领域越来越宽,同时也促进了衍射仪等硬件的发展。

4.4.1　测角仪

测角仪的光路由传统的水平布局改为垂直布局,测量圆、X 光管和探测器三者为整体结构,采用步进电动机加透射编码器确保测角仪快速准确定位,测量精度高,角度重现性可达±0.000 1°。

在同一测角仪上可实现多种对称和非对称扫描耦合。常规配置下可实现两种对称耦合的互换,即 2θ/θ 耦合:试样转 θ 角,探测器转 2θ 角;θ/θ 耦合:试样不动,光管转 θ 角,探测器转 θ 角。图 4.14 为测角仪的衍射几何示意图。

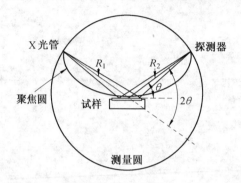

图 4.14 测角仪的衍射几何示意图

各种附件均为模块化设计,机械稳定性好,可在高精度燕尾槽导轨上实现快速而高重现性的互换。

4.4.2 探测器

近代衍射仪(以布鲁克公司为代表)的探测器已从传统的零维发展到二维面探,探测效率、探测精度、能量分辨率都有了很大的提高。

1. 零维

图 4.15(a)为 Si(Li)固体探测器。无需滤波片或单色器,提高强度 2~4 倍;可去除 Cu K_β 辐射、样品的荧光及白光等信号,能量分辨率高;背景低于 0.01 cps,信噪比极佳;线性范围为 50 000 cps,采用电制冷无需液氮冷却。

2. 一维

图 4.15(b)为 LynxEye 半导体阵列探测器。该探测器共由 192 个子探测器阵列组成,在相同条件下,与常规的闪烁计数器(或正比计数器)相比,强度增益(或速度增益)高达 150 倍;同时具有优秀的分辨率及信噪比;具有良好的

低角度测量能力,克服了常规位敏阵列探测器的低角度性能欠佳的弱点。

3.二维

图 4.15(c)为 Hi-Star 二维多丝正比探测器。它具有二维 PSD 构成的网格式多级正比室,衍射光进入 Be 窗电离气体,电子网格探测离子和产生的脉冲,并用编码器定位、记下强度数据,具有短时快速采集二维数据的特点。

(a)Si(Li)固体探测器　　　(b)LynxEye 半导体阵列　　(c)Hi-Star 二维多丝正
　　　　　　　　　　　　　　　探测器　　　　　　　　　　比探测器

图 4.15　探测器

4.5　定性物相分析

物相分析的任务是鉴别待测试样由哪些物相组成,并不涉及元素的组成,它所进行的是未知物质的结构分析。

4.5.1　基本原理

每种结晶物质都有特定的结构参数,这些参数均影响着 X 射线衍射线的位置、强度:

(1)位置——晶胞的形状、大小,即面间距 d。

(2)强度——晶胞内原子的种类、数目、位置。

尽管物质的种类多种多样,但却没有两种物质的衍射图是完全相同的。因此,一定物质的衍射线条的位置、数目及其强度,就是该种物质的特征。当试样中存在两种或以上的物质时,它们的衍射花样,即峰会同时出现,但不会干涉,而是衍射线条的简单叠加。根据此原理就可以从混合物的衍射花样中将物相一个一个地寻找出来。

这种方法从理论上来说是可行的,只要将标准的已知单相物质的衍射谱与未知的衍射谱进行对照就可以鉴定物相,但是要完成这项工作,第一是要储存大量的已知物相图样,第二是要将无规律的成千上万的已知图样与未知图样进行对比,决非易事,而且衍射图还必须一致。

1938 年哈那瓦特创立了一套基本的迅速检索方法,其基本原理是:

(1)衍射图线条位置由衍射角 2θ 决定,而 2θ 决定于波长及面间距 d 值,d 值是由物质确定的参数,不随衍射条件的改变而改变,改由 d 值来代替 2θ 值就可避免衍射条件的不确定性,即

$$2\theta \rightarrow d$$

(2)每一个 d 值对应一个强度,由一组 d 值-强度(I)数据代替原来的衍射图,即

$$I-2\theta \text{ 衍射图} \rightarrow d-I \text{ 数据}$$

因此,只要以 d 值及强度数据建立一个标准的卡片库,就可以代替原来的标准衍射花样,将未知物质的衍射图转换成 $d-I$ 数据后,就可与标准卡片对照来标定物相。

哈那瓦特最初制作了 1 000 种物质的卡片,后来由美国材料实验协会整理并出版了 1 300 张,这就是 ASTM 卡片,以后许多国家都加入了这项工作,后称之为粉末衍射卡片,简称 PDF 卡片。

4.5.2 索引

由衍射图改为卡片,使分析大为简化,但是要从几万张卡片中找出相对应的物质显然也是不容易的,因此采用索引的方法。索引分为有机与无机两大

类,每类又分为字母索引与数字索引。

1. 字母索引

字母索引是按物质的英文名称字母顺序排列的,在每种物质的后面列出其化学分子式、三根最强线、d 值以及以最强线强度为 100 相对强度值对应的卡片号。如果知道其中含有某种或几种元素时,使用此索引最为方便。

2. 数字索引

数字索引分两种方法,哈那瓦特法和 Fink 法,一般多用哈那瓦特法。

哈那瓦特法适用于对待测物质毫无了解的情况下查找,该索引中,首先将 d 值的最强线强度定为 100,依次计算出其他线相对强度,选取其中八强线作为索引数据,每一组数据代表一种物质,其中给出该物质的分子式及相对应的卡片号,如

2.01_X,2.06_7,2.38_7,2.10_6,2.02_6,1.97_6,1.85_4,1.87_3,分子式,卡片号 X 表示 100,数字表示百分数。

这八强线排列顺序如下:

选择其中三根最强线(索引中为黑体印刷),在三根最强线中,按第一个 d 值分为 51 组,每组矿物的数量基本相等,由大到小排列,如 d 值在 2.44 ～ 2.40 分为一组,每组的晶面间距范围列在每一页的顶端,在每一组中,以第二 d 值的大小,由大到小排列,若第二 d 值相同,则又以第一 d 值的大小排列,第一、第二 d 值相同,以第三 d 值大小排列。

每种物质在索引中至少重复三次,如某种物质的三强线为 d_1、d_2、d_3,三次出现的次序为

$$d_1 \quad d_2 \quad d_3$$
$$d_2 \quad d_3 \quad d_1$$
$$d_3 \quad d_1 \quad d_2$$

为什么要重复三次呢? 这主要是因为三根强线的相对强度常常因各种原因(择优取向)而有所变动,重复三次后,即使有所变动,也可找出该物质。

4.5.3 物相定性分析方法和表示方法

1.物相定性分析方法

物相定性分析从衍射图开始,一般 X 射线衍射分析时,随图都给出 d 值–强度数值表,该表给出的是衍射图中所有 d 值及强度,按照大小排序。分析时,首先以所有衍射线最强的强度为 100 计算其他衍射线的相对强度:

(1)计算相对强度。

(2)按强度大小排列 d 值。

(3)从前反射区中选取强度最大的三根衍射线。

(4)在数字索引中找出对应 d_1 值的那一组。

(5)按次强线的面间距 d_2 找到接近的那一组,看 d_3 值是否一致。

(6)对其中的八强线,找出对应的卡片号。

(7)由卡片上对应的 d 值数据划出该相对应的线条。

(8)如果(5)不能完成,即找不到对应的物质,则说明该三强线不是同一相,则须设立第四强线作为替代三强线之一进行组合,重复(1)~(6)步骤,直至找出相对应的数据。

(9)将余下的线条重新归一化,再重复(1)~(6)步骤。

2.物相定性分析结果的表示方法

现在大多数衍射仪的衍射图均可以以数据的形式输出结果,因此利用数据处理软件可以将分析的结果以图形的形式记录下来。常用的软件为 Origin,下面介绍 Origin 软件的使用。

打开 Origin,按图 4.16 所示画面引入数据。点击 Plot→Line 出现图 4.17 所示的对话框,将 X、Y 数据对应引入并添加(Add),点击 OK 出现图 4.18 所示的衍射图。

双击 X、Y 坐标轴即可改变坐标轴的属性,如图 4.18 所示。

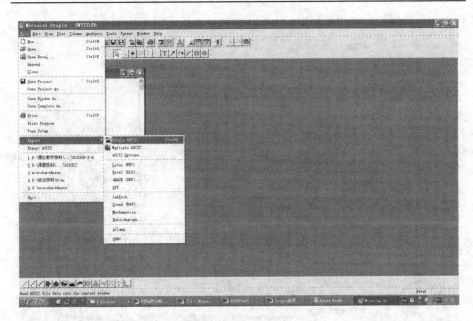

图 4.16　引入数据

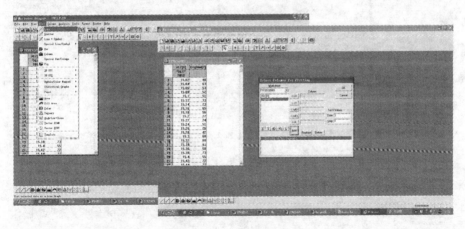

图 4.17　引入数据对话框

单击"T"工具,可标定图例。双击图例改变标注"B",在衍射峰处单击要标定点后出现的选项,选定字体并输入特殊字符,如图 4.19 所示。

编辑完成后,在 Edit 栏下点击 Copy Page 对图形进行复制,然后就可以在 Word 文档中粘贴图形。在 Word 文档中任何时候如要改变图形仅需双击图形即可编辑。图 4.20 为 Y_2O_3 衍射图的标定结果。

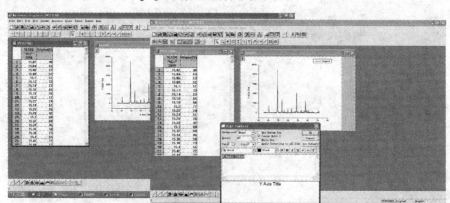

图 4.18　改变坐标轴属性

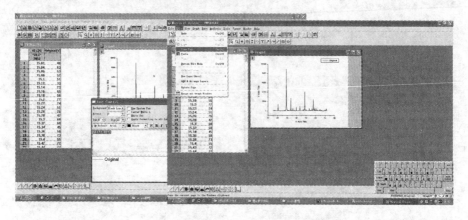

图 4.19　标定图例

3. 物相定性、定量分析软件

现代衍射仪均实现了数据的实时采集,因此对衍射数据的信息分析均提供了强大的软件支持。由于各生产厂家对数据的处理策略不同,其提供的分析软件也不尽相同。以下是布鲁克公司 D8 型衍射仪提供的主要应用软件及其功能。

(1) Diffrac Plus Measurement Package。系统控制管理与数据采集软件。

(2) Diffrac Plus EVA。基本数据处理软件。

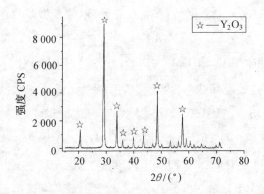

图 4.20 　 Y_2O_3 衍射图的标定结果

（3）Diffrac Plus Search。自动物相检索软件,除常规化学元素、I/d 值三判据作物相自动检索方法外,本物相检索方法利用扣除背底全谱数据作检索,考虑到测量中所得到的全部信息,包括峰形(峰宽、峰不对称性、肩峰)以及弱峰等,可有效地检索多相样品中重叠峰、择优取向、微量相中的物相。该软件直接支持卡片库。

（4）Diffrac plus Dquant(包括在 EVA 软件中)。用作物相的定量分析,包括多种常规定量分析方法,如内标法、外标法、直接对比法,并可编程适用多种相定量分析。

（5）Diffrac Plus TOPAS P。对 X 射线衍射线形进行函数模拟和基本参数拟合,后者从仪器几何参数和试样性质拟合线形,有确切物理意义,为无标样晶粒尺寸和微观应变测定提供解决办法,可用于点阵参数精修和结晶度测定等。

（6）Diffrac Plus TOPAS R。新一代的 Rietveld 分析软件,用于粉末衍射花样拟合精修晶体结构与解析结构。在单晶体样品无法制备时,用粉末样品进行晶体结构分析是个重要补充。该软件在衍射分析中占有重要地位,已用于全谱拟合的无标样定量相分析,嵌镶尺寸和晶格畸变等的测定。

（7）Diffrac plus STRESS。用于试样和实物构件残余应力测定,含有 Omega模式和 Psi 模式,可给出选定方向的应力、切应力和应力张量。

（8）Diffrac plus TEXTURE。用于控测极图,包括 Schulz 反射法和 Decker

透射法。用步进扫描采集数据后,作背底扣除、吸收及散焦修正,并作规一化处理,绘制出极图。

(9) Diffrac plus ODF。取向分布函数(ODF)织构定量分析软件是在 Diffrac Plus TEXEDIT 数据处理基础上,由完整极图或不完整极图数据,用球谐级数展开法进行 ODF 分析,计算了奇数项,载尾项可任选,用 Bunge 符号绘出恒 Phi1、Phi2 和 Φ 的 ODF 截面图,可回算绘制任意{hkl}完整极图和反极图。

(10) Diffrac Plus TOPAS BBQ。全自动、无需人工干预的无标样定量相分析软件,特别适合水泥厂等工厂应用。

(11) Siroquant。它是基于 Rietveld 粉末花样拟合精修晶体结构构件之上,采用全谱进行无标样定量分析的方法,有较高的精度。该软件主要是针对矿物样品而设计,含部分矿物样品的数据库。

(12) Diffrac plus LEPTOS H。用于高分辨 X 射线衍射,模拟及数据处理,分析单晶外延膜的结构特征,如用 Bond 法超精度地测点阵参数、点阵错配、化学组分,用 Rocking 曲线测定测算嵌镶结构、取向等,还可进行倒易空间测绘。

(13) Diffrac Plus LEPTOS R。用于分析薄膜的厚度、密度、表面与界面粗糙度等。

(14) GADDS NT。对面探测数据处理软件,可用于进行各种实验方法的数据分析。

参考文献

[1] 周玉,武高辉. 材料分析测试技术——材料 X 射线衍射与电子显微分析(第 2 版)[M].哈尔滨:哈尔滨工业大学出版社,2007.

[2] 李树堂. 晶体 X 射线衍射学基础[M]. 北京:冶金工业出版社,1990.

[3] 周上祺. X 射线衍射分析[M]. 重庆:重庆大学出版社,1991.

[4] 范雄. 金属 X 射线学[M]. 北京:机械工业出版社,1980.

[5] 杨南如. 无机非金属材料测试方法[M]. 武汉:武汉工业大学出版社,1993.

第 5 章　X 射线光电子能谱原理与应用

　　光电子能谱（Photoelectron Electron Spectroscopy，PES）的激发源是光子，原子中的价电子（外层电子）或芯电子（内层电子）受光子的作用，从初态作偶极跃迁到高激发态而离开原子。然后对这些光电子作能量分析，通过与已知元素的原子或离子的不同壳层的电子能量相比较，就可以确定未知样品表层中原子或离子的组成和状态。一般来说，表层的信息深度约为 10 nm 左右，如采用深度剖析技术（如离子溅射），也可以对样品深度方向的组成进行分析。按光子能量或能量分析方式的不同，已发展出多种形式的光电子能谱。目前用得最普遍的是紫外光电子能谱（Ultraviolet Photoelectron Spectroscopy，UPS），主要作价电子态密度研究；以及 X 射线光电子能谱（X-ray Photoelectron Spectroscopy，XPS），主要用于芯电子能量分析。由于各种原子轨道中电子的结合能是一定的，因此 XPS 可用来测定固体表面的化学成分，一般又称为化学分析光电子能谱法（Electron Spectroscopy for Chemical Analysis，ESCA）。本章主要介绍 X 射线光电子能谱分析。

5.1　X 射线光电子能谱仪结构与工作原理

5.1.1　X 射线光电子能谱仪结构

　　光电子能谱仪的主要组成部分是光子源、电子能量分析器、超高真空分析室和预处理室以及显示记录系统等。其实物照片和组成结构简图如图 5.1 所示。

(a)实物照片

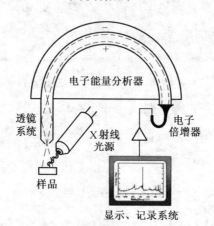

(b)组成结构简图

图5.1 X射线光电子能谱仪

常见的 X 射线源具有 Al 和 Mg 的双阳极,其特征 $K_{\alpha 1,2}$ 线的能量分别为 1 486.6和1 253.6 eV,谱线的半高宽(FWHM)分别为 0.9 和 0.7 eV。如采用单色器,线宽可减到0.2 eV以下。最高电功率可分别达到1 000 W和600 W (阳极水冷系统要求有严格的流量)。除不能分辨的 $K_{\alpha 1}$ 和 $K_{\alpha 2}$ 外,还有 $K_{\alpha 3}$ 和

$K_{\alpha4}$ 等 X 射线存在,它们与 $K_{\alpha1,2}$ 有恒定的能量差和强度比,导致在结合能的低能端出现小谱峰,它们不难识别,用计算机很容易排除干扰。X 射线发射的光子通量与阳极电流(0~60 mA)有很好的线性关系。加速电压通常取 K 能级结合能的 5~10 倍(在 0~15 kV 范围内可调)。在 8~15 kV 范围内,光子通量与电压有近乎线性的关系。根据实验数据算出这些关系,在定量分析中可作光子通量换算之用。

X 射线枪与分析室之间用一极薄的高纯 Al 箔隔开,其作用是:①阻挡从阳极发射的大量二次电子进入分析室。②减弱轫致辐射对试样的照射。③阻止分析室中气体直接进入 X 射线枪。X 射线枪与分析室之间要有直接管道连通,以免压强差过高时导致 Al 箔的破裂。Al 箔沾污或有小裂孔应予更换。

电子能量分析器多数采用静电型半球分析器(HAS)。能量分析器用于测定样品发射的光电子能量分布,在能量分析器中经能量(或动量)"色散"的光电子被探测器(常用通道式电子倍增器)接收并经放大后以脉冲信号方式进入数据采集和处理系统,绘出谱图。

5.1.2　XPS 的基本原理

1. 光电效应

物质受光作用放出电子的现象称为光电效应,也称为光电离或光致发射。原子中不同能级上的电子具有不同的结合能,当具有一定能量 $h\nu$ 的入射光子与试样中的原子相互作用时,单个光子把全部能量交给原子中某壳层(能级)上一个受束缚的电子,这个电子就获得了能量 $h\nu$。如果 $h\nu$ 大于该电子的结合能 E_b,那么这个电子就将脱离原来受束缚的能级,剩余的光子能量转化为该电子的动能,使其从原子中发射出去,成为光电子,原子本身则变成激发态离子。

当光子与试样相互作用时,从原子中各能级发射出来的光电子数是不同的,而是有一定的几率,这个光电效应的几率常用光电效应截面 σ 表示,它与电子所在壳层的平均半径 r、入射光子频率 ν 和受激原子的原子序数 Z 等因素有关。σ 越大,说明该能级上的电子越容易被光激发,与同原子其他壳层上的电子相比,它的光电子峰的强度就较大。各元素都有某个能级能够发出最强的光电子线(最大的 σ),这是通常做 XPS 分析时必须利用的,同时光电子线强度是 XPS 分析的依据。

2. 电子结合能 E_b

入射光子的能量 $h\nu$ 在克服轨道电子结合能(束缚能)E_b 后,光电子获得动能 E_k,能量过程满足光电定律

$$h\nu = E_b + E_k \tag{5.1}$$

对固体样品,电子结合能可以定义为把电子从所在能级转移到费米(Fermi)能级所需要的能量。所谓费米能级,相当于 0 K 时固体能带中充满电子的最高能级。固体样品中电子由费米能级跃迁到自由电子能级所需要的能量称为逸出功,也就是所谓的功函数。图 5.2 表示固体样品光电过程的能量关系,可见,入射光子的能量 $h\nu$ 被分成了三部分:电子结合能 E_b,逸出功 W_s,自由电子所具有的动能 E_k,即

$$h\nu = E_b + E_k + W_s \tag{5.2}$$

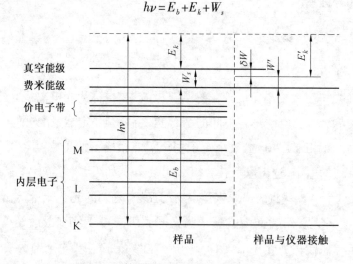

图 5.2　固体材料光电过程的能量关系示意图

在 X 射线光电子能谱仪中,样品与谱仪材料的功函数的大小是不同的(谱仪材料的功函数为 W')。但固体样品通过样品台与仪器室接触良好,且能级

地,根据固体物理的理论,它们二者的费米能级将处在同一水平。于是,当具有动能 E_k 的电子穿过样品至谱仪入口之间的空间时,受到谱仪与样品的接触电位差 δW 的作用,使其动能变成了 E_k',由图 5.2 可知有如下关系,即

$$E_k+W_s=E_k'+W' \tag{5.3}$$

式(5.2)代入式(5.3)得

$$E_b=h\nu-E_k'-W' \tag{5.4}$$

对一台仪器而言,仪器条件不变时,其功函数 W' 是固定的,一般在 4 eV 左右。$h\nu$ 是实验时选用的 X 射线能量,也是已知的。因此,根据式(5.4),只要测出光电子的动能 E_k',就可以算出样品中某一原子不同壳层电子的结合能 E_b。

3. 化学位移

能谱中表征样品芯电子结合能的一系列光电子谱峰称为元素的特征峰。因原子所处化学环境不同,使原子芯电子结合能发生变化,则 X 射线光电子谱谱峰位置发生移动,称之为谱峰的化学位移。所谓某原子所处化学环境不同,大体有两方面的含义,一是指与它相结合的元素种类和数量不同;二是指原子具有不同的价态。例如,纯金属铝原子在化学上为零价 Al^0,其 2p 能级电子结合能为 72.4 eV;当它被氧化反应化合成 Al_2O_3 后,铝为正三价 Al^{3+},由于它的周围环境与单质铝不同,这时 2p 能级电子结合能为 75.3 eV,增加了 2.9 eV,即化学位移为 2.9 eV,见图 5.3。随着单质铝表面被氧化程度的提高,表征单质铝的 Al2p(结合能为 72.4 eV)谱线的强度在

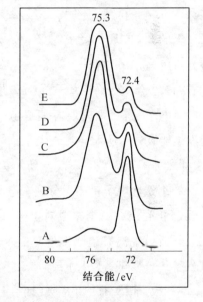

图 5.3　经不同处理后铝箔表面的 Al 2p 谱图

A—干净铝表面;B—空气中氧化;C—磷酸处理;D—硫酸处理;E—铬酸处理

下降,而表征氧化铝的 Al2p(结合能为 75.3 eV)谱线的强度在上升;这是由于氧化程度提高,氧化膜变厚,使下表层单质铝的 Al2p 电子难以逃逸出的缘故,从而也说明 XPS 是一种材料表面分析技术。

除化学位移外,由于固体的热效应与表面荷电效应等物理因素也可能引起电子结合能改变,从而导致光电子谱峰位移,此称之为物理位移。在应用 X 射线光电子谱进行化学分析时,应尽量避免或消除物理位移。

4. 伴峰和谱峰分裂

能谱中出现的非光电子峰称为伴峰,种种原因导致能谱中出现伴峰或谱峰分裂现象。伴峰如光电子(从产生处向表面)输运过程中因非弹性散射(损失能量)而产生的能量损失峰,X 射线源(如 Mg 靶的 $K_{\alpha 1}$ 与 $K_{\alpha 2}$ 双线)的强伴线(Mg 靶的 $K_{\alpha 3}$ 与 $K_{\alpha 4}$ 等)产生的伴峰、俄歇电子峰等。而能谱峰分裂有多重态分裂与自旋-轨道分裂等。

如果原子、分子或离子价(壳)层有未成对电子存在,则内层芯能级电离后会发生能级分裂从而导致光电子谱峰分裂,称之为多重分裂。图 5.4 所示为 O_2 分子 X 射线光电子谱多重分裂。电离前 O_2 分子价壳层有两个未成对电子,内层能级(O 1s)电离后谱峰发生分裂(即多重分裂),分裂间隔为 1.1 eV。

一个处于基态的闭壳层(闭壳层指不存在未成对电子的电子壳层)原子光电离后,生成的离子中必有一个未成对

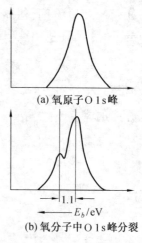

(a) 氧原子 O 1s 峰

1.1

E_b/eV

(b) 氧分子中 O 1s 峰分裂

图 5.4　氧分子 O 1s 多重分裂

电子。若此未成对电子角量子数 $l>0$,则必然会产生自旋-轨道耦合(相互作用),使未考虑此作用时的能级发生能级分裂(对应于内量子数 j 的取值 $j=l+1/2$ 和 $j=l-1/2$ 形成双层能级),从而导致光电子谱峰分裂;此称为自旋-轨道分裂。图 5.5 所示为 Ag 的光电子谱峰图除 3s 峰外,其余各峰均发生自

旋-轨道分裂,表现为双峰结构(如 3p1/2 与 3p3/2)。

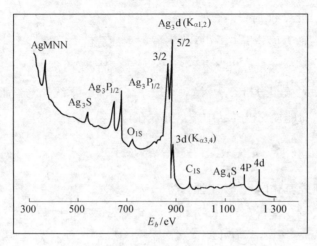

图 5.5　Ag 的 XPS 能谱图(Mg K_α 激发)

5.2　X 射线光电子能谱分析特点与应用

5.2.1　X 射线光电子能谱分析特点

X 射线光电子能谱分析采用能量为 1 000 ~ 1 500 eV 的射线源,能激发内层电子。各种元素内层电子的结合能是有特征性的,因此可以用来鉴别化学元素。与其他表面成分分析谱仪相比,X 射线光电子谱的最显著特点是它不仅能测定表面的组成元素,而且能确定各元素的化学状态。它能检测除 H、He 以外周期表中所有的元素,且具有很高的绝对灵敏度,因此 XPS 是当前表面分析中使用最广的能谱仪之一。

X 射线光电子能谱能提供被测样品如下的表面信息:

(1)元素标定。

(2)化学状态。

(3)元素成分。

(4)电子态。

(5)深度分析。

X 射线光电子能谱法具有如下优点：

(1)是一种无损分析方法(样品不被 X 射线分解)。

(2)是一种超微量分析技术(分析时所需样品量少)。

(3)是一种痕量分析方法(绝对灵敏度高),但 X 射线光电子能谱分析相对灵敏度不高,只能检测出样品中质量分数在 0.1% 以上的组分。

5.2.2　X 射线光电子能谱的应用

1. 元素(及其化学状态)定性分析

元素(及其化学状态)定性分析即以实测光电子谱图与标准谱图相对照,根据元素特征峰位置(及其化学位移)确定样品(固态样品表面)中存在哪些元素(及这些元素存在于何种化合物中)。标准谱图载于相关手册、资料中,标准谱图中有光电子谱峰与俄歇谱峰位置并附有化学位移数据。图 5.6 为标准谱图示例。

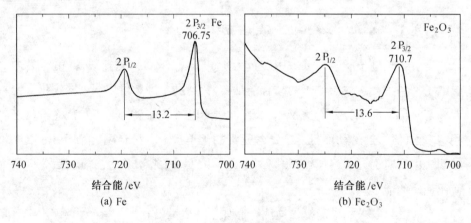

图 5.6　标准 XPS 谱图示例

定性分析原则上可以鉴定除氢、氦以外的所有元素。分析时首先通过对样品(在整个光电子能量范围)进行全扫描,以确定样品中存在的元素;然后再对所选择的谱峰进行窄扫描,以确定化学状态。

图 5.7 为已标识的 $(C_3H_7)_4NS_2PF_2$ 的 X 射线光电子谱图,由图可知,除氢以外其他元素的谱峰均清晰可见。图中氧峰可能是杂质峰,或说明该化合物已部分氧化。

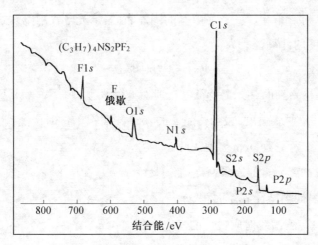

图 5.7　$(C_3H_7)_4NS_2PF_2$ 的 XPS 谱图

定性分析时,必须注意识别伴峰和杂质、污染峰(如样品被 CO_2、水分和尘埃等沾污,谱图中出现 C、O、Si 等的特征峰)。

定性分析时一般利用元素的主峰(该元素最强最尖锐的特征峰),显然自旋-轨道分裂形成的双峰结构情况有助于识别元素。特别是当样品中含量少的元素的主峰与含量多的另一元素非主峰相重叠时,双峰结构是识别元素的重要依据。

2. 定量分析

X 射线光电子能谱用于元素定量分析的关键是如何把所观测到的谱线的强度信号转变成元素的含量,即将峰的面积转变成相应元素的浓度。一般来说,光电子强度的大小主要取决于样品中所测元素的含量(或相对浓度)。因此,通过测量光电子的强度就可进行 XPS 定量分析。但在实验中发现,直接用谱线的强度进行定量所得到的结果误差较大。这是由于不同元素的原子或同一原子不同壳层上的电子的光电截面是不一样的,被光子照射后产生光电离的几率不同,所以不能直接用谱线的强度进行定量。目前应用最广的是元素(原子)灵敏度因子法进行定量分析。

(1)元素(原子)灵敏度因子法。元素灵敏度因子法是一种半经验性的相对定量方法,对于单相、均一、无限厚的固体表面,从光电发射物理过程出发,可导出谱线强度的计算公式为

$$I = f_0 \rho A_0 Q \lambda_e \Phi y D \tag{5.5}$$

式中　I——检测到的某元素特征谱线所对应的强度,cps;

　　　f_0——X 射线强度,表示样品表面在单位面积单位时间所碰撞的光子数(光子数·cm^{-2}·s^{-1});

　　　ρ——被测元素的原子密度(原子数·cm^{-3});

　　　A_0——被测试样有效面积,cm^2;

　　　Q——待测谱线对应轨道的光电离截面,cm^2;

　　　λ_e——试样中电子的逸出深度,cm;

　　　Φ——考虑入射光和出射光电子间夹角变化影响的校正因子;

　　　y——形成特定能量光电过程效率;

　　　D——能量分析器对发射电子的检测效率。

由式(5.5)得

$$\rho = \frac{I}{f_0 A_0 Q \lambda_e y D} = \frac{I}{S} \tag{5.6}$$

把 $S = f_0 A_0 Q \lambda_e \Phi y D$,定义为元素灵敏度因子或标准谱线强度,它可用适当的方法加以计算,一般通过实验测定。用这一方法,对某一固体试样中两个元素 1、2,如已知它们的灵敏度因子 S_1、S_2,并测出二者各自特定正常光电子能量的谱线强度 I_1 和 I_2,则它们的原子密度之比为

$$\frac{\rho_1}{\rho_2} = \frac{I_1/S_1}{I_2/S_2} \tag{5.7}$$

在同一台谱仪中,处于不同试样中的元素的灵敏度因子 S 是不同的。但是,如果 S 中的各有关因子 Q、λ_e、y、D 等对不同试样有相同的变化规律,即随光电子

动能变化它们改变相等的倍数,这时 S_1/S_2 比值将保持不变。在选定某个元素的 S 值作为标准并定为一个单位后,便可求得其他元素的相对 S 值,并且 S 值同材料基体性质无关。由式(5.7)可写出样品中某个元素所占有的原子分数

$$C_x = \frac{\rho x}{\Sigma \rho_i} = \frac{I_x/S_x}{\Sigma I_i/S_i} \tag{5.8}$$

因此,只要测出样品中各元素的某一光电子线的强度,再分别除以它们各自的灵敏度因子,就可以利用式(5.8)进行相对定量计算,得到的结果是原子比或原子百分含量。大多数元素都可用这种方法得到较好的半定量结果。需要说明的是,由于元素灵敏度因子概括了影响谱线强度的多种因素,因此不论是理论计算还是实验测定,得到的数值是不可能很准确的。

(2)谱线强度的测定。用 XPS 做定量分析时所测量的光电子线的强度,反映在谱图上就是峰面积。结合图 5.8 所示的典型的光电子线,说明其相关术语:

①峰高(H)。垂直于底线的从峰顶到基线的直线 EF。

②半峰宽($FWHM$)。峰高一半处与基线平行的峰宽度(CD)。

③峰面积(A)。由谱线与相切基线所围成的面积($ACEDBFA$)。

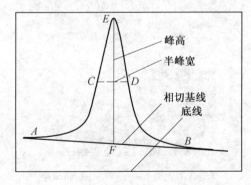

图 5.8　光电子线的高度、宽度和面积

测量峰面积的方法有:

①几何作图法。适用于比较对称的峰形:峰面积=峰高×半宽峰($A = H \times FWHM$)。

②称重法。把谱线打印在相对均质的纸上,沿谱线 *ACEDBFA* 仔细剪下,用天平称重,用此质量表示强度。

③机械积分法。用于对称或不对称、甚至严重拖尾的谱峰。

④电子计算机法。适用于各种峰形,对于交叠峰也可以通过分峰、拟合的办法达到分开的目的。目前,XPS 实验室里主要是用计算机进行定量分析计算。

现举一简单例子加以说明。在纳米结构的表征时也常用 XPS 方法进行半定量分析。例如,气相法合成的氧化硅纳米线(图 5.9),用 XPS 分析了氧化硅纳米线的整体化学组成,结果如图 5.10 所示。图 5.10(a) 显示的是氧化硅中 O1s 的结合能,大小为 532.9 eV;图 5.10(b) 则是氧化硅中 Si2p 的结合能,其值为 103.3 eV;表明它们是以 SiO 结合的,而非单质存在的。通过峰面积计算得 O∶Si 为 55.78∶44.22(约为 1.26∶1)。

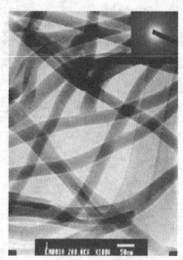

图 5.9 氧化硅纳米线的 TEM 和 SAED 照片

3.化学结构分析

通过谱峰化学位移的分析不仅可以确定元素原子存在于何种化合物中,还可以研究样品的化学结构。

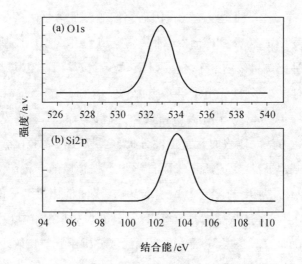

图 5.10　氧化硅纳米线的 XPS 谱

图 5.11 所示分别为"1,2,4,5-苯四甲酸","1,2-苯二甲酸"以及苯甲酸钠的 C1s 光电子谱图。这些化合物中的碳原子分别处于两种不同的化学环境中

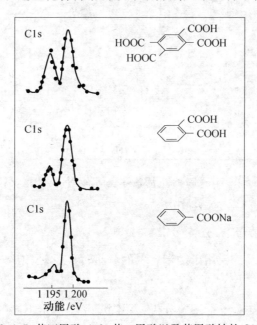

图 5.11　1,2,4,5-苯四甲酸、1,2-苯二甲酸以及苯甲酸钠的 C1sXPS 谱图

(一种是苯环上的碳,一种是羧基碳),因而它们的 C1s 谱是两条分开的峰。谱图中两峰的强度比 4:6、2:6 和 1:6,恰好符合 3 种化合物中羧基碳和苯环碳的比例。由这种比例可以估计苯环上取代基的数目,从而确定其结构。

对于固体样品,X 射线光电子平均自由程只有 0.5~2.5 nm(对于金属及其氧化物)或 4~10 nm(对于有机物和聚合材料),因而 X 射线光电子能谱法是一种表面分析方法。以表面元素定性分析、定量分析、表面化学结构分析等基本应用为基础,可以广泛应用于表面科学与工程领域的分析研究工作,如表面氧化(硅片氧化层厚度的测定等)、表面涂层、表面催化机理等的研究,表面能带结构分析(半导体能带结构测定等)以及高聚物的摩擦带电现象分析等。

图 5.12 所示为 Cr、Fe 合金活塞环表面涂层分析示例。X 射线光电子能谱分析表明,该涂层是碳氟材料。

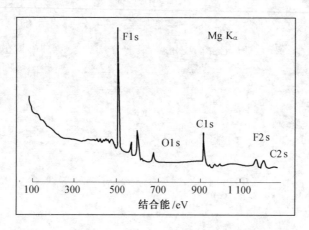

图 5.12　Cr、Fe 合金活塞环表面涂层——碳氟材料的

XPS 谱图

4. 纳米颗粒的 XPS 分析[9~17]

XPS 分析现已广泛用于纳米材料的分析;可以揭示纳米材料的成分、结构等信息。

(1)纳米颗粒尺寸的 XPS 分析。用同一元素两个不同的光电子峰强度可以测试纳米颗粒的尺寸大小。主要原理是光电子的发射强度 I 正比于

$\exp(-d/lmd)$,这里 d 是纳米粒子的尺寸大小,lmd 是光电子的平均逃逸深度,它与光电子的动能(或结合能)有关,所以两个光子峰的强度直接与纳米粒子的大小($\exp(-d)$ 形式变化)有关。这个方法的优点是所选的两个峰位置相差越大,可测的粒子大小范围也越宽。粒子大小可以测到小于 1 nm,显然这是一般透射电镜不容易实现的。

研究表明,纳米粒子大小与芯电子结合能、峰半高宽有着密切的关系。初步的研究结果显示,芯电子结合能的移动近似反比于颗粒的直径,并且峰的半高宽也有类似的结果,峰加宽(随颗粒尺寸的减小)是由于表面原子的声子宽化的结果。

大量的实验结果证明,纳米颗粒大小变化可引起强烈的价带谱的变化,表现为随纳米颗粒尺寸的减小,价带谱峰结合能位置向高能端移动,价带谱宽度窄化。

Tougaard 等人研究发现纳米结构可引起光电子弹性和非弹性电子不同的变化,导致光电子谱峰形状的变化,这些变化与纳米结构尺度有关。

(2)纳米颗粒结构的 XPS 分析。XPS 可用于纳米粒子表面包覆层厚度的确定,类似于薄膜厚度确定。此外,XPS 还可用于晶粒趋向的研究。

5.3　X 射线光电子能谱图分析

5.3.1　谱图特征

XPS 的基本实验就是观测并研究所激发出来的光电子。光电子的基本特性可用其动能大小、它相对于激发源的发射方向及在特定条件下的自旋取向这三个物理量加以表征。一般光电子谱仪是在同定激发源几何位置和一定的接收角条件下测量不同动能的光电子的数量分布。图 5.13 是对金属铝样品测得的一张 XPS 谱图。其中图(a)是宽能量范围扫描的全谱,图(b)则是图(a)低结合能端的放大谱。从这两张谱图中可以获得如下一些信息:

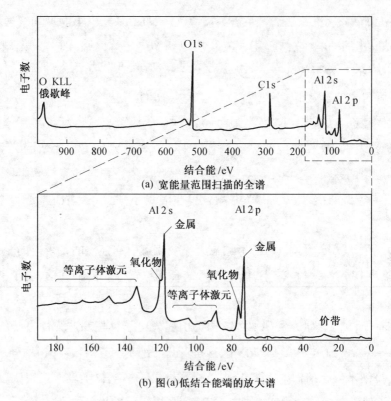

图 5.13　金属铝的 XPS 谱图(激发源为单色 Al K_α)

（1）由于金属铝表面受到氧化以及有机物的污染,因此在谱图中除了有 Al2s 和 Al2p 谱线外,还显示出 O 1s 和 C 1s 两条谱线。谱图的横坐标是光电子的动能或轨道电子结合能,这表明每条谱线的位置和相应元素原子内层电子的结合能有一一对应关系。不同元素原子各轨道电子结合能为一定值且互不重叠。这样只要在宽能量范围内对样品进行一次扫描,由各谱峰所对应的结合能便可确定试样表面的元素组成,这是 XPS 所提供的第一种信息。

（2）谱图的纵坐标表示单位时间内所接收到的光电子数。在相同激发源及谱仪接收条件下,考虑到各元素电离截面差别之后,显然表面含有某种元素越多,光电子信号越强。因此,在理想情况下每个谱峰所属面积的大小应是表面所含元素丰度的度量,这正是我们进行 XPS 定量分析的依据。

（3）由图 5.13（b）可见，在 Al 2s 和 Al 2p 谱线低动能一侧都有一个紧挨着的肩峰。主峰分别对应纯金属铝 2s 和 2p 轨道电子，而相邻的肩峰分别对应于 Al_2O_3 中铝的 2s 和 2p 轨道电子。这是由于纯铝和 Al_2O_3 中的铝所处的化学环境不同引起内层轨道电子结合能向较高数值偏移所造成的。由于化学环境不同而引起内壳层电子结合能位移的现象叫化学位移。这样，我们将根据内壳层电子结合能位移大小来判断有关元素的化学状态，这是 XPS 最突出的功能。

（4）图中还显示出 O 的 KLL 俄歇谱线、铝的价带谱和等离子体激元等伴峰结构。XPS 谱图上所出现的伴峰常同样品的电子结构密切相关，这是 XPS 提供的又一重要信息。

5.3.2　谱图分析

数据获得通常由计算机执行，这样既可提高谱仪的使用效率，又便于数据的处理。能谱的快速扫描和多次累加可取得更好的信噪比，或者在更短时间到达一定的信噪比值。对精致的样品或活性强的试样应在尽可能短的时间内完成测量。由于仪器内部各种因素的影响和可能的外界干扰，使 XPS 测得的原始谱线往往出现畸变、相互交叠，而给谱图解释带来困难，因此需要对原始谱进行分峰、退卷积、基线斜率校正和激发源所引起的伴峰扣除等多种数据处理，才能得到理想的分析谱和所需要的信息。

1. 谱图分析的一般步骤

对 XPS 的数据处理极其重要，许多有用的信息只有在数据处理后才能显露出来。这类处理由计算机作规范操作：包括谱峰的光滑化，扣除本底及谱峰交叠。用最小二乘法对计数作平滑处理，记录的能量通道间隔很大时，平滑点数只能取得很少，以免峰形有大的畸变，失去峰形的细结构。

扣除本底有多种方式，当多体效应使线形复杂化时，选用线性本底扣除或非弹性本底扣除的差别不重要，关键是对谱线截取适当的能量范围并判断二端点的扣除量。本底扣除对进一步的数据处理有很大影响，但取得经验后不会引入过多的人为因素。

谱峰分离是数据处理的中心环节,用计算机的标准程序作处理时,人为因素很少。通常先确定谱峰的线形类型,再设定待分离谱峰的数目,然后对每一分离峰的参量(峰值能量、峰高和FWHM)给定初试值,由此得出分离峰的合成谱,用肉眼观察它与测量谱的符合情况,并从计算机给出的两个峰之间的标准偏差值,修正分离峰参量。这种逐次逼近过程也可由计算机来完成,此时标准偏差的极小值是停止进一步修正的唯一判据。最后定出各峰的三个参量和各自的面积。对于XPS的分峰,不像XRD那样有标准的数据库。关键的问题是,能用XPS的结果来证明自己的论点。如物理沉积得到的TiN中的Ti,目前有两大类分峰,一类认为由于Ti有4价,因而要分8个峰(2p 1/2,4个;2p 3/2,4个)。另一类认为,只要分6个峰,即Ti-N、Ti-O-N、Ti-O,因为Ti极易被氧化。所以分峰方式的选择,主要是考虑解释所观察的现象。

当分析的原子序数不太高而谱线的自然宽度较小时,谱仪(包括源的)传递函数对测得的谱线宽度起主要作用,所以用高斯分布作为拟合线形是适宜的。合成谱在二翼往往低于实验曲线,这是多体效应引起的。标准偏差达到极小不是最佳拟合的唯一准绳,设定分解峰的个数愈多,标准偏差就愈小。此外由于多体效应使线形复杂化,肉眼判别最佳拟合就更可靠。事先对分离峰的FWHM作恰当的估计并由此设定峰的个数是重要的一步。峰的数目一旦肯定,对其他参量可解除任何人为的限定。由此得出的不同样品中相同品种的分离峰的峰位能量值和FWHM应高度一致。

2. 专用分峰软件 XPS Peak 分峰处理简介

利用专用分峰软件 XPS Peak 可以对 XPS 谱图方便地进行分峰处理,具体步骤简介如下:

(1)将 XPS 谱图的数据转换存储为 txt 格式。

(2)打开 XPS Peak 软件,点击 Data→Import(ASCII)引入所存数据,则出现相应的 XPS 谱图如图 5.14 所示。

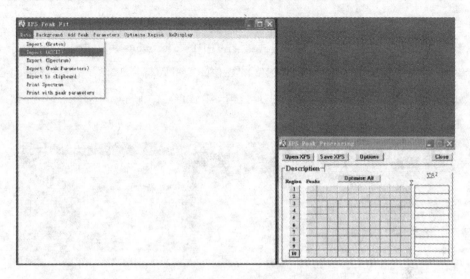

图 5.14　XPS Peak 软件的主界面

（3）点击 Background 选择背底，Type 可据实际情况选择，一般选择 Shirley 类型如图 5.15 所示。

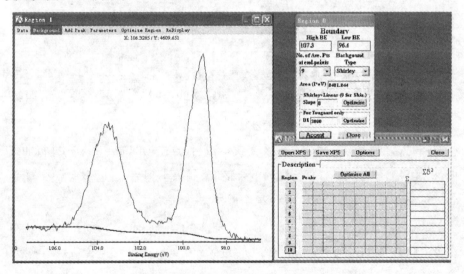

图 5.15　选择背底

（4）点击 Add peak 进行加峰，出现小框，在 Peak Type 处选择 s、p、d、f 等峰

类型(一般选 s),在 Position 处选择希望的峰位,需固定时则点 fix 前小方框,同法还可选半峰宽(FWHM)、峰面积等。各项中的 constraints 可用来固定此峰与另一峰的关系,如 Pt4f7/2 和 Pt4f5/2 的峰位间距可固定为 3.45,峰面积比可固定为 4 : 3 等。点 Delete peak 可去掉此峰,然后再点 Add peak 选第二个峰,如此重复如图 5.16 所示。

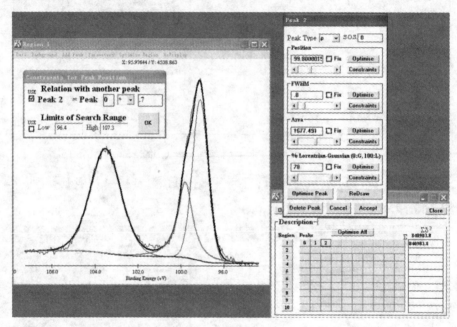

图 5.16　加峰操作

(5)选好所需拟合的峰个数及大致参数后,点击 Optimize region 进行曲线拟合,观察拟合后总峰与原始峰的重合情况,如果不理想,可以多次点击 Optimize region。

(6)拟合完成后,分别点另一个窗口中的 Region Peaks 下方的 0、1、2 等可看每个峰的参数,此时 XPS 峰中变红的为被选中的峰。如对拟合结果不满意,可改变这些峰的参数,然后再点 Optimize。

(7)点击 Save XPS 存图。

(8)有几种不同的数据输出方式:

①点击 Data→Print with peak parameters,可打印带各峰参数的谱图,通过峰面积可计算此元素在不同峰位的化学态的含量比。

②点击 Data→Export to clipboard,则将图和数据都复制到了剪贴板上,从而可将图和数据粘贴入 Word 文档等。

③点击 Data→Export(spectrum),则将拟合好的数据存盘,然后在 Origin 中将多列数据栏打开,则可得到多列数据,并在 Origin 中作出拟合后的图。

值得一提的是,利用 Origin 软件也可以进行分峰处理。

3. XPS 定性分析具体方法

同俄歇能谱(AES)定性分析一样,XPS 分析也是利用已出版的 XPS 手册。主要进行两大方面的分析,首先是谱线类型的分析,其次是谱线的识别。

(1)谱线类型分析。在 XPS 中可以观察到几种类型的谱线,其中有些是 XPS 中所固有的,是永远可以观察到的;有些则依赖于样品的物理、化学性质。各种谱线的特点简介如下:

①光电子谱线。在 XPS 中,很多强的光电子谱线一般是对称的,并且很窄。但是,由于与价电子的耦合,纯金属的 XPS 谱也可能存在明显的不对称。

②谱线峰宽。谱线的峰宽一般是谱峰的自然线宽、X 射线线宽和谱仪分辨率的卷积。高结合能端弱峰的线宽一般比低结合能端的谱线宽 $1 \sim 4$ eV。绝缘体的谱线一般比导体的谱线宽 0.5 eV。

③俄歇(Auger)谱线。在 XPS 中,可以观察到 KLL、LMM、MNN 和 NOO 四个系列的 Auger 线。因为 Auger 电子的动能是固定的,而 X 射线光电子的结合能是固定的,因此可以通过改变激发源(如 Al/Mg 双阳极 X 射线源)的方法,观察峰位的变化与否而识别 Augar 电子峰和 X 射线光电子峰。

④X 射线的伴峰。X 射线一般不是单一的特征 X 射线,而是还存在一些能量略高的小伴线,所以导致在 XPS 谱线中,除 $K\alpha1,2$ 所激发的主谱外,还有一些小的伴峰。

⑤X 射线"鬼峰"。有时,由于 X 射源的阳极可能不纯或被污染,则产生的 X 射线不纯。由非阳极材料 X 射线所激发出的光电子谱线被称为"鬼峰"。

⑥震激和震离线。在光发射中,因内层形成空位,原子中心电位发生突然变化将引起外壳电子跃迁,这时有两种可能:

a. 若外层电子跃迁到更高能级,则称为电子的震激(shake-up)。

b. 若外层电子跃过到非束缚的连续区而成为自由电子,则称为电子的震离(shake-off)。

无论是震激还是震离均消耗能量,使最初的光电子动能下降。

⑦多重分裂。当原子的价壳层有未成对的自旋电子时,光致电离所形成的内层空位将与之发生耦合,使体系出现不止一个终态,表现在 XPS 谱图上即为谱线分裂。

⑧能量损失峰。对于某些材料,光电子在离开样品表面的过程中,可能与表面的其他电子相互作用而损失一定的能量,而在 XPS 低动能侧出现一些伴峰,即能量损失峰。当光电子能量在 $100 \sim 1\,500$ eV 时,非弹性散射的主要方式是激发固体中自由电子的集体振荡,产生等离子体激元。

(2)谱线的识别程序。

第一步:因 C、O 是经常出现的,所以首先识别 C、O 的光电子谱线,Auger 线及属于 C、O 的其他类型的谱线。

第二步:识别其他强峰。利用 X 射线光电子谱手册中的各元素的峰位表确定其他强峰,并标出其相关峰,注意有些元素的峰可能相互干扰或重叠。

第三步:识别其余弱峰。这一步中,一般假设这些峰是某些含量低的元素的主峰,若仍有一些小峰不能确定,可检验一下它们是否是某些已识别元素的"鬼峰"。

第四步:确认识别结论。对于 p,d,f 等双峰线,其双峰间距及峰高比一般为一定值。p 峰的强度比为 $1:2$;d 线为 $2:3$;f 线为 $3:4$。对于 p 峰,特别是 4p 线,其强度比可能小于 $1:2$。

第五步:在 XPS 的应用中化合态的识别是最主要的用途之一,识别化合态的主要方法就是测量 X 射线光电子谱的峰位位移。对于半导体、绝缘体在测量化学位移前应首先决定荷电效应对峰位位移的影响。

①光电子峰。由于元素所处的化学环境不同,它们的内层电子的轨道结合能也不同,即存在所谓的化学位移。其次,化学环境的变化将使一些元素的光电子谱双峰间的距离发生变化,这也是判定化学状态的重要依据之一。元素化学状态的变化有时还将引起谱峰半峰高宽的变化。

②Auger 线。由于元素的化学状态不同,其 Auger 电子谱线的峰位也会发生变化。当光电子峰的位移变化并不显著时,Auger 电子峰位移将变得非常重要。在实际分析中一般用 Auger 参数 α 作为化学位移量来研究元素化学状态的变化规律。

③伴峰。震激线、多重分裂等均可给出元素化学状态变化方面的信息。

5.4　X 射线光电子能谱与电子探针及其他能谱的比较

X 射线光电子能谱与电子探针及其他能谱性能特点的比较见表 5.1。

表 5.1　X 射线光电子能谱与电子探针及其他能谱性能特点的比较

分析测试方法[①]	入射信号	发射信号	检测特性	可测的元素	分析深度	空间分辨率	获得信息 E-元素 C-化学	定量分析[②]	无机物分析[②]	有机物分析[②]
XPS	X 射线	e⁻	能量	He 之后	3 ~ 10 nm	1 mm² 小区域; 10 μm 成像 XPS<3 μm	E,C	✓	✓	✓
EDX	e⁻	X 射线	能量	Be 之后	1 μm	1 μm	E	✓	○[③]	×[③]
UPS	e⁻	e⁻	能量	所有元素	<1 nm		E,C	✓	✓	✓
AES	e⁻	e⁻	能量	Li 之后	3 ~ 10 nm	<12 nm	E(C)	✓	○	×

续表 5.1

分析测试方法[①]	入射信号	发射信号	检测特性	可测的元素	分析深度	空间分辨率	获得信息 E-元素 C-化学	定量分析[②]	无机物分析[②]	有机物分析[②]
EELS	e^-	e^-	能量	Li 之后	取决于膜厚	10 nm	E	○	✓	×
ISS	离子	离子	能量	Li 之后	外层原子层	100 μm	E	○	✓	○
RBS	离子	离子	能量	Li 之后	1 μm	1 mm	E	×	✓	✓

注:① EDX——电子能量色散 X 射线分析(电子能谱)

　　EELS——电子能量损失谱

　　ISS——离子散射谱

　　RBS——罗瑟福背散射谱

② ✓——很好,○——可以,×——差

③ 没有导电层

④ 需要低温条件

参考文献

[1] WATTS JOHN F, WOLSTENHOLME JOHN. An Introduction to Surface Analysis by XPS and AES[M]. John Wiley & Sons Ltd,2003.

[2] GAUGLITZ G, VO-DINH T. Handbook of Spectroscopy[M]. Wiley-VCH Verlag,2003.

[3] 陆家和,陈长彦. 表面分析技术[M].北京:电子工业出版社,1987.

[4] 左演声,陈文哲,梁伟. 材料现代分析方法[M].北京:北京工业大学出版社,2000.

[5] 常铁军,刘喜军.材料近代分析测试方法(修订版)[M].哈尔滨:哈尔滨工业大学出版社,2010.

[6] 杨南如.无机非金属材料测试方法[M].武汉:武汉工业大学出版社,1993.

[7] 王华馥,吴自勤.固体物理实验方法[M].北京:高等教育出版社,1990.

[8] 张立德,解思深.纳米材料和纳米结构——国家重大基础研究项目进展[M].北京:化学

工业出版社,2005.

[9] YANG D Q, MEUNIER M, SACHER E. The estimation of the average dimensions of deposited clusters from XPS emission intensity ratios[J]. Applied Surface Science,2001(173): 134-139.

[10] WERTHEIM G K, DICENZO S B. Cluster growth and core-electron binding energies in supported metal clusters[J]. Physics Review B, 1988(37): 844-847.

[11] TOUGAARD S. Accuracy of the non-destructive surface nanostructure quantification technique based on analysis of the XPS or AES peak shape[J]. Surface and Interface Analysis, 1998(26): 249-269.

[12] SIMONSEN A COHEN, SCHEBERGER M, TOUGAARD S, et al. Nanostructure of Ge deposited on Si(001): a study by XPS peak shape analysis and AFM[J]. Thin Solid Films, 1999(338): 165-171.

[13] YANG D Q, Gilet Jean-Numa, Meunier M. et al. Room temperature oxidation kinetics of Si nanoparticles in air. determined by x-ray photoelectron spectroscopy[J]. Journal of Applied Physics,2005(97): 024303.

[14] EGELHOFF W F. X-ray photoelectron and Auger-electron forward scattering: A new tool for studying epitaxial growth and core-level binding-energy shifts [J]. Physics Review B, 1984(30):1 052-1 055.

[15] EGELHOFF W F. A new tool for studying epitaxy and interfaces: The XPS searchlight effect [J]. Journal of Vacuum Science & Technology A, 1985(3): 1 511-1 513.

[16] YANG D Q, SACHER E. Interaction of Evaporated Nickel Nanoparticles with Highly Oriented Pyrolytic Graphite: Back-bonding to Surface Defects, as Studied by X-ray Photoelectron Spectroscopy[J]. Journal of Physical Chemistry B, 2005(109): 19 329-19 334.

第6章　X射线荧光光谱分析

6.1　X射线荧光光谱基本原理

X射线荧光光谱是以X射线激发样品物质原子产生荧光X射线,探测荧光X射线(二次特征X射线)分析样品物质的组成元素。探测荧光X射线可以通过接收X射线的特征波长,也可以通过接收X射线的特征能量来实现。

X射线荧光光谱和电子探针基本原理相同,两者的区别仅在于激发样品物质产生特征X射线的激发源不同。X射线荧光光谱的激发源是特征X射线;电子探针的激发源是高能电子。和电子探针一样,X射线荧光光谱也有探测荧光X射线波长和能量两种仪器。常说的X射线荧光光谱是指探测荧光X射线波长的仪器,即波长色散型X射线荧光光谱仪,图6.1为岛津公司X射线荧光光谱仪。

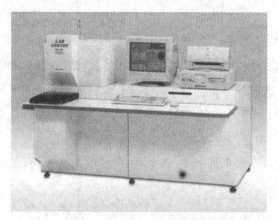

图6.1　岛津公司 XRF-1800 型荧光光谱仪

随着科学技术的发展,X 射线荧光光谱仪已经发展为一个大家族,可分为同步辐射 X 射线荧光光谱仪、质子 X 射线荧光光谱仪、全反射 X 射线荧光光谱仪、波长色散 X 射线荧光光谱仪和能量色散 X 射线荧光光谱仪等。本章主要介绍常见的 X 射线荧光光谱仪:波长色散型(WDXRF 扫描型),对能量色散型(EDXRF)的结构与工作原理也作简要介绍。

6.1.1　波长色散型 X 射线荧光光谱仪的结构与工作原理

波长色散型 X 射线荧光光谱仪自 1948 年首先研制出来以来,特别是 20 世纪 60 年代后,随电子技术、计算机和材料科学的快速发展,X 射线荧光光谱仪、X 射线荧光分析技术和数据处理及仪器制造等方面都有了长足的发展。高智能化、专业化和小型化的波长色散 X 射线荧光光谱仪不断推出。

X 射线荧光光谱分为扫描型(通用型)、多元素同时分析(多道)型和扫描型与固定元素通道组合在一起的组合型三大类。其中,通用型波长色散 X 射线荧光光谱仪,是对试样中待测元素逐一进行角度扫描顺序进行扫描测定;多元素同时分析型波长色散 X 射线荧光光谱仪是为每个元素预先配置一个固定的通道,多个元素同时分析;组合型有两种形式,一种以通用型为主,为节省测定时间对经常要测定的轻元素如硼或痕量元素使用固定通道,另一种是使用多元素同时分析型谱仪的同时,加一扫描通道,为测定其他元素提供方便。扫描型适用于科研及多用途的检测,多通道型适用于相对固定组成和批量试样分析。

波长色散型 X 射线荧光光谱仪的基本结构是由光源(X 光管)、滤波片、入射准直器、分光晶体、出射准直器、探测器和测角仪等主要部件组成,如图 6.2 所示。

1. 光源

激发样品的光源主要是具有各种功率的 X 射线管。为使原子内层电子轨道产生电子空位,要以某种方式将一定的能量传递给原子的内层电子。内层电子获得的能量若大于电子在原子中的结合能,就可使电子脱离原子的束缚,成

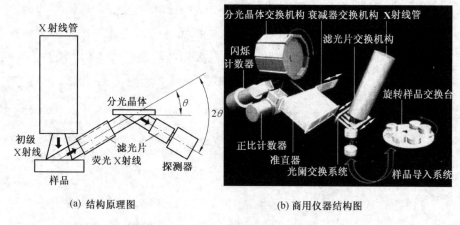

(a) 结构原理图　　　　　　　　　(b) 商用仪器结构图

图 6.2　波长色散型 X 射线荧光光谱仪的结构

为自由电子,并在内层电子轨道上形成空位。外层轨道电子填补这一空穴时,即产生特征 X 射线,其能量等于两轨道电子壳层的能量差。可使内层电子形成空穴的激发方式有以下几种:带电粒子激发、电磁辐射激发、内转换现象和核衰变等。带电粒子激发又分为电子激发和质子激发。图 6.3 表明光子、质子和电子在激发 X 射线时,产生特征 X 射线的产额与激发源的能量及受激发元素原子序数之间的关系。在低能区采用光子激发产生特征 X 射线的效率最高。随着光子能量的增加,光电吸收系数下降,激发产额和荧光效率也随之下降。质子和电子等带电粒子与光子的情况相反,这主要由于带电粒子与物质相互作用时,随着能量的增加其作用截面和有效激发厚度也随之增加,因此特征 X 射线荧光总产率也增加。

目前商用 X 射线荧光光谱仪中,最常用的激发方式是电磁辐射激发。电磁辐射激发源主要用 X 射线管产生的初级 X 射线谱。X 射线管本质上是一个在高电压下工作的二极管,包括一个发射电子的阴极和一个收集电子的阳极(即靶材),并密封在高真空的玻璃或陶瓷外壳内。发射电子的阴极可以是热发射或场致电子发射,热阴极 X 射线管是根据热电子发射的原理制成的。

2. 初级滤波片

初级滤波片的目的是消除或降低来自 X 射线管发射的原级 X 射线谱,当

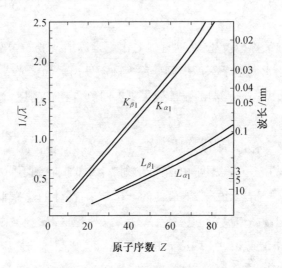

图 6.3　X 射线光谱线的莫塞莱定律

靶材的特征 X 射线谱与待测样品所含元素的二次荧光相同时,会产生干扰,设置初级滤波片可改善峰背比、提高分析的灵敏度。如在测定地质样品中 Rb、Sr、Y 和 Sr 时,使用 0.75 mm 铝作为滤波片,可有效降低初级谱线中连续谱的强度。

表 6.1　常用不同靶材的 X 光管使用范围

阳　极	重元素	轻元素	附　　注
Rh $Z=45$	良	优	适用于轻重元素,RhK 系列对 Ag,Cd,Pd 有干扰
Au $Z=79$	优	差	通常用于重元素痕量分析,但不包括 Au,As,Se
Mo $Z=42$	良	差	用于贵金属分析,MoK 谱线激发 Pt 族元素 L 谱,并且不干扰 Rh-Ag 的 K 谱线
Cr $Z=24$	差	优	用于轻元素常规分析,Cr 谱线干扰 Cr 和 Mn 的测定,对激发 Ti 和 Ca 很有效
双阳极侧窗靶 Sr/Mo；Cr/Au；Sc/W	优	优	现用得较少

3. 准直器

准直器常常又称梭拉光阑,准直器的作用是遮挡杂散的 X 射线,保证入射的初级 X 射线沿准直器通道照射到样品上和激发出来的荧光 X 射线沿通道照射到分光晶体上。当准直器的遮挡效果不够时,可在准直器上增加通道面罩。

4. 分光晶体

在色散谱仪中,分光晶体是核心部件。分光晶体将待测元素特征 X 射谱线分散开,不同的波长将以不同的角度散射,探测器接收到不同 2θ 角的荧光光谱从而进行元素分析。为了获得最佳的分析结果,晶体的选择非常重要。X 射线荧光光谱仪配备晶体最多可达 8 ~ 10 块,以满足从 Be 到 U 的元素测定,在测定超轻元素如 B 或 Be 时,均选择专用晶体。选择晶体的原则是:分辨率好,以利于减少谱线干扰;衍射强度高;衍射后所得特征谱线的峰背比大;最好不要产生高次衍射线;晶体受温度湿度影响小。依据上述原则选用晶体还要考虑谱仪结构和衍射角 2θ 的使用范围。表 6.2 列出一些常用晶体的适用范围。

5. 探测器

探测器是将 X 射线荧光光量子转变为一定形状和数量的电脉冲,以表征 X 射线荧光的能量和强度。它实际上是一个能量-电量的传感器,也就是说无论何种探测器都是将 X 射线的能量转变为电信号,通常用电脉冲的数目表征入射 X 射线光子的数目,幅度表征入射光子的能量。波长色散谱仪常用的探测器有三种:流气式正比计数管、封闭式正比计数管和闪烁式计数管。

6. 测角仪

测角仪是测量由分光晶体散射开的荧光 X 射线的衍射角 2θ,所以是 X 射线光光谱仪的核心部件。

20 世纪末大多数仪器淘汰了机械式分步传动的测角仪,取而代之的是无齿轮莫尔条纹测角仪,其特点是用微机控制两个直流马达带动晶体和探测器运动,转动速度可达 $80°/s$,其精度达到 $\pm0.000\ 2°$。飞利浦公司推出的由透射定位传感器控制定位的测角仪(DOPS),其精度可达 $0.000\ 1°$,最大扫描速度已达到 $40°/s$。

表 6.2　常用晶体的 2d 值及适用范围

晶　体	2d 值/nm	适用范围	
		K 系线	L 系线
LiF(200)	0.180	Te-Nl	U-Hf
LiF(220)	0.285	Te-V	U-La
LiF(420)	0.403	Te-K	U-In
Ge(lll)	0.653	Cl-P	Cd-Zr
InSb(lll)	0.748	Si	Nb-Sr
PE(002)	0.874	Cl-Al	Cd-Br
PX1	5.02	Mg-O	
PX2	12.0	B 和 C	
PX3	20.0	B	
PX4	12.0	C-(N,O)	
PX5	11.0	N	
PX6	30	Be	
TlAP(100)	2.575	Mg-O	
OVO 55	5.5	Mg,Na 和 F	
OVO 100	10.0	C 和 O	
OVO 160	16.0	B 和 C	

6.1.2　能量色散 X 射线荧光光谱仪

20 世纪 70 年代初能量色散 X 射线荧光光谱仪诞生,经过近 30 多年的发展,能量色散 X 射线荧光光谱仪已成为一种强有力的定性和精确定量的分析测试仪器。在地质矿产、石油化工、金属材料、薄膜材料等诸多材料分析领域广泛应用。尤其是在现场或在线分析中能实时获取多种数据,是其他分析仪器难以替代的。

能量色散与波长色散 X 射线荧光光谱仪相比,主要区别是能量色散 X 射线荧光光谱仪探测的不是荧光的波长,而是荧光 X 射线的能量,其结构如图 6.4 所示。

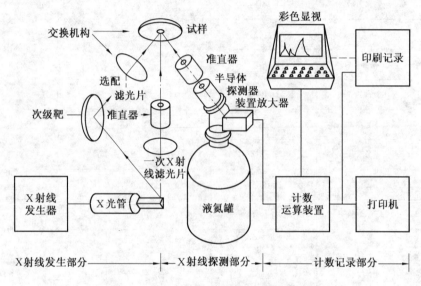

图 6.4　能量色散 X 射线荧光光谱仪结构

由图 6.4 可见,X 射线管产生的初级 X 射线辐射到样品上或通过次级靶所产生的 X 射线辐射到样品上时,样品所产生的 X 射线荧光光谱直接射入探测器,不同能量的 X 射线经由多通道谱仪等组成的电路处理,可获得特征 X 射线荧光光谱的能量与强度图谱。

能量色散 X 射线荧光光谱仪具有如下特点。

(1)优点。能量色散 X 射线荧光光谱仪不需要分光晶体及测角仪系统,探测器可以紧接样品位置,接受辐射的立体角增大,几何效率可提高 2~3 个数量级。光谱仪结构紧凑,安装使用和维修均很方便。特别是以封闭式正比计数管为探测器的谱仪由于价格便宜、质量轻、可靠,并能在恶劣环境下工作,因此广泛用于现场或在线使用。

（2）缺点。分辨率比波长色散型 X 射线荧光光谱仪差,在 200 ~ 300 eV 之间;分析精度也不如波长色散型 X 射线荧光光谱仪;探测器 Si(Li)半导体需要液氮冷却。

能量色散 X 射线荧光光谱仪所用光源主要是 X 射线管。放射性核素源、同步辐射光源和质子也是可用光源,主要用于现场或在线分析。

在能量色散 X 射线荧光光谱仪中常常设置二次靶或偏振光来降低背景,提高峰背比。用二次靶,其检出限将比直接用管激发提高 5 ~ 10 倍,适合做痕量元素分析。二次靶还可用作选择激发,以弥补使用 X 射线管和放射性核素源的局限,可对任何要分析的元素进行有选择地特征激发,完全覆盖整个元素周期表。但二次靶产生的总强度比原靶管初级谱总强度弱得多,所以使用二次靶时 X 射线管的功率要更高。

能量色散 X 射线荧光光谱仪中区分荧光能量大小的核心部件是多道脉冲幅度分析器。从放大器输出端输出的脉冲幅度与入射 X 射线能量成正比,谱仪能量刻度就是将这种正比关系以线性拟合函数形式表达出来,在定性或定量分析时可以通过测得谱的峰位,确定所对应的入射 X 射线能量,从而确认待测元素。所以多道脉冲幅度分析器的作用就是对入射的荧光 X 射线按能量进行色散。多道脉冲分析器组成如图 6.5 所示。

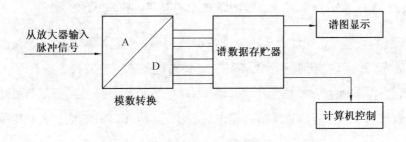

图 6.5　多道脉冲分析器示意图

在能量色散 X 射线荧光光谱图中,除元素峰外还有很强的背底噪声,必须扣除这些背底噪声后才能进行分析。产生这些背底的原因有初级 X 射线在样品中产生的散射线,其强度随样品成分的变换而发生变化;样品产生的荧光 X 射线与仪器如晶体荧光和分光晶体相互作用引起的高次线;电子电路产生的信号噪声等。

能量色散 X 射线荧光光谱图中避免不了谱峰重叠,因此,为获取待测运算的纯强度,必须解析重叠谱——剥谱。

处理重叠谱常用的方法是预先确定谱的干扰因子。使用这种方法一般必须先在所选定的测试条件下测定纯元素或纯氧化物谱,必要时应用空白样测定背底谱,以这些谱作为参考谱,经简单运算可确定干扰因子。

上述扣背底和剥谱方法有不足之外,还需要进行谱形拟合。常用最小二乘法拟合实测谱,求得重叠峰中各个组分峰的精确强度。

6.2　X 射线荧光光谱定性和定量分析

X 射线荧光光谱的分析包括定性分析、半定量分析和定量分析。通常的元素分析范围是 $O^6 \sim U^{92}$,分析的元素浓度范围是 $1 \times 10^{-6} \sim 100\%$,一般元素检出限为 $1 \sim 1 \times 10^{-5}$,对于轻基体材料的检出限可以达到 5×10^{-8} 。

6.2.1　X 射线荧光光谱定性分析和半定量分析

X 射线荧光光谱定性分析的理论基础是 Moseley 定律,样品元素产生的特征 X 射线波长 λ ,与其原子序数 Z 具有一一对应关系。在波长色散型 X 射线荧光光谱中,是通过布拉格定律 $n\lambda = 2d\sin\theta$ 将特定 X 射线的波长 λ 和谱峰的 2θ 角联系起来。当所用晶体 $(2d)$ 确定后, λ 便与 2θ 角一一对应。X 射线荧光光谱由内层电子跃迁产生,其特征谱线相对外层电子跃迁的原子吸收谱线要少得多,但仍然存在谱线重叠。如相邻元素的 K_α 与 K_β 谱线之间,高原子序数元素的 L 或 M 系谱线之间,以及它们与低原子序数元素 K 系谱线之间,都可能出现重叠。因此,定性分析工作就是根据扫描谱线,排除重叠干扰,确定样品材料含有哪些元素。

对于大概可知元素的样品,要分析试样中某个特定元素,只需选择合适的测定条件,并对该元素的主要谱线进行定性扫描,从所得的扫描谱图即可确认是否存在该元素;如要对未知样品中所有的元素进行定性分析,则需用不同的测试条件(包括不同的 X 光管电压,过滤片、狭缝、晶体和探测器)和扫描条件(包括扫描的 2θ 角范围、速度和步长等),对所有元素进行扫描。然后根据 X 射线特征谱线波长及对应 2θ 角表,对谱图中的谱峰逐个进行定性判别。因为元素主要谱线出现的疏密程度不同,确定扫描条件时,要考虑到在不同 2θ 角度范围内。这样扫描结果将更有针对性地显示元素范围。X 射线特征谱线波长及 2θ 角的对应关系见表6.3。

表6.3　X射线波长及 2θ 角对照表

晶体 LiF_{200}				$2d$-0.402 67 nm		
2θ	原子序数	元素	谱线	级数	波长/nm	能量/keV
57.42	84	Po	$L_{\beta6}$	2	0.096 72	12.76
57.46	60	Nd	$L_{\gamma5}$	1	0.193 55	6.38
57.47	90	Tb	$L_{\alpha2}$	2	0.096 79	12.75
57.48	59	Pr	$I_{\gamma8}$	1	0.193 62	6.37
57.52	26	Fe	K_{α}	1	0.193 73	6.37
57.55	82	Pb	$L_{\beta3}$	2	0.096 91	12.73
57.68	44	Ru	$K_{\alpha2}$	3	0.064 74	19.06
57.81	62	Sm	$L_{\beta6}$	1	0.194 64	6.34
57.87	47	Ag	$K_{\beta2}$	4	0.048 70	25.34
57.87	77	Ir	$L_{\gamma8}$	2	0.097 41	12.67

对谱图进行定性分析的一般步骤为：首先从强度最大的谱峰识别起，根据所用分光晶体、谱峰 2θ 角和 X 射线特征谱线波长及对应之 2θ 角表，假设其为某元素的某条特征谱线（如使用 LiF_{200} 晶体并在 2θ 角 $=57.52°$ 时出现谱峰，则可假设为 Fe 的 K_α 线）；然后在寻找该元素的其他谱线（如 Fe 的 K_β 线，$2\theta=51.73°$）是否存在，从而验证 Fe 元素的存在，并标出来所有其他谱线。确认的同时可参考同一元素不同谱线之间的相对强度比。继续如此寻找下一个强度最大的谱峰并用同样方法予以识别。

应该注意，进行谱图定性分析前，先将 X 光管靶材元素的特征谱线标出，避免靶材特征峰的干扰。也可以用特定的过滤片除去 X 光管的靶线，以免待测试样中含有与靶材相同的元素时无法确认。例如使用 0.3 mm 的黄铜过滤片可除去 Rh 靶的 K 系谱线；用 0.3 mm 的金属铝过滤片可除去 Cr 靶的 K 系谱线。

图 6.6 是一个合金样品（含铁、钴、镍、锆、钨和铜等元素）用 LiF_{220} 晶体在 2θ 角度为 $56°\sim126°$ 范围内的扫描谱图，经定性分析后的元素谱线。

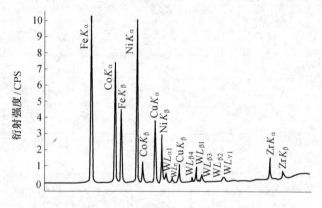

图 6.6 合金样品扫描谱图

对于未知的且元素组成较为复杂的试样，扫描图谱中峰线很多，出现重叠的可能大，使谱峰的识别变得困难，分析起来会很麻烦。此时，定性分析如考虑不周，会出现错判，使分析结果因人而异。出现这种情况时，不仅要考虑元素峰的强度比规律，还要运用激发电位和其他物理化学知识进行识别。

现代 X 射线荧光光谱商用仪器通常都带有分析软件,这些软件充分考虑了上述因素,可以给出较为准确的定性分析结果。但是,任何仪器都有局限性,当分析复杂样品或含某些特殊元素时,往往还需要分析者根据 X 射线荧光光谱知识进行判别确定。

现代 X 射线荧光光谱商用仪器带有的分析软件不仅具有单纯的定性分析功能件,而且还具有半定量分析功能。这些软件在给出样品所含元素的同时,给出它们的相对含量。这些软件的分析工作是基于衍射强度与物质浓度关系的理论计算和标样修正的结果。因此分析工作耗时短效率高,对材料分析基本可达到令人满意的结果。

6.2.2　X 射线荧光光谱定量分析

在 X 射线荧光光谱中,样品元素的衍射峰强度与其在样品中的含量成正比关系,即样品中的含量越高,衍射峰强度越高。但是两者之间不是简单的线性。X 射线荧光光谱的定量分析工作就是要建立衍射峰强度与该元素在样品中含量的准确对应关系。

X 射线荧光光谱的定量分析是通过将测得的荧光 X 射线强度转换为浓度实现的,在转换过程中受四种因素的影响。浓度 C 是四种因子的函数,即

$$C_i = K_i I_i M_i S_i \tag{6.1}$$

式中　i——待测元素;

　　　K——校正因子;

　　　I——测得的待测元素荧光 X 射线的强度;

　　　M——基体效应,即元素间吸收增强效应;

　　　S——与样品的物理化学态,如试样的均匀性、厚度、表面结构及元素的化学态有关。

校正因子 K 与 X 射线荧光光谱仪的仪器因子有关,即与 X 射线光谱仪的 X 射线管的原级 X 射线谱分布、入射角、出射角、准直器、色散元件和探测器有关。

X 射线荧光光谱定量分析的目的就是要获得准确的定量分析结果,上式中 K

是常数,可使用校正仪器漂移的监控样,制定校准曲线时在测定未知试样前测定监控样,保证 K 基本上是常数。待测元素特征 X 射线荧光强度 I_i 的获得,需要正确选择谱线和测量参数,如 X 射线管管压、管流、过滤片、准直器、色散方法和探测器等,并正确扣除背景和谱线干扰,有时还需进行时间校正。S 的校正,主要通过制样,确保标样和试样的一致。

X 射线荧光光谱定量分析是要通过测量得到强度 I_i,计算待测元素含量 C_i。I_i 和 C_i 之间的换算关系可简单表述为:真实浓度=表观浓度×校正因子。表观浓度 $W_{i,u}$ 可从未知样的净强度 $I_{i,u}$ 与标准样品的净强度 $I_{i,s}$ 及其浓度 $C_{i,s}$ 之间的关系获得

$$W_{i,u} = \left(\frac{I_{i,u}}{I_{i,s}}\right) C_{i,s} \tag{6.2}$$

方程式右边可看成:式(6.1)相对强度乘以转换因子,或式(6.2)未知样的净强度 $I_{i,u}$ 乘以灵敏度因子 $\dfrac{C_{i,s}}{I_{i,s}}$。灵敏度因子也可由净强度 $I_{i,s}$ 和浓度 $C_{i,s}$ 之间作图所得的曲线斜率求得。

基体效应是指样品的化学组成和物理-化学状态的变化对分析元素的特征 X 射线所造成的影响,大致分为元素间吸收增强效应和物理-化学效应两类。元素间吸收增强效应是可以预测的,并可通过基本参数法或影响系数法进行准确计算。物理效应主要表现在测试粉末样品时颗粒度、不均匀性及表面结构的影响,分析地质试样时,因其含有复杂的矿物成分,若全部颗粒具有相同的或可以认为是相同的化学成分时,方可认为样品是均匀的,否则是不均匀的。其实,想将矿物制成均匀样品并不那么容易。化学效应是指元素的化学状态(价态、配位和键性等)差异对谱峰位、谱形和强度的变化所产生的影响。

X 射线荧光光谱的定量分析方法通常是两种:理论计算法和实验修正法。

基本参数法和理论影响系数法已广泛应用于实际试样的分析,能满足大多数情况下的日常分析要求。基本参数法现已作为在线分析软件,其特点是:

①可用与样品相似的标准样,也可用非相似标准样(如纯金属或熔融物)作标准样品。

②只需少量的标准样即可对浓度范围变化很大的试样进行分析。

一般来说,在标准样数目大致相同的情况下,基本参数法分析未知样结果的准确性优于理论影响系数法。除基本参数法和理论影响系数法外,经验系数法也是一种理论计算方法。经验系数法和理论影响系数法的区别在于经验系数法是依据一组标准样品,根据所给出的组成参考值和测得的强度,使用线性或非线性回归的方法求得影响系数。经验系数法的适应性很大程度上受标准样品的形态、化学组成及含量范围的限制。所以,在解决实际分析过程中,要根据其特定对象选用理论的或经验的影响系数,或将两者结合起来使用。

实验修正法是以实验曲线进行定量测定为特征。通常是用标准试样的强度作为参考比照进行强度矫正如外标法、内标法。也有以散射强度和其他强度为参照进行修正的方法。实验修正法是X射线荧光光谱分析最早使用的定量分析方法,现在也广泛应用于常规分析。

实验修正方法的一个弱点是常常需要标样,而标样的获取通常是十分困难的,因此人们希望准确的无标样定量分析方法。目前无标样定量分析方法已经取得了巨大进步,但还不够完善。对于复杂样品、个别元素,无标样定量分析还不能给出满意的分析结果。

6.2.3　X射线荧光仪器分析误差的来源

X射线荧光仪的稳定性和再现性对分析测量的精度影响甚微,X射线光谱分析仪的好坏常常是以X射线强度测量的理论统计误差来表示的。被分析样品的制备技术至关重要,在样品制备方面所花的工夫将会反映在分析结果的质量上。X射线荧光仪器分析误差的来源主要有以下几个方面:

(1)采样误差。非均质材料;样品的代表性。

(2)样品的制备。制备技术的稳定性;产生均匀样品的技术。

(3)不适当的标样。待测样品是否在标样的组成范围内;标样元素测定值的准确度;标样与样品的稳定性。

（4）仪器误差。计数的统计误差;样品的位置;灵敏度和漂移;重现性。

（5）不适当的定量数学模型。不正确的算法;元素间的干扰效应未经校正。

从样品的角度看,影响 X 射线荧光光谱强度的因素还有颗粒效应和矿物效应。

1. 颗粒效应

纯物质的荧光强度随颗粒的减小而增大,在多元素体系中,已经证明一些元素的强度与吸收和增强效应有关,这些效应可以引起某些元素的强度增加和另一些元素的强度减小。图 6.7 列举了强度与研磨时间的关系:

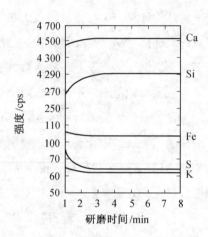

（1）粒度的减小,引起铁、硫、钾的强度减小,而使钙、硅的强度增加。

（2）随着粒度减小至某一点,强度趋于稳定。

图 6.7　强度与研磨时间的关系

（3）较低原子序数的元素的强度随粒度的减小有较大的变化。

2. 矿物效应

图 6.8 中样品为用不同矿物配成的水泥生料。标为"I"的样品是用石灰石、页岩和铁矿石配成的。标为"F"的样品含有相同的石灰石和铁矿石,但硅的来源是用砂岩代替了页岩。两组原料用同一设备处理,用同一研磨机研磨,每一个样品约有 85% 通过 200 目。图 6.8 表明这种强度-浓度上的变化首先反映了硅的来源不同,"I"的硅来自页岩,"F"的硅来自砂岩。然而两组样品的进一步研磨指出这仅仅是一个粒度效应问题。图 6.9 表明在全部样品经研磨机粉研到 325 目(44 μm)以后,两组样品的实验点均落在同一曲线上。

3. 元素间吸收-增强效应

任何材料的定量 X 射线荧光分析要求元素的测量强度与质量分数成正比,

在岩石和矿物(由两种或两种以上矿物的组合)这类复杂的基体中,由于试样内其他元素的影响,元素的强度可能不直接与其质量分数成正比。一般认为,多元素体系中这种非线性是由元素间效应引起的。元素间效应可以是增强效应或吸收效应,也可能同时包括这两种效应。

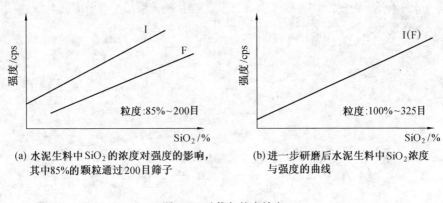

(a) 水泥生料中 SiO_2 的浓度对强度的影响,其中85%的颗粒通过200目筛子

(b) 进一步研磨后水泥生料中 SiO_2 浓度与强度的曲线

图 6.8　矿物与粒度效应

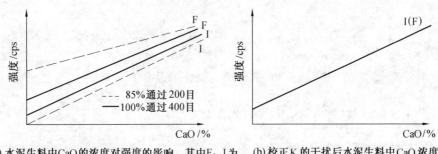

(a) 水泥生料中 CaO 的浓度对强度的影响,其中 F、I 为 85%的颗粒通过200目筛子,其中 F、I 为 100% 的颗粒通过 400 目筛子

(b) 校正 K 的干扰后水泥生料中 CaO 浓度与强度的曲线

图 6.9　粒度效应与元素间吸收–增强效应

6.3　X 射线荧光光谱分析的样品制备

任何分析技术中,样品的准备都是非常重要的一步。样品准备得适当与否将影响其分析结果数据的准确性。X 射线荧光分析也不例外,尽管各种修正可以

将仪器的误差、操作错误以及基体效应等误差进行纠正,但选择正确的样品仍然是不可替代的。

样品表面粗糙度、颗粒形状、颗粒大小、同质性、颗粒分布以及矿化程度等因素都会影响谱线的强度和元素浓度间的关系。

选择合适样品的关键是取决于是否有重复性、精确性以及需要的成本和时间。

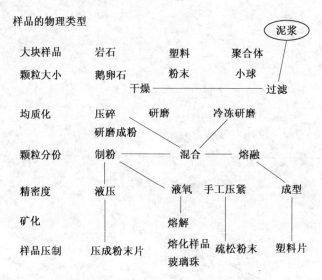

图 6.10　X 射线荧光分析样品的准备

6.3.1　固体样品的制备方法

1.块状样品

许多材料如金属、矿物、陶瓷、岩石、炉料炉渣、玻璃、橡胶塑料等常常呈大块状,从中切取样片,经过研磨和抛光后即可作为块状样品进行 X 射线荧光光谱分析。

X 射线荧光光谱分析对样品表面要求较高,表面粗糙度不能大,一般小于 $30 \sim 50\ \mu m$。所以对金属材料,表面要上磨床磨光或进行抛光处理;岩石、矿物等表面要进行研磨处理。

金属表面抛光法与金属样品种类、所测元素有关,常见金属的表面抛光法见表6.4。

表 6.4　几种典型金属样品的表面抛光法

样品类别	机械磨光	化学或电化学抛光
钢　铁	磨床或砂带磨（80 号刚玉）	60% $HClO_4$：冰醋酸 = 2：8 电解抛光
铜合金	车削（要求达到粗糙度 ≤10 μm）	1.71H_3PO_4：H_2O = 7：3 电解抛光
铝合金	车削（要求达到粗糙度 ≤10 μm）	60% $HClO_4$：95% C_2H_5OH = 2：8 电解抛光

金属样品抛光后应立即进行测量，以防止金属表面氧化或污染，对有些易氧化的特殊样品更要严格控制。如分析锌合金中的铝时，不论样品是放在真空或空气中，应严格控制加工后与开始测量之间的时间间隔。

对岩石、矿物类的样品研磨抛光常用的磨料是刚玉 Al_2O_3、金刚砂 SiC、氧化铬 Cr_2O_3、氧化镁 MgO 等。应注意研磨不同类型试样时，前一种试样研磨的磨料会给下一个试样带来污染，如可能最好固定对试样的磨料，避免试样间交叉污染。

块状样品的优点是制样方便快捷，这一优点是建立在块状样品是物质分布均匀的基础上的。如果样品均匀性差，分析的准确性和精度都会受到影响。

块状样品的缺点是：许多情况下样品均匀性差，如金属常出现多孔、偏析和非金属夹杂物；块状标样制备较困难。许多金属、矿物、玻璃等表面状态、组成等要制备得和实际样品相同难度太大，人工合成仿制困难；很多定量分析方法的应用受到限制如稀释法、内标法和增量法等。

2. 粉末样品

（1）压片法。许多天然无机材料和人工合成材料的初始状态就是粉末；另外绝大多数固体材料可以通过粉碎、研磨等方法制备成粉末。粉末样品制备 X射线荧光光谱分析试样是采用压片法。粉末压片法的制备步骤大体为：干燥和焙烧、混合、研磨和压片。

干燥的目的是除去吸附水，提高制样的精度。对无机粉末一般要在

105 ℃干燥几小时或十几小时,干燥不仅去除水分也增加一些材料如植物的脆性便于研磨。

焙烧过程可除去结晶水和碳酸根,也可改变矿物的结构,如将黏土类矿(高岭土、含石英砂陶土和膨润土)在 1 200 ℃时焙烧,均可转换为莫来石,从而克服矿物效应对分析结果的影响。应注意,若样品中存在还原性物质,在空气中焙烧会引起氧化。

研磨有手工研磨和机械研磨。样品经混合研磨可降低或消除不均匀效应,通常要把粉末研磨到 325 ~ 400 目。对于纳米级粉末,研磨可以消除或减轻团聚现象。粉末研磨时选用一种合适的研钵容器是很重要的,特别是在分析痕量元素时尤其重要。在选择用于研磨的料钵时,其材质和物理性能有较大影响,常见的几种料钵材质组成及莫氏硬度物理性能见表6.5。

一般料钵容器可能引起的污染有:玛瑙,SiO_2;不锈钢,Fe、Cr、Mn、Ni;碳化钨,W 和 Co 等。研磨可使绝大部分样品的颗粒度达到 70 μm 以下,若在研磨的样品中加少量的助磨剂,有些样品可磨至 10 μm。在研磨样品和标准样品过程中,加入助磨剂有助于提高研磨效率。应该指出,各种材质存在可研磨的最小粒度,延长研磨时间并不能使样品颗粒度减小,反而可能增加污染。

X 射线荧光强度与压制样品的压力和样品的颗粒大小有很大关系。纯物质的 X 射线荧光强度随颗粒的减小和压力的增大而增大;对多元体系而言,元素的强度与 X 射线管产生的原级 X 射线光谱、X 射线荧光的吸收和增强效应有关,而这些效应可以引起某些元素的强度增加和另一些元素的强度减小。压力的选择也视样品而异,需通过实验予以确定,对大多数活塞直径为 33 mm 的样品时,用 20 ~ 30 t 压力。

(2)熔融法。有些岩石、矿物类样品即使磨成很小的颗粒,也是不均匀的。其原因是矿物组成很复杂,如碱性辉长岩矿就由多种矿物组成:如斜长石、单斜辉石、橄榄石、钾长石、霞石、黑云母、磷灰石、钛铁矿、磁铁矿和其他次要矿物。如此复杂的矿物,只有通过熔融形成玻璃体,方能消除矿物效应和颗粒度效应。这就是粉末样品的另一种制备方法——熔融法。

表 6.5　料钵的化学组成及物理性能

材料	化学组成（质量分数）	耐磨性	密度/ $(g \cdot cm^{-3})$	莫氏硬度	对料钵有影响的化学试剂	抗压性/ $(N \cdot mm^{-1})$
玛瑙	大于 99.91% SiO_2；0.02%（Al_2O_3 和 Na_2O）；Fe, K, Ca, Mn 的氧化物各约 0.01%	耐磨性为硬质瓷的 200 倍	2.65	7	氢氟酸	抗压 11 000 断裂 21 000
氧化锆	ZnO_2/HfO_2 99.91%	耐磨性为热压烧结刚玉的 10 倍	5.7	8.5	硫酸和氢氟酸	抗压 18 500 抗拉 2 400
硬质金属碳化钨	93.5% WC；约为 6% Co；0.5% Ti；0.5% Ta；0.3% Fe	耐磨性比玛瑙大约 200 倍	14.75	8.5	硝酸和高氯酸	抗压 54 000 断裂 17 000
硬质铬钢	69.8% Fe；19.0% Cr；9.0% Ni；2.0% Mn；1.0% Si；0.15% S；0.07% C	耐磨性较好	7.9		酸	
热压烧结刚玉	99.7% Al_2O_3；0.3%（MgO, SiO_2, Fe_2O_3）	耐磨性好	4.0	9.0	浓酸	抗压 4 000 抗拉 320

　　熔融步骤首先是通过实验确定熔剂与试样的比例,这一比例应视样品和分析要求而定,常用的是 10∶1,有时也可低到 5∶1 甚至 2∶1;对难熔融的矿物来说,这一比例可提高到 25∶1,当然,这对超轻元素和痕量元素的测定是不利的。含有有机物的样品应在熔融前于 450 ℃ 以上预氧化,使有机物分解。

　　熔融法中的溶剂和添加剂常用的多为锂、钠的硼酸盐。常用溶剂包括: $LiBO_2$、$Li_2B_4O_7$、$LiBO_2$ 和 $Li_2B_4O_7$ 混合物、$Na_2B_4O_7$、$NaPO_3$、$LiPO_3$、90% $LiPO_3$+

$10\% Li_2CO_3$、$Na(K)HSO_4$、$Na_2(K)S_2O_3$。使用前应在 700 ℃下加热 2 h。在周期表中可形成玻璃的元素有硼、硅、锗、砷、锑、氧、硫和硒等,前 6 个元素可形成酸性玻璃,其他元素则形成普通玻璃。

对于硫化物、金属、碳化物、氮化物、铁合金之类的试样,必须在熔融前对试样碱性成分预氧化,氧化剂有 NH_4NO_3、$LiNO_3$、KNO_3、BaO_2、CeO_2。要根据试样性质并通过实验选择氧化剂,所加量要保证试样氧化完全,使之在熔融过程中不损坏坩埚。

矿物等试样与熔剂在高温下熔融,熔融温度随试样种类和熔剂的不同而变,其原则是保证试样完全分解,形成熔融体,通常熔融温度为 1 050 ~ 1 200 ℃。

样品熔融后关键的一步是浇铸。浇铸前,熔融体必须预先加入 NH_4I、$LiBr$、CsI 等脱模剂以利于脱模,也有助于将坩埚中熔融物全部倒入模具中。这些试剂可与熔剂一起加入,若选用 $LiBr$ 或 CsI 每次仅需加 30 mg 即可;选用 NH_4I 可多加,因为 NH_4I 在熔融时会挥发。浇铸前熔融体不允许含气泡,模具要预加热,其温度接近于 1 000 ℃左右,熔融物倒入模具后,将含熔融体的模具用压缩空气冷却其底部,使之逐渐冷却至室温。模具表面应保持平整、清洁。若玻璃片表面不平,需用砂纸磨平并抛光。如果制备标样,应保持试样与标样表面光洁度尽可能一致。用熔融法合成标准样是简单、经济又实用的方法。标准样品熔融块的配制方法为:直接用与分析样品组成相似的标准样品与熔剂熔融制成玻璃片;或用纯氧化物直接配制。

熔融法中坩埚材料的选择也很重要。在 X 射线荧光光谱分析中,坩埚及模具的材料主要是 $5\% Au \sim 95\% Pt$,其优点是熔融物黏粘在坩埚壁上的现象远比用纯 Pt 好,熔剂不会浸润坩埚壁,熔融物可方便地从坩埚中倒出和脱模。使用 $5\% Au \sim 95\% Pt$ 坩埚时,要注意在熔融过程中,某些元素(如 As、Pb、Sn、Sb、Zn、Bi 和 P、S、Si 和 C 等)可与 Pt 形成低熔点合金或共晶混合物,造成对坩埚的损害。另外,Ag、Cu、Ni 等元素也容易与 Pt 形成合金,熔融这类试样,尤其注意选择熔剂和氧化剂。此外,若用燃气喷灯熔融,坩埚外壁切忌放在还原焰上,以免 Pt 与碳形成碳化物。用炉子熔融时,坩埚不能放在 SiC 片或皿上,SiC 在高温状态下对坩埚损害很大。试样中存在硫时决不能使用含 Rh 的坩埚。

熔融法的优点是消除了待测元素的化学态效应。采用熔融法将样品溶解于适当的熔剂中,可在同相的同一基体中得到同一结构的待测元素的化合物,从而消除待测元素的化学态效应;消除了样品的粒度效应。各种不同的化合物的可研磨到的最小粒度是不一样的。所以,对于不同硬度的物质,机械研磨得不到同样粒度。但熔融后这些物质颗粒都溶解在熔剂中,从而消除粒度效应;降低或消除样品的吸收-增强效应。过量的熔剂对样品形成稀释,熔融后所有样品都接近于一个统一的组成和密度,所以样品的吸收-增强效应可以大大降低或消除;熔融物经研磨压片或浇注成片后便于分析与保存。

熔融法的缺点是:样品经高倍稀释和散射背底的增强,使得测试分析线的净强度下降,给轻元素和低含量的元素分析带来困难;熔融法制备样品费时费事;熔融法对坩埚有腐蚀,坩埚的元素也可能污染样品。

6.3.2　液体样品的制备方法

X 射线荧光光谱分析中也可以使用液态样品,尤其是不均匀不规则的金属、陶瓷等样品或某些标样难以制备的样品,采用液体样品更为简便有效。相对固体样品,液体样品是均匀的,不存在矿物和颗粒度效应,也不必考虑样品避免光洁度对测量的影响,标准溶液很容易配备,可直接放在液体样杯中予以测定。对于含量很少的微量或痕量元素,制备液体样品可以通过分离、富集的方法,将样品转移到滤纸片、Mylar 膜或聚四氟乙烯基片上进行分析。

液体样品也有缺点:不如使用原样分析来得方便,且速度慢;液体样品散射背景高,使检测限变差;有许多样品难以处理成溶液;由于液体样杯的支撑膜对低能 X 射线吸收很大,又不能在真空下测定,因此不适用于轻元素如 Na、Mg 的测定;液体在辐射时受热可能使元素间产生化学反应或产生气泡而使 X 射线强度产生变化;液体样杯所用支撑膜可能因强碱或酸腐蚀而产生泄漏,使仪器受到污染。

6.3.3 制备微量和痕量元素分析的样品

对微量和痕量元素进行分析,首先要对待测元素进行浓缩,也称之为富集。富集技术有物理浓缩法和化学方法,可根据需要和实验条件选择适当的方法。只要能满足下列要求:待测元素能定量回收;富集因子能满足分析要求;力求用一种富集方法富集多种痕量元素;避免在富集时引进污染。

1. 物理富集技术

生物组织试样常用的干燥方法是冷冻干燥法,让生物样品在冷冻状态下,用真空泵将水抽干。其优点是样品在处理过程中不会被污染,待测元素不因挥发而损失,但设备较昂贵且费时。也可将生物试样放在氧等离子体低温干燥箱中灰化,低温等离子体是气体在低压下与高频电场的作用下产生的,在这种情况下,由于分子或原子间的间距大,加大了电子自由移动的空间,使电子在电场下容易加速而获得高能。高速电子和通入的氧分子碰撞后,使外层电子电离,电离出的电子又被电场加速,产生连锁反应,反应使氧分子转化为含有氧化性极高的氧原子和正氧离子。

有机物在与氧原子作用时发生一系列反应而使分子断裂分解。易挥发的低分子化合物以气体形式放出,这类分解可在 25~30 ℃低温下进行,灰化过程平衡,无碳化过程,样品成为无色灰份。这种灰化法可使样品中 Se、As、Sb、Cd、P 等易挥发性元素定量回收。对于水这类液体样品,将试液放在加盖的容器中,用红外辐射或其他温和的加热方法,使水分蒸发,然后将残渣与某种选定基体如纤维素混合制成样片,该方法的缺点是可能会造成污染。

滤纸片、Mylar 膜、聚四氟乙烯为基片的制备方法。将液体样品或以其他方式获得的液体试样滴在一定面积的滤纸片(或 Mylar 膜,聚四氟乙烯基片)上,然后在红外辐射下烘干,即可用于测定。这一方法的优点是不存在基体效应,很少的液体如零点几毫升即可用于测试,因此可与蒸发、化学富集方法结合起来使用,富集效果十分显著。

滤纸片在捕集样品过程中,层析效应是影响样片均匀性的重要因素。当溶液滴在滤纸中心上,后一滴溶液会溶解前一滴溶液,向边缘扩散,为防止这种无限制扩散,常在滤纸边上加一圈高纯石蜡。

2. 化学富集

化学富集法有沉淀-共沉淀法、电沉积法、离子交换、液-液萃取法、螯合-固定法和色层法等。XRF 分析中常用的方法如下:

(1)螯合物沉淀法(DDTC 法)。其原理是使溶液中的各金属阳离子与螯合物 DDTC 试剂反应后沉淀过滤。

(2)沉淀法。其原理是加入适合于溶液中各元素的沉淀剂和共沉淀剂使之反应,然后进行沉淀分离。

(3)溶剂萃取法。其原理是使溶液中各金属离子与有机试剂反应,将有机溶剂层萃取分离出来。

(4)离子交换法。其原理是用离子交换树脂,离子交换纸等富集溶液中各元素离子(阳离子交换树脂)。

螯合物沉淀剂常用的有 DDTC(铜试剂)、PAN(1-(2-吡啶偶氮)-2-苯酚)、8-羟基喹啉,其特点是均可与近 20 种元素产生螯合物沉淀。而离子交换制备技术可分为:

①分批法。将离子交换树脂浸在溶液中,静置或搅动,达到交换平衡后,滤出、干燥、压片,进行测量。

②过滤法。将离子交换滤膜或滤纸置于过滤器内,反复过滤样品溶液,直至定量回收了分析元素后,将滤膜取出干燥,直接用于测定。

③分离柱法。将粒状离子交换树脂填充在一定容积的玻璃管内,让溶液以一定的速度通过树脂,使待测离子吸附于树脂上,取出树脂,烘干,加入黏结剂压制成片,供测定。

用离子交换法分析海水、污水等有很多优点,首先可获得较高的富集倍数;其次,现场采样技术简易可行;再者,由于树脂的 95% 以上是有机物,轻基体对重元素吸收小,相对于其他方法来说,引入的误差较小。

6.4 X射线荧光光谱的应用领域

过去的20年间,X射线探测器的开发已经使得X射线荧光光谱分析法作为一强有力的技术而应用在许多不同的领域,包括:

(1)生态和环境管理。主要是测量土壤、沉淀物、水和气体中悬浮颗粒中的重金属,空气质量,水的质量等。

(2)地质及矿物学。土壤、矿物、岩石等的定量和定性分析。

(3)冶金及化工工业。原材料、生产过程和成品的质量控制;电镀及电镀槽。

(4)涂料、涂层和薄膜。涂料中铅基的分析;涂层的重量和组成;纸张、塑料、硅、照相软片、金属涂层和屏蔽涂层;合金、玻璃与塑料的材料分选。

(5)刑侦法医。玻璃、颜料、金属、爆炸物、粪便及卫生纸等的分析。

(6)珠宝首饰。测量贵金属的浓度。

(7)燃料工业。监测燃料中污染物的含量。

(8)食品工业。分析食品中的有害金属,维生素含量等。

(9)农业。土壤和农产品的痕量金属的分析。

(10)美术科学。颜料、雕刻品等的研究。

(11)美术工艺品和古董。真假、色素、贵重金属、遮光剂等的分析。

(12)石化工业。油及蒸馏物、催化剂、毒品及添加剂分析。

(13)塑料、聚合体和橡胶中的添加剂、催化剂和色素分析。

(14)其他。化妆品、矿渣、陶瓷、医药品、纺织品、劳保用品、化肥、岩石、沙子、水泥、耐热材料、木料处理、航空航天工业等的分析。

下面介绍X射线荧光光谱仪的具体应用实例。

1.化妆品和食品中的应用

因为在化妆品中有添加剂,如矿物和金属,或者含有重元素有机物,这些可以通过X射线荧光光谱仪进行测量。以下是几个众所周知的应用实例。

（1）防晒油中的钛和锌。几乎所有的防晒油都使用二氧化钛,因为它能阻止 UV 射线,其浓度较高,容易通过 X 射线荧光光谱仪测出来;锌在防晒油中的作用是作 UV 遮光剂。

（2）化妆粉底中的铁、钛和锌。接近肤色的粉底通常含二价氧化铁、三价氧化铁、用于增白的二氧化钛和(或)氧化锌。这些氧化物所占的比例大小决定是否能遮盖瑕疵,X 射线荧光光谱仪用作测量铁和其他所有主要成分。

（3）化妆品中的有毒金属。化妆品的分析中通常要分析其有毒成分以确保使用安全,多数灵敏度高的 WDXRF 和 EDXRF 分析仪可以测量化妆品中的有毒金属,如铅、镉、水银和砷。

（4）化妆品中的金属染色。一些用在眼影化妆和亮甲的亮色化妆品中含有金属性染色,这些也可以通过 X 射线荧光光谱仪来测量。

2. X 射线荧光光谱仪在食品市场中的应用

通过测量盐分的含量控制口味,为了增加营养成分而添加大量的矿物和金属,那么要通过 XRF 分析看是否符合食品和药品管理条例。

（1）快餐食品中的氯。氯用于控制口味或符合快餐食品的低盐要求,如薯条、加工过的肉类和奶酪,其盐分就是通过 X 射线荧光光谱仪来分析的。

（2）面粉、大米和其他谷物中的铁。谷物和加工过的面粉加强了铁的成分,X 射线荧光光谱仪就是用来检测铁的含量的。

（3）橘子汁、奶酪和其他食品中的钙。为了防止骨质酥松症,橘子汁和其他许多食品中都添加了钙成分作为钙的附加来源。

（4）钛和饼干及蛋糕。二氧化钛在制作饼干和蛋糕中的作用是使其看起来更白更亮,其浓度相当高,X 射线荧光光谱仪很容易测到。

（5）奶粉中的铁。作为营养补充,奶粉中添加了铁,也是用 X 射线荧光光谱仪进行分析的。

（6）宠物食品和动物饲养中的 Na、Mg、P、Cl、K、Ca、Mn、Fe 和 Zn。通过用 X 射线荧光光谱仪进行常规监测以控制宠物食品和动物饲料中的营养成分。

（7）生面团中的铝和磷。生面团中除了铁之外,铝和磷的成分较多,也是通过 X 射线荧光光谱仪来测量的。

(8)面粉中的粉尘。面粉烧制时残留的粉尘主要由 Na、Mg、K 和钙的氧化物组成,这些粉尘的所占比例对面粉作成食品的味道和口感都有影响,因此需要常规分析,X 射线荧光光谱仪就是进行这项分析的极好仪器。

参考文献

[1] 谢忠信. X 射线光谱分析[M]. 北京:科学出版社,1982.

[2] 尤金 P 伯廷. X 射线光谱分析导论[M]. 高新华,译. 北京:地质出版社,1981.

[3] 祁景玉. 现代分析测试技术[M]. 上海:同济大学出版社,2006.

[4] 吉昂. X 射线荧光光谱分析[M]. 北京:科学出版社,2003.

[5] FAULQUES ERIC, PERRY DELE L, YEREMENKO ANDRIEI V. Spectroscopy of Emerging Materials Dordrecht[M]. Boston:Kluwer Academic Publishers, 2004.

[6] HOLLAS J MICHAEL. Modern Spectroscopy Chichester[M]. New York:John Wiley & Sons, 2004.

[7] VANDECASTEELE CARLO, BLOCK C B. Modern Methods for Trace Element Determination Chichester[M]. New York:John Wiley & Sons, 1997.

第7章 等离子体发射光谱

根据原子的特征发射光谱的波长及强度来研究物质的元素组成和测定其含量的方法称为原子发射光谱分析。发射光谱通常用化学火焰、电火花、电弧、激光和等离子体光源而获得。利用待测物质的气态原子或离子在电感耦合等离子体光源中被激发所发射的特征谱线的波长及其强度来测定物质元素组成和含量的一种分析方法,称为等离子体发射光谱(Inductively Coupled Plasma,ICP)。

7.1 引　　言

7.1.1 等离子体

等离子体一般指有相当电离程度(大于 0.1%)的气体,它由离子、电子及未电离的中性粒子所组成,其正负电荷密度几乎相等,从整体看呈现电中性。与一般气体不同,等离子体能导电(如气体有 0.1% 的成分电离,该气体就具有可观的导电率),当电流通过它时能产生热,可以达到很高的温度。通过等离子体的电流可以由电极传导进去,也可由交变电磁场感应产生,和金属导体在电磁场作用下的情况相似。当用电极传导电流时,产生的等离子体称为电弧等离子体,交流电弧、直流电弧、点焊电弧、电弧炉都是属于这种情况。当通过等离子体的电流是由高频交变电场感应产生时,称为高频(产生)等离子体,高频电炉和高频电感耦合等离子体焰炬就是这种情况。像电弧中的高温部分,太阳和其他恒星表面的电离层等,从广义上来说都是等离子体。但光谱分析常说的等离子体是指电离度较高的气体,而普通的化学火焰电离度很低,一般不称为等离子体。

等离子体按其温度可分为高温等离子体和低温等离子体两大类。当温度达到$10^6 \sim 10^8$ K时,气体中所有分子和原子完全离解和电离,称为高温等离子体。当温度低于10^5 K时气体仅部分电离,称为低温等离子体。光谱分析光源的ICP放电所产生的等离子体属于低温等离子体,其最高温度不超过10^4 K,电离度约为0.1%。

在实际应用时又把低温等离子体分为热等离子体和冷等离子体。当气体在大气压力下放电,粒子(原子和分子)密度较大,电子的自由行程较短,电子和重粒子之间频繁碰撞,电子从电场获得的动能较快地传递给重粒子。这种情况下各种粒子(电子、正离子、原子和分子)的热运动动能趋于相近,整个体系接近和达到热力学平衡状态,气体温度和电子温度比较接近和相等,这种等离子体称为热等离子体。ICP放电属于热等离子体。应当指出,并不是在大气压力下放电的等离子体都处于热力学平衡状态和局部热力学平衡状态。如果放电在低气压下进行,电子密度较低,则电子和重粒子碰撞机会少,电子从电场得到的动能不易与重粒子交换,它们之间的动能相差较大,放电重离子体温度远低于电子温度。这样的等离子体非热力学平衡状态和非局部热力学平衡状态叫作冷等离子体。光谱分析光源的辉光放电和空心阴极灯等,都属于冷等离子体。

7.1.2 等离子体发射光谱分析

在进行等离子体发射光谱分析时,必须通过下列过程:

(1)样品蒸发并被激发产生辐射。首先将样品引入等离子体激发光源中,以获足够的能量,经蒸发原子化后,再激发气态原子使之产生特征辐射。

(2)色散分光形成光谱。经激发产生的特征辐射包括各种波长的复合光,须通过分光系统色散成按波长顺序排列成光谱,便于观察和测量。

(3)根据光谱进行定性定量分析。通过检测器测量待测物质特征谱线的波长和强度进行定性和定量分析。

7.1.3　等离子体发射光谱的特点

等离子体发射光谱法具有许多优点:能同时检测多种元素并且分析速度快;选择性好;灵敏度高,检出限低,包括易形成难熔氧化物的元素在内,检出限可达每毫升亚微克级;基体效应较低,易建立分析方法;标准曲线具有较宽的线性范围;具有良好的精密度和重现性;准确度较高且样品用量少,可用于 70 多种元素的分析。因此,在地质、冶金、机械、环境、材料、能源、生命及医学领域得到广泛应用,是现代仪器分析的重要方法之一。

7.2　ICP 光源物理化学特性

等离子体激发源是 20 世纪 60 年代出现的激发源,这类激发源具有类似火焰的外形,实质上是一个放电过程而不是一个燃烧过程。高频电感耦合等离子体激发源具有和火焰一样或比火焰更好地在空间和时间上的稳定性,而温度却比火焰高得多。这样的高温不仅能使分子解离,而且大大增加了激发态原子的数目,使发射光谱强度增大。与经典的电弧、火花相比较,高频电感耦合等离子体光源的稳定性更好。因此这种激发源是一种检出限好、精密度高、基体效应小的激发源。又因其自吸和自蚀效应小,还具有校正曲线线性范围宽(4~6 个数量级)的特点,并能快速地对多元素同时测定。

用于光谱分析的等离子体激发源有以下几种类型:直流等离子体喷焰(简称 DCP)、微波等离子体焰炬(简称 MIP)和电感耦合高频等离子体焰炬(简称 ICP)。ICP 和 DCP 具有较大的体积(约等于几个立方厘米),功率为 0.5~2.5 kW;MIP 是小体积的激发源(一般小于 0.1 cm^3),功率只有数百瓦,允许的进样量小(一般仅微克级)。这些光源都有自身的特点和局限性,在近代光谱分析中都有广泛的用途。这三种等离子体光源比较起来,三电极的 DCP 喷焰检出能力略次于 ICP,精密度也较好,而且已配用于中阶梯光栅的商品光电直读光谱仪。微波等离子体焰炬的化学干扰、电离干扰和基体影响都较严重、检测能力和精密度也较差。ICP 基体效应小、检出能力强、精密度好,所以比前两者研究和应用得更为广泛。

7.2.1　电感耦合等离子体的形成

1. ICP 的形成条件及过程

电感耦合射频等离子体(ICP)及电容耦合射频等离子体都是利用高频感应电流产生的类似火焰的激发光源,其主体是一个直径为 25 cm 的石英管,放在一个连接于高频发生器的线圈里,如图 7.1 所示。

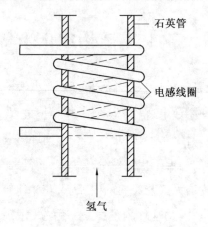

图 7.1　电感耦合等离子体的感应线圈

ICP 的形成就是工作气体的电离过程,要形成稳定的 ICP 焰炬需要四个条件:高频高强度的电磁场、工作气体、维持气体稳定放电的石英炬管及电子离子源。具体装置如图 7.2 所示。

炬管是由直径为 20 mm 的三重同心石英管构成的。石英外管和中心管之间通入 10 ~ 20 L/min 的氩气,其作用是作为工作气体形成等离子体并冷却石英炬管,称为等离子体气或冷却气;中间管通入 0.5 ~ 1.5 L/min 氩气,称为辅助气,用以辅助等离子体的形成。中心管用于导入试样气溶胶,石英炬管外套有高频感应圈,感应圈一般为 2 ~ 4 圈空心铜管。

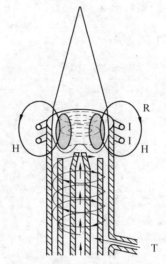

图 7.2 等离子体形成装置

R—高频感应圈;T—切向输入的氩气流;

I—高频电流;H—高频磁场

形成 ICP 焰炬通称为点火。点火分三步:一是向外管及中管通入等离子体气和辅助气,此时中心管不通气体,在炬管中建立氩气气氛;二是向感应圈接入高频电源;三是用电子枪和其他方法使工作气体电离。

当电源接通、高频电源通过线圈时,在石英管内产生交变磁场,它的磁力线沿轴向方向,如图 7.3 所示。如在石英管内插入一根铜棒,则铜棒内产生感应电流,可以把铜棒加热到很高温度。如用氩气代替铜棒,因氩气是非导体,电源接通后,石英管内没有反应,不能产生感应电流,若用一高压火花使管内气体电离,产生少量离子和电子,则电子和离子因受管内轴向磁场的作用,在管内水平闭合回路中高速运动,形成涡流。这种涡流类似于在短路的变压器次级线圈中的电流,这种感应线圈相当于变压器的初级线圈。因石英管内的磁场方向和强度都是随时间变化的,所以电子在每半周被加速。被加速的电子(或离子)遇到阻力(电阻)产生焦耳热,使更多的气体电离,形成高温的等离子体。这时即可看到管内形成一个高温火球,用气体将高温火球吹出管口,即形成等离子体焰炬。把等离子体沿径向聚集在石英管的中心,并使外管的内壁冷却,等离子体焰炬即被稳定在同心管装置的出口端。

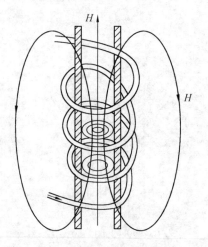

图7.3　感应线圈产生的磁场及涡流

2. 工作气体

氩在空气中的体积分数仅为 0.93%。ICP 光源所用的氩气纯度需要 99.99% 以上,价格较高。而 ICP 光谱仪均用氩气作为工作气体,未采用廉价的分子气体如氮气和空气等,其原因有两个:一是氩 ICP 光源具有良好的分析性能、灵敏度高且光谱背景较低;二是用氩作等离子体易于形成稳定的 ICP,所需的高频功率也较低。

采用分子气体在较高功率下也能形成等离子体,但点火困难,很难在低功率下形成较稳定的等离子体焰炬,所形成的等离子体激发温度也较氩等离子体低。其原因是分子形成离子的过程分两步,第一步是分子受热理解为原子,然后才能进行电离反应。

7.2.2　ICP 的物理特性

1. ICP 的环形结构及趋肤效应

ICP 光源的分析性能与其环形结构和高频感应电流的趋肤效应有关。从点燃着的 ICP 光源可以看到,感应圈(负载线圈)中的等离子体呈耀眼的白炽状态,就是涡流区所在的位置。高频感应电流基于磁力线相互作用而使电流在导体中分布是不均匀的,绝大部分电流流经导体的外圈,这称趋肤效应。在 ICP 中也是这样,其趋肤深度是与电流频率的平方根成反比。所谓趋肤深度就是电流值下降至其表面最大电流值的 1/e(0.368)时距表面层的距离,如图 7.4 所示。趋肤层深度 S 的计算公式为

$$S = \frac{1}{\sqrt{\pi f \mu \sigma}} \tag{7.1}$$

式中　f——高频电源的频率,Hz;

　　　μ——磁导率,对于气体 $\mu = 1$,H/cm;

　　　σ——气体的电导率,是气体压力和温度的函数,S/cm。

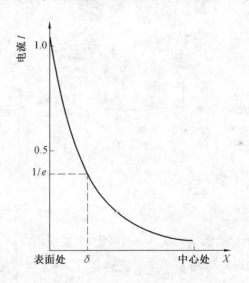

图 7.4　高频电流趋肤曲线

ICP 光源中涡流的趋肤效应对于光源的分析性能极为重要。

(1)等离子体焰炬的形状与所用频率有关。如果等离子体是在高频(如 27.12 MHz)的条件下产生,则由于高频电流的趋肤效应,使涡流趋向于集中在等离子体的外表面,形成一个稳定的环状结构,随着距离向中心移动,电流密度

按指数曲线下降(图7.4),由此形成一个如图7.5(b)所示形状的焰炬,其横截面是中空的环状。配合适当的载气流速,可使试样进入等离子体的中心通道,被通道周围的高温等离子体加热,能更好地被蒸发和激发,并且不会因试样的引入而破坏等离子体的稳定性,所以这种光源稳定性好,检出限低。如果高频电流偏低(约7 MHz)和石英炬管直径过细,则等离子体无法形成中心进样通道,试样气溶胶只能从等离子体炬焰的外表层流过,如图7.5(a)所示,称为泪滴形等离子体,试样接近等离子体时,有环绕外表面的趋势,对分析不利,稳定性较差。

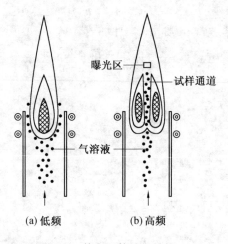

图7.5 等离子体焰炬结构

(2)由中心通道进样的等离子体光源,试样气溶胶处于 ICP 的高温区域,有利于试样的原子化和谱线激发,可获得较高的谱线强度。

(3)试样气溶胶从等离子体中心通道穿过,不会很快地逸散到等离子体外,在等离子体中有较长的停留时间,同时不会在等离子体外形成试样原子的冷蒸气层,这样降低了光源的自吸收,增加标准曲线的线性范围。

(4)中心通道进样类似间接加热方式。ICP 焰炬像一个圆形的管式电炉,中心是受热区和被加热物,周围是加热区。这种加热方式使得加热区组分的变化对受热区的试样影响很小,降低了光源的基体效应。

2. ICP 温度的不均匀分布及其分区

ICP 是感应圈内的涡流加热气体形成的等离子体焰炬,因而涡流区(又称热环区)有很高的温度,等离子体焰炬由下而上温度逐渐降低,典型的温度分布如图 7.6 所示。其高温区温度高达 10 000 K,而焰尾温度则在 5 000 K 以下。

ICP 焰炬温度分布不均匀有助于分析条件的选择和优化,可以根据分析元素及分析线的性质选择适宜的分析区,以获得最佳的测试结果。通常把 ICP 焰炬分成三个区:感应区、标准分析区及焰尾区,如图 7.7 所示。

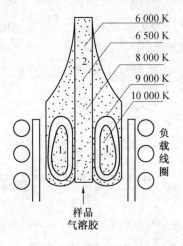

图 7.6　ICP 光源等离子体及其温度分布

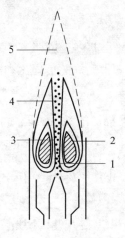

图 7.7　ICP 分区名称图

1—预热区(PHZ);2—感应区;3—初辐射区(IRZ);4—标准分析区(NAZ);5—尾焰区

感应区位于负载线圈中心,高频功率主要通过该区而耦合到等离子体中,是分析物蒸发、激发所需能量的供给区,而且是 300 ~ 500 nm 波段连续背景的强发射区域,故不宜作为观测区。

标准分析区位于感应区上方,长约 70 ~ 80 mm,该区是分析物光谱辐射的主要区域。在该区,大多数元素发射的原子线或离子线很强,信背比最大。

尾焰区位于标准分析区的上方,长约几十毫米,当工作气体为纯氩气时,该区不明显,这是因为发射出来的很强的氩线不在可见光区域。但当喷入某些盐类如锂盐时,尾焰区则呈现出锂的特征红色。由于尾焰区环状结构已消失,故背景最小,可忽略不计。

等离子体焰炬的各区温度不同,其功能也不同。ICP 中心通道的预热区温度较低,试液气溶胶在此区内首先脱水(去溶剂)形成干气溶胶颗粒。干气溶胶向上移动进入高温区,分析物开始分解和原子化,激发发光。此区由于温度较高,发射很强的光谱背景,分析线的信背比不佳,不易进行取光测定。分析物在中心通道继续向上移动进入正常分析区(又称标准分析区),此区具有适宜的激发温度及较充分的原子化,背景发射光强度又较低,取此区的发射光谱进行测定可获得良好的信背比和测定灵敏度。一般情况下多用此区进行光谱分析。

3. ICP 光源的激发机理

实验表明,在分析用的 ICP 光源中没有统一的温度,ICP 的电子温度 T_e,气体温度 T_g,电离温度 T_{ion} 及激发温度 T_{exc} 均不同,且普遍存在以下关系

$$T_e > T_{ion} > T_{exc} > T_g \tag{7.2}$$

在 Ar-ICP 的观测区(线圈以上 15 ~ 25 mm)的观测结果,导致人们推测它是非局部热平衡放电区。而实验表明 ICP 光源中离子谱线强度很高,永远高于按局部热力学平衡状态下的计算值。

在 ICP 中高激发能谱线与低激发能谱线的强度比,特别是离子线与原子线的强度比超过按热平衡的计算值。在热平衡光源中,测量电子浓度的公式为

$$\left(\frac{I^+}{I}\right)_{LTE} = 4.83 \times 10^{15} \frac{1}{n_e} T^{3/2} \tag{7.3}$$

$$\frac{(gA\nu)^+}{(gA\nu)} 10^{-5\,040(V_i + E^+ - E)/T} \tag{7.4}$$

将 $T = 5\,850$ K(由 ZnI 328.2 nm 测得)和 $n_e = 10^{16}$ cm^{-3}(由塔斯克变宽测得)代入式(7.4)。可得到 I^+/I 的计算值。表 7.1 是这些计算值和实际测量值的比较。

表 7.1　离子线和原子线强度比

元素	谱线（波长/nm）		强度比(I^+/I)		实测值/热平衡计算值	电离能/eV	离子线激发能/eV
	离子线	原子线	实测值	计算值(LTE)			
Ba	455.4	553.5	5.6×10^2	1.5	3.8×10^2	5.21	2.72
La	408.7	521.2	3.8×10^2	1.6	2.4×10^2	5.61	3.03
V	309.3	437.9	1.1×10	1.7×10^{-1}	6.5×10	6.74	4.40
Mn	257.6	403.1	1.3×10	2.4×10^{-1}	5.5×10	7.44	4.80
Mg	279.5	285.2	1.1×10	3.5×10^{-2}	3.1×10^2	7.65	4.43
Pd	248.9	361.0	2.7×10^{-1}	1.4×10^{-4}	1.9×10^3	8.33	
Cd	226.5	228.8	8.7×10^{-1}	2.9×10^{-2}	3.0×10	8.99	5.97
Be	313.1	234.9	9.4×10^{-1}	3.2×10^{-3}	3.2×10^2	9.32	3.96

从表 7.1 中数据看出：

（1）多数元素离子线强度普遍比原子线强度大 10 倍至数百倍，且实测值比理论计算值对于同一元素的激发能不同的谱线，同样可以得到激发能高的谱线强度的实验值比计算值大 10 倍至数百倍。这些事实说明，在 ICP 中离子的激发态和一些高能级激发态的粒子数要高于按波耳兹曼方程计算的粒子数。因为波耳兹曼分布是由波耳兹曼温度，即激发温度 T_{exc} 决定的，因此上述实验说明在 ICP 中没有一个统一的激发温度，而且电离也不服从电离平衡方程。

（2）实际测得的电子浓度为 $n_c=3.0\times10^{15}\sim1.20\times10^{16}\ cm^{-3}$，比按电离平衡的计算值（用 Ar 的激发温度代入）$10^{12}\sim10^{15}\ cm^{-3}$ 高，说明 $T_{ion}>T_{exc}$。热平衡的标志是 $T=T_R=T_{ion}=T_{exc}$，而上述实验结果说明 ICP 中不存在一个统一的温度，或者说粒子在各能级的分布不服从玻耳兹曼分布，电离过程不服从电离平衡，因此偏离了局部热平衡（LTE）。

这些现象吸引研究者去探讨 ICP 光源的电离机理并提出几种模型,简要介绍其中几个模型及其要点。

(1)Penning 电离反应模型。Penning 研究稀有气体放电时,发现 Ar I 有两个亚稳态,如图 7.8 所示。

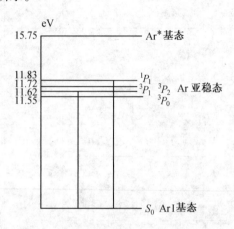

图 7.8　Ar 的部分能级示意图

其激发电位分别为 11.55 eV 和 11.72 eV。亚稳态是不能自发地发出辐射而返回基态或低能态的激发态能级,但它可以通过与其他粒子发生碰撞,把能量转移给其他粒子,使其他粒子激发或电离。即处于亚稳态的 Ar 原子(通常以 Ar^m 表示)以其高的激发能使分析物原子电离及激发

$$M+Ar^m \rightarrow M^+ + Ar + e^- \tag{7.5}$$

$$M+Ar^m \rightarrow M^{+*} + Ar + e^- \tag{7.6}$$

其中,M^+ 和 M^{+*} 表示待测元素的离子及离子的激发态;e^- 代表电子。这就可以解释一些元素的离子线增强的原因。

这种与激发态粒子碰撞而引起的电离称为潘宁(Penning)电离。Penning 电离是一种能量交换过程,碰撞粒子的能量($E_M^{电离}+E_{M^*}^{激发}$ 和 $E_{Ar}^{激发}$)越接近,能量传递越有效。因此,那些电离能加激发能与此相近的谱线,激发几率可能较大,它们的分布效应较显著。

（2）电荷转移反应模型。电荷转移反应模型认为，在 Ar–ICP 光源中，电离和激发反应起主要作用的是 Ar^+，其电离电位是 15.76 eV，具有足够的能量使待测物原子电离并激发，其反应为

$$Ar^+ + M \rightarrow Ar + M^+ + \Delta E \tag{7.7}$$

$$Ar^+ + M \rightarrow Ar + M^{+*} \tag{7.8}$$

即 Ar^+ 把能量转移给待测物原子 M，使其电离或激发。可以看出，分析物原子 M 的电离电位或电离电位和激发电位之和应接近 Ar 的电离电位 15.76 eV。

（3）复合等离子体模型。ICP 光源的涡流区具有环形结构，即高频感应产生的涡流区呈环路，具有很高的温度和电子密度，而中心通道温度较低，电子和离子从环形高温区流向中心通道的低温区。而在 ICP 的正常分析区位置，电子密度相对于该区的温度偏高，则发生离子和电子的复合反应，这一区称为复合等离子体区。在这一区域由于复合反应，使处于 14 ~ 15 eV 高能的中性 Ar 原子过剩，因而激发态的 Ar^* 原子就比 Ar^m 具有更高的能量，可以使分析物原子激发和电离，发出较强的离子线

$$Ar^* + M \rightarrow Ar + M^{+*} + e^- \tag{7.9}$$

$$M^{+*} \rightarrow M^+ + h\nu（离子谱线） \tag{7.10}$$

然后 M^+ 再进行复合反应发射原子线

$$M^+ + e^- + e^- \rightarrow M^* + e^- \tag{7.11}$$

$$M^* \rightarrow M + h\nu（原子线） \tag{7.12}$$

式中　M^*、M^{+*}——分析物原子和离子的激发态；

　　　　Ar 和 Ar^*——基态和激发态的氩原子；

　　　　h——普朗克常数；

　　　　ν——发射的原子线或离子线的频率。

因此，ICP 放电偏离平衡的原因可能是靠与电子碰撞所建立起来的激发平衡，由于第二类碰撞被破坏，使高能级特别是离子的激发态粒子数高于波耳兹曼分布。

至于 ICP 放电中电子浓度(10^{16} cm^{-3})比电弧放电(10^{14} cm^{-3})高得多的实验现象,有的学者解释为,亚稳态氩(Ar^m)是一种易电离离子 $Ar^m + e \rightarrow Ar^+ + 2e$,它的电离能 $E_i = 15.75 - 11.55$ eV $= 4.20$ eV,这比易电离元素钾的电离能还要低,因此,ICP 中电子浓度很高,可以起到电离缓冲剂的作用。

4.ICP 光源的分析特性

评价 ICP 光源的分析特性可从其检出限、精密度、准确度、线性分析范围以及多元素测定能力等方面进行。

(1)检出限低。由于 ICP 光源温度比火焰高得多,高于或等于电弧光源,又因为样品在中央通道受热而原子化,原子在等离子体中停留时间较长,原子化完全且易被激发,谱线强度大;同时由于在惰性气氛中激发,光谱背景低且波动小,所以其检出限低,一般为 10 ~ 100 ng /mL。低于 X 射线荧光法的检出限,高于石墨炉原子吸收的检出限,相当于或略低于火焰原子吸收的检出限。

(2)精密度高。由于 ICP 光源的稳定性好,相对标准偏差一般低于 10%,优于经典电弧和火花光谱法。

(3)准确度好。ICP 光源的激发温度和原子化温度较高,基体效应小,可获得低干扰水平和高准确度的分析结果。

(4)线性分析范围宽。由于 ICP 焰炬呈环状结构,样品集中在中央通道,而外围温度高,不存在低温吸收层,因此自吸和自蚀效应小,致使分析校正曲线的线性范围宽(可达 4 ~ 6 个数量级)。

(5)同时或顺序式测定多元素能力强。同时测定多元素能力是发射光谱法的共同特点。但由于经典光谱法中样品组成影响严重,欲对多元素进行同时测定,标准试样的匹配、内标元素和光谱添加剂的选择都遇到困难,同时由于分馏效应和预燃效应造成谱线强度–时间分布曲线的变化,无法进行顺序式多元素测定。而 ICP 光谱法,则由于具有低干扰和时间分布的高度稳定性,以及宽的线性分析范围,因而能方便地进行同时或顺序式多元素测定。

7.3 ICP 光谱仪

等离子体发射光谱法所用的仪器主要由 ICP 发生器和光谱仪两大部分组成。ICP 发生器包括高频电源、进样装置及等离子体炬管。光谱仪包括分光器及相关的电子数据系统。ICP 光谱仪的组成如图 7.9 所示。

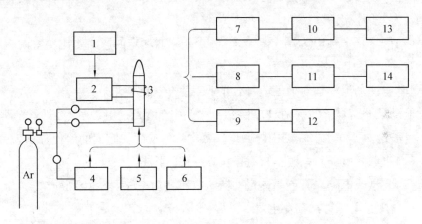

图 7.9　ICP 光谱仪的组成

1—高频电源;2—耦合器;3—炬管;4—样品溶液;5—粉末样品;6—固体样品;

7—多色仪;8—单色仪;9—摄谱仪;10、11—积分;12—测光;13、14—计算

7.3.1　高频发生器

高频发生器又称高频电源或等离子体电源。在 ICP 光谱分析技术发展初期,多采用高频电热设备或塑料热合机改装成等离子体电源。改装后的电源频率和功率也不同,性能差别很大。经多年的实践和研究,已明确并统一了对高频发生器的要求。

(1)高频功率应高于 1.4 kW。这里所说的高频功率是指输出到等离子体的功率,常称正向功率。欲获得好的分析性能,高频发生器的功率应当高于 800 W。当分析水溶液样品时,通常采用 800 ~ 1 200 W 的正向功率。分析有机溶剂时高频应增加至 1 350 ~ 1 500 W。

（2）高频发生器的振荡频率应为 27.120 MHz 或 40.68 MHz。这是由分析性能和电波管理制度两者决定的。如果采用更低的频率维持稳定的 ICP 放电必须有更高的功率，这不仅消耗更多的电能，还要耗用更多的冷却气，此外，低频电源的趋肤效应弱，不易形成等离子体中心进样通道。

（3）功率波动不应超过 0.1%。在 ICP 光谱分析中，高频功率显著影响分析线强度和背景光谱强度，是应考虑的主要分析条件之一。功率波动最终将增加测量误差即检出限。

（4）频率稳定性应达到或优于 0.1%。频率对测定的影响要比功率的影响小，但也应有一定要求，以免干扰无线电通信。

（5）电磁场泄漏辐射强度应符合工业卫生防护的要求。

能满足上述要求的有两种电路：自激等离子体光谱电源和它激式光谱电源。目前这两类发生器在国内外商用仪器中均有应用。它们的流程分别为：

（1）自激式电路。电源→自激振荡器→ICP 形成。

（2）它激式电路。石英晶体振荡器→电压及功率放大→ICP 形成。

1.自激式电子管高频发生器

这种发生器通常由整流电源、电子管和 LC 振荡回路三部分组成。图 7.10 为振荡电路示意图。发生器的工作频率由 LC 振荡回路确定，振荡的角频率为

$$\omega^2 = (2\pi f)^2 = \frac{1}{LC} - \frac{R^2}{L^2} \tag{7.13}$$

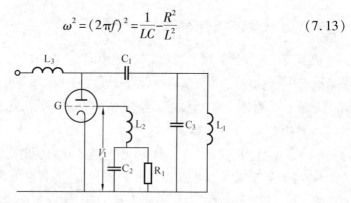

图 7.10　振荡电路示意图

这里的 L 是负载电感线圈 L_1 与回路漏感之和，C 为振荡电容，R 为回路电阻。当 R^2/L^2 项与 $1/LC$ 相比可以忽略时，振荡频率 $f = \dfrac{1}{2\pi\sqrt{LC}}$。

由于回路电阻的存在，每次振荡总要消耗能量，如果没有能量补充，振荡将发生衰减。为使 ICP 保持稳定，必须不断地合拍地给振荡电路补充能量。电子管就是完成这一功能的器件。为此，由振荡电路取一部分信号，反馈给电子管栅极，通过反馈线圈 L_2 产生有一定谐振频率的高频能量，以补充振荡回路的能量消耗。

由于自激式振荡器的振荡频率 f 取决于振荡回路的参数 L 和 C，而 L 则与工作线圈的电感量有关。因此当气溶胶进入放电等离子体时，随着线圈自感量的变化，将会导致频率的少许变化。但实际上，这对等离子体吸收功率影响很小，因此仍可得到稳定的放电。如采用反馈电路自动地进行功率补偿，则可获得稳定的功率输出。这种振荡器结构简单，稳定性好，得到广泛的应用。

2. 它激式晶体管高频发生器

它激式晶体管高频发生器又称为石英晶体振荡器，是利用石英晶体的压电效应进行工作的，将石英晶体按一定方位切成薄片，在晶体两面加以机械压力，则在晶体中沿一定方向产生电场，在晶片两面产生异性电荷，如机械压力变为张力，则晶体表面所产生的电荷极性就会反过来。反之，若将石英片置于两金属平面极板间，给极板加上交变电压，就会产生机械变形振动，同时机械变形振动又会产生交变电场，从外电路来看，相当于有一交流电通过晶片。这就是石英晶体的压电效应。

在一般情况下，机械振动的幅度和交变电流都非常小，只有在外加交变电压的频率（由 LC 振荡供给）达到晶片的固有机械谐振频率时，振动的幅度最大。这时可输出频率高度稳定的高频电流，也可以说石英晶体是在谐振器中起到选频作用的。

图 7.11 为它激式晶体管高频发生器方框图，图中 1 为石英晶体，2 为石英晶体振荡器，其作用是产生稳定的高频信号并倍频。石英晶体的固有频率为 13.56 MHz，倍频后输出为 27.12 MHz 的高频信号去驱动下一级缓冲器 3。缓

冲器的作用是使低功率的高频信号放大到驱动下一级放大器所需要的功率,并使振荡器和负载隔离,使振荡器的工作频率不受负载的影响,达到高度稳定。4为功率放大器,其作用是将高频信号功率进一步放大以供等离子体激发用。5为π型网络。当功率源的阻抗等于使用功率装置(即负载)的阻抗时,功率的传送效率最大,这时称为阻抗匹配。高频功率在传送时,为了减少辐射损失,要用特殊的电缆,该电缆的阻抗为50 Ω,工作线圈(包括等离子体焰炬)的阻抗为几个欧姆,而缓冲放大器的阻抗为几千欧姆。需用π型网络来匹配,这个匹配可通过电容6来调节。9为定向耦合器,它的作用是把沿电缆传送的高频能去掉,变为直流电压,并由传输功率表10和反射功率表11读出。传输功率是送到等离子体焰炬的功率,反射功率是由于传送效率低而损失的能量,反射功率太大会使功率管过热。电容8的最佳调节是使反射功率最小(5 W左右)。7为功率自动或手工控制开关,可把传输功率调节到所需值(对无机溶液所需功率在1.1 kW左右,对有机溶剂为1.5 kW以上)。这种高频发生器的输出频率和功率都可以达到很高的稳定性,且结构比较复杂,价格较贵,此外,这种发生器是通过电容耦合工作线参与振荡线路的,它的响应速度不如自激振荡器快,因此,当由水溶液换到含有机物的试样时,由于匹配失调会引起等离子体的不稳定,甚至熄火。引入空气也容易熄火。

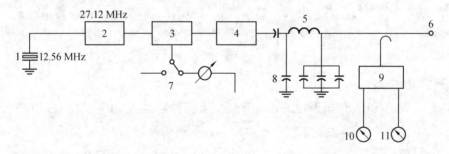

图7.11　晶体振荡高频发生器方框图

3. 40.68 MHz 高频发生器

等离子体焰炬的标准工作频率为 27.12 MHz,最新研究表明 40.68 MHz 有更大的优越性。根据 Coppelle 等人的研究证明,随着频率的增加,振荡器产生的能量会更有效地传输到等离子体中去,传输效率的提高使点火更容易,并能承受基体很大的变化。在 1.2 kW 左右功率下,即使试样从水溶液换到有机溶液,或反之,都能稳定地工作。

美国李曼(Leeman Labs)公司生产的中阶梯光栅扫描仪就具有上述优点。同时为了满足频率越高对频率工作带宽限制越严的要求,这种自激式振荡器采用独特的自动控制系统(图 7.12),使频率带宽满足高频的严格要求。再加上其他措施,使这种光源具有特别容易点火和工作稳定的特点,而且混入有机物或空气时亦不容易熄火。

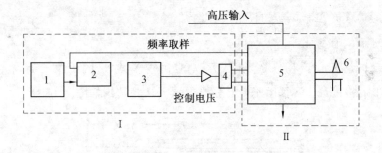

图 7.12 Flagg R. F 发生器中的频率自动控制系统

Ⅰ—频率控制电路;Ⅱ—振荡电路;1—石英晶体振荡器;2—参比;

3—低频滤波;4—控制器;5—40.68 MHz 自激振荡器;6—等离子体

由于高频电磁场会伤害人体,所以应使高频发生器有良好的接地,ICP 炬管系统应置于铅制屏蔽罩中进行高频屏蔽。

4. ICP 炬管

ICP 炬管的主体是一个直径为 18 ~ 25 mm 的石英管,放在高频发生器的负载线圈里。

如图 7.13 所示,整个炬管由三个同心石英管组成,从中管引入的氩气流称为工作气体,流量为 2.5 ~ 3.0 L/min,用以点燃等离子体,工作气体只是开始时引入,待载气引入后即可停止;内层引入的氩气流称

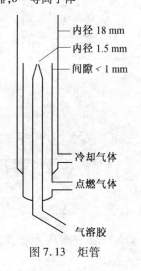

图 7.13 炬管

为载气,流量约为 1 L/min,用以打通等离子体中心通道,并携带试样进入等离子体,外管由切线方向引入冷却氩气,流量约为 15 L/min,螺旋上升,用以稳定等离子体并保护外层石英管的内壁。

7.3.2 进样装置

ICP 光谱仪器进样系统是把液体试样雾化成气溶胶导入 ICP 光源的装置,通常由雾化器及相应的供气管路组成。雾化器中最常用的是气动雾化器,分为玻璃同心圆型和直角型两大类,此外还有超声雾化器和双铂网雾化器等。本节重点介绍玻璃同心雾化器和直角型雾化器。

1. 玻璃同心雾化器

玻璃同心雾化器在 ICP 光谱仪器中应用较多,原来用于原子吸收光度计上,最初由 Meinhard 将其用于 ICP 光谱仪器上。其结构如图 7.14 所示。

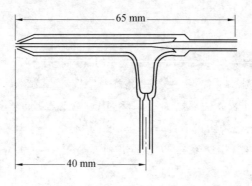

图 7.14　Meinhard 玻璃同心雾化器

Meinhard 雾化器是典型的双流体雾化器,它有两个通路,尾管进试液,支管进载气,材料多用硬质硼硅玻璃制成。

玻璃同心雾化器的作用是把液体试样雾化成气溶胶导入炬管。分析溶液由泵所造成的负压而吸入雾化器。在雾化器的毛细中心出口处,因载气流速很快(约 150~200 m/s),而试液的流速较慢,两者之间产生摩擦力,液流被拉细并被气流冲击破碎成雾滴,形成最初的气溶胶流,称为一次气溶胶。气溶胶流在前进过程中,大气溶胶受到气流沿径向和切向动压力的作用进一步细化,较细的气溶胶被载气送入等离子体。未细化的大气溶胶凝结后排除废液容器。雾化过程如图7.15所示。

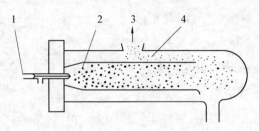

图 7.15　雾化过程示意

1—同心雾化器;2—一次气溶胶;

3—去 ICP 来源;4—二次气溶胶

2. 交叉雾化器

交叉雾化器又称直角气动雾化器,是指雾化气体的射出方向与溶液提取管成直角的气动雾化器,如图7.16所示。与同心型相比,它最突出的特点是可喷雾较高含盐量的溶液而不易堵塞,故广为采用。

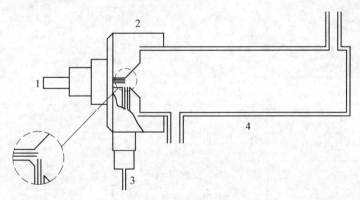

图 7.16　直角型雾化器示意图

3. 双铂网雾化器

H-G(Hildbrand Crid)型双铂网雾化器如图7.17所示,试样溶液用蠕动泵送入进样管(1.0～1.5 L/min),溢散于垂直放置的有无数小孔的铂网(100目)

上,高速氩气流通过蓝宝石喷气嘴吹向铂网,铂网上无数小孔将试液均匀分散,并在高速氩气流作用下雾化,第二层铂网不仅再次提高雾化效率,同时还起稳定和平衡作用。这种雾化器具有雾化效率高、均匀、稳定(脉动小)、记忆效应小,并对近饱和高盐试液基本无堵塞等特点,与常用交叉雾化器相比,提高了灵敏度,降低了检出限(表7.2)。此外,还可以直接用于氢化物法测定。Leeman 公司生产的中阶梯光栅扫描仪就采用了这种雾化器。

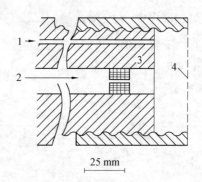

25 mm

图 7.17   H-G 型双铂网雾化器示意图
1—试样;2—雾化器;3—蓝宝石;4—铂网

表7.2   交叉雾化器与 H-G 型双铂网雾化器检出限的比较[①]

元　素	H-G 双铂网雾化器 ($\rho_B/10^{-9}$)	交叉雾化器 ($\rho_B/10^{-9}$)
Mn	0.7	2.0
Cr	0.8	4.0
Ag	1.5	5.0
Ti	1.7	3.3
Cu	2.0	8.3
Cd	2.3	4.3
Fe	2.7	5.0
Zn	3.0	9.0
Al	8.0	23.0
Pb	28.0	57.0

注:①检出限的测定是采用空白液在分析波长处连续测定所得结果的标准偏差的三倍。

7.3.3　分光装置

物质的辐射具有各种不同的波长,由不同波长的辐射混合而成的光,称为复合光。把复合光按照不同波长展开而获得的光谱的过程称为分光。用来获得光谱的装置称为分光装置或分光器。不同波长的光具有不同的颜色,所以分光也称为色散。经色散后所得到的光谱包括有线状光谱、带状光谱和连续光谱。不同激发光源所发射的光谱不同,对分光装置的要求也不同。

1. ICP 光源对分光系统的要求

ICP 光源具有很高的温度和电子密度,对各种元素有很强的激发能力,可以激发产生原子线和离子线。由于等离子体各部分温度不同,还可发射出分子光谱,所产生光谱的复杂性对分光装置提出很高的要求。

(1)要求分光系统具有宽的工作波段。ICP 光源具有多元素同时激发能力,可以测定多达 72 个元素。其灵敏线分布的波长范围,从 As 188.98 nm 至 K 766.491 nm,分光系统的波长范围应为 165～850 nm,最常用的波长范围是 190～780 nm。

(2)较高的色散能力和实际分辨能力。因为 ICP 具有很高的温度,其发射光谱具有丰富的谱线,各元素间容易产生谱线重叠和干扰。提高分光系统的分辨能力可以降低光谱干扰,改善测定的可靠性。同时,高分辨透射系统可降低光谱背景,改善检测条件。

(3)良好的波长定位精度。在 ICP 光源中,谱线的物理宽度为 2～5 pm,要获得谱线峰值强度测量的准确值,定位精度至少在 ±0.005 nm 以内,实际上对分光单色器的波长定位精度要求在 ±0.001 nm 以内。

(4)低的杂散光。低的杂散光可测定痕量元素并获得可靠结果。

(5)分光系统应有良好的热稳定性和机械稳定性,提高其对环境的适应能力。

(6)具有快速检测能力。在用扫描型仪器时,为了兼顾扫描速度和定位精度,可采用变速扫描,即在无谱线区用高速扫描,在谱线窗口区用慢速扫描。

光栅可以满足上述要求,因而是 ICP 光谱仪器中的主要色散元件。

2. ICP 光谱仪器中常用的光栅

(1)平面光栅。平面衍射光栅是在基板上加工出密集的沟槽,其形状如图 7.18 所示。在光的照射下每条刻线都产生衍射,各条刻线所衍射的光又会互相干涉,这些按波长排列的干涉条纹,就构成了光栅光谱。

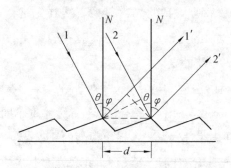

图 7.18　平面反射光栅的衍射

d—光栅常数;N—光栅法线;1,2—入射光束;

1′,2′—衍射光束;θ—入射角;φ—衍射角

图 7.18 表示的是平面光栅衍射情况。1 和 2 是互相平行的入射光,1′和 2′是相应的衍射光,衍射光互相干涉,光程差与入射波长成整数倍的光束相互加强,形成谱线,谱线的波长与衍射角有关,其光栅方程为

$$d(\sin\theta + \sin\varphi) = m\lambda \qquad (7.14)$$

式中　θ——入射角,永远取正值;

　　　φ——衍射角,与入射角在法线 N 同一侧为正,异侧时为负;

　　　d——光栅常数,即相邻刻线间的距离;

　　　m——光谱级及干涉级;

　　　λ——谱线波长及衍射光的波长。

从光栅方程可以看出衍射光栅有以下特性:

①当 m 取零值时,则 $\varphi = -\theta$,λ 可以取任意值,这意味着入射光中所有波长都沿同一方向衍射,相互重叠在一起得到的仍是一束白光,并未进行色散,称为

零级光谱,其实并未形成光谱。

②当 m 取整数且入射角 θ 固定时,对每一 m 值,λ 为 φ 的函数,即在不同衍射角方向可得到一系列衍射光,组成衍射光谱。当 m 取正值,即 φ 和 θ 在法线的同一侧时,称为正级光谱;当 m 取负值,即 φ 和 θ 分布在法线的两侧时,所得的光谱称为负级光谱;负级光谱因强度较弱,对光谱分析无使用价值。不论正级光谱还是负级光谱,短波谱线离零级光谱均较近。

③级次 m 越大,衍射角 φ 越大,即高级光谱较大的衍射角。

④当入射角与衍射角一定时,在某一位置可出现各谱级的不同波长光谱重叠,即谱级重叠,这是光栅光谱的重要特点之一。从光栅方程式可看出,$m\lambda = m_1\lambda_1 = m_2\lambda_2 = m_3\lambda_3 = \cdots$,即谱级与波长的乘积等于 $m\lambda$ 的各级光谱会在同一位置上出现。

光栅的透射特性可以从自由色散区、色散率分辨率和光强分布几方面来考虑:

①自由色散区。在光栅中各级光谱可能衍射在同一角度上,即形成光谱重叠现象。如一级光谱 600 nm,二级光谱 300 nm,三级光谱 200 nm 等重叠在一起。但也有不重叠的波段,不受其他谱级光谱重叠的波长区称为自由色散区,相邻谱级间的自由色散区为

$$\delta\lambda = \lambda_m - \lambda_{m+1} = \frac{\lambda_m}{m+1} \tag{7.15}$$

式中　m——谱级;

　　λ_{m+1}——更高一级谱级的光谱波长。

可以看出,谱级越高,自由色散区越小。

②色散率。将光栅方程对波长微分,得到光栅的角色散率为

$$\frac{d\varphi}{d\lambda} = \frac{m}{d\cos\varphi} \tag{7.16}$$

角色散率为两条谱线的波长差 $d\lambda$ 时,两条衍射线间夹角的大小,即 $d\varphi/d\lambda$ 值越大,色散率越大。

可以看出角色散率与谱级成正比,与光栅常数成反比,离法线近的衍射光($\varphi \rightarrow 0$),角色散率很小,离法线很远的光谱(φ越大),角色散率越大,当$\cos \varphi \approx 1$时角色散率为

$$\frac{\mathrm{d}\varphi}{\mathrm{d}\lambda} \approx \frac{m}{d} \tag{7.17}$$

线色散率即波长相差$\mathrm{d}\lambda$的两条谱线在焦面上被分开的距离为$\mathrm{d}l$,则$\mathrm{d}l/\mathrm{d}\lambda$称为线色散率。线色散率与角色散率的关系为

$$\frac{\mathrm{d}l}{\mathrm{d}\lambda} = \frac{f_z}{\sin \varepsilon} \times \frac{\mathrm{d}\varphi}{\mathrm{d}\lambda} \tag{7.18}$$

式中　ε——谱面倾角;

f_z——物镜有效焦距。

因此光栅的线色散率为

$$\frac{\mathrm{d}l}{\mathrm{d}\lambda} = \frac{f_z m}{d\sin \varepsilon \cdot \cos \varphi} \tag{7.19}$$

③分辨率。分辨率是指有相同强度的两条单色光谱线,可以分辨开的最小波长间隔。按照瑞利准则,当一条谱线主极大正好落在另一条偏高的第一极小位置上时,则认为两条谱线是可分辨的(图7.19)这时两条谱线总轮廓最低处的强度约为最大强度处的81%。

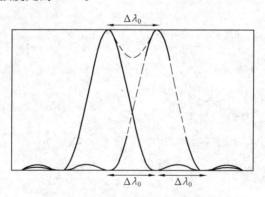

图 7.19　瑞利准则示意图

根据瑞利准则可推导出光栅的理论分辨率为

$$R = \frac{\lambda}{\Delta\lambda} = mN \tag{7.20}$$

式中　m——光谱级次；

　　　N——光栅刻线总数。

将光栅方程代入上式可得

$$R = \frac{\lambda}{\Delta\lambda} = \frac{Nd(\sin\theta + \sin\varphi)}{\lambda} \tag{7.21}$$

Nd 是光栅总宽度，令 $W = Nd$，可得

$$R = \frac{\lambda}{\Delta\lambda} = \frac{W}{\lambda}(\sin\theta + \sin\varphi) \tag{7.22}$$

因为 $(\sin\theta + \sin\varphi)$ 的最大值不能超过 2，因而分辨率的最大值为

$$R = \frac{2W}{\lambda} \tag{7.23}$$

由上式可以看出，不能用增加光栅刻线密度来提高分辨率。光栅的理论分辨率只取决于光栅宽度、波长及所用的角度。因此要提高分辨率必须采用大块光栅及大的入射角及衍射角。

（2）凹面光栅。凹面衍射光栅是一种反射式衍射光栅，呈曲面状（球面和非球面状），上面有等距离的沟槽。通常凹面光栅安置在罗兰圆上，而入射狭缝及出射狭缝安置在罗兰圆的另一侧，罗兰圆的直径为 0.5～1.0 m。凹面光栅在主截面的光栅方程式与平面光栅相同。

凹面光栅作为色散元件的特点是，又可起到准值系统和成像系统的作用，显著地减小了系统结构。而且使探测波长小于 195 nm 的远紫外光区成为可能，因为在远紫外光谱区，特别是波长小于 195 nm 以下时，反射膜的反射率很低，而凹面光栅本身可起聚光作用，省去几个透射元件，减少了光能损失。

7.3.4　测光装置

测光装置的光电测量原理是使光谱线通过焦面处的出射狭缝，用光电倍增管接收光辐射。一个出射狭缝和一个光电倍增管构成一个光的通道，可测量一

条谱线。每一个光电倍增管都连接一个积分电容器,由光电倍增管输出的光电流向积分电容器充电,曝光时间就是光电管向电容器充电时间,曝光完毕通过测量积分电容器上的电压来测定谱线强度,其原理如下。

光电倍增管输出的光电流 i 与入射辐射(即光谱线)的强度 I 成正比,即

$$i = KI \qquad (7.24)$$

式中,K——比例常数。

在曝光时间 t 内积累谱线强度,即接收到的总能量 E 为

$$E = \int_0^t I \mathrm{d}t = \frac{1}{K} \int_0^t i \mathrm{d}t \qquad (7.25)$$

光电流 i 向积分电容器充电时间 t 后,在电容器上的累积电荷 Q 为

$$Q = \int_0^t i \mathrm{d}t \qquad (7.26)$$

电容器的电压为

$$U = \frac{Q}{C} = \frac{\int_0^t i \mathrm{d}t}{C} = \frac{KE}{C} \qquad (7.27)$$

电容器的电容 C 是固定的,因此,K/C 是也常数,令 $K/C = k$,则

$$U = kE \qquad (7.28)$$

在一定曝光时间 t 内,谱线强度是不变的,则

$$E = It \qquad (7.29)$$

$$U = kIt \qquad (7.30)$$

式(7.30)表明,积分电容器的充电电压与谱线强度成正比。积分电容器充电是对各元素同时测定的,测量结果按预定顺序打印出来。

1. 光电倍增管

光电倍增管由光阴极、倍增极及阳极构成。原子发射光谱分析要求选用低倍电流的管子,其光阴极材料依据分光系统波段范围来选择。如紫外光区要选用 Cs-Sb 阴极和石英窗的管子;可见光区选用 Ag-Bi-O-Cs 阴极的管子,近红外区则选用 Ag-O-Cs 阴极管子。由于光谱分析的工作波长范围较宽,往往采

用 2~3 个光电倍增管组合成光电检测系统。

为了获得较好的精密度,使用时光电倍增管的电压必须高于一定的值,以获得一定的光电流值。

2. 信号处理单元

光电倍增管输出的电压信号需经处理再输入到计算机。信号处理的目的是增加测量准确度及线性范围。有几种处理方式:一种是将输出的光电流用电容积分,将积分电压(V)信号经 VF 转换成频率(F)数字信号,再经计算机处理。另一种是将光电信号进行分段积分,分段积分是将光电信号经电容作电荷累积,在曝光积分时间,计算机每隔一定时间(如 20 ms)询问积分器一次,通过控制器接口,依次经积分电容与运算放大器接通,并经 A/D 转换为数字信号送入计算机,计算机判断此电压是否大于或等于某一数值,若大于等于该值,则令相应开关将电容器短路,使积分电容放电,并将相应数字存在内存单元,再开启相应短路开关,让积分器继续充电。若判断此电压小于该值,则不作进一步处理,让电容继续充电积分。上述积分充电过程反复进行,直至曝光结束,计算机将各次积分电压累加。这种积分方式多用于多通道光谱仪器。由于分段积分后累加,可以扩大测量动态范围,并增加测量精度。

3. 电荷转移器件

电荷转移器件是新一代的光谱用光电转换器件,是 20 世纪 70 年代发展起来的一种光电摄像器件。它是一类以半导体硅片为基材的光敏元件制成的多元阵列集成电路式焦平面检测器。在原子发射光谱仪器中成功应用的有电荷耦合器件(CCD)及电荷注入器件(CID),已逐渐取代光电倍增管在原子发射光谱中的应用。

电荷转移器件基本单元是 MOS 电容器,即通称的金属–绝缘体–半导体电容器。其构造如图 7.20 所示。

在半导体硅(P 型硅或 N 型硅)衬底座上,热氧化形成一层 SiO_2 薄膜,再在上面喷涂一层金属(或多晶硅)作为电极,称为栅极或控制极。SiO_2 是绝缘体,这样便形成类似图 7.20(b)的电容器。当栅极上加上电压时,在电极下形成势阱,又称耗尽层如图 7.20(c)所示。

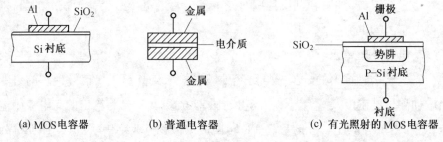

(a) MOS 电容器　　　　(b) 普通电容器　　　　(c) 有光照射的 MOS 电容器

图 7.20　MOS 电容

当光线照射 MOS 电容器时,在半导体 Si 片内产生光生电荷和光生电子,电荷被收集于栅极下面的势阱中。光生电荷与光强度成比例,可以用作光电转换器件。欲把光生电荷量进行量度,需把电荷转移出去,CCD 具有这种功能,因而也称为电荷转移器件。电荷转移要在一系列 MOS 电容间进行,就像接力赛跑一样,电荷在栅极电压的作用下从一个像素传到下一个电容的势阱中。

每一个 CCD 像素通常有 2~4 个 MOS 电容。为了使电荷按已知方向同步转移,像素中相同位相的电极联结在一起,连线称为相线,如图 7.21 所示。

φ_1、φ_2 及 φ_3 均为相线。各相线之间施加的时钟脉冲有 120° 的相位差。当 $t=t_1$ 时 φ_1 是高电位,φ_2,φ_3 为低电位,φ_1 电极下形成势阱,电荷集中在 φ_1 电极下;当 $t=t_2$ 时,φ_1 电位下降,φ_2 电位最高;φ_3 仍在低电位,φ_2 电极下势阱最深,φ_1 下的电荷向 φ_2 下转移;当 $t=t_3$ 时,φ_1 及 φ_2 均为低电位;φ_3 为高电位,φ_3 电极下势阱最深,φ_2 下的电荷向 φ_3 下转移;所以从 $t_1 \to t_2$ 或从 $t_2 \to t_3$,每经历 1/3 时钟周期,电荷就转移一个电极。经过一个时钟周期,信号就向右移动三个电极,即移动一位 CCD,直至移至 CCD 的输出单元。

光生电荷的输出方式有许多种,常用的一种是采用反向偏置二极管输出信号,原理如图 7.22 所示。

在 P 型硅衬底中内置一个 PN 结。PN 结的势阱和时钟脉冲控制的 MOS 电容的势阱互相耦合,最后一个电极下的电荷被转移到二极管,从负载电阻上可以测出电压输出信号。

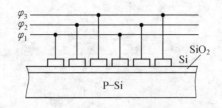

图 7.21 三相 CCD

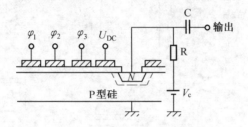

图 7.22 CCD 的输出单元

7.3.5 光电光谱仪简介

1. 光电光谱仪简介

光电光谱仪的类型很多,按照出射狭缝的工作方式,可分为顺序扫描式和多通道式两种类型。按照工作光谱区的不同,可分为非真空型和真空型两类。

顺序扫描式光电光谱仪一般用两个接收器接收光谱辐射,一个接收器接收内标线的光谱辐射,另一个接收器采用扫描方式接收分折线的光谱辐射。顺序扫描式光电光谱仪属于间歇式测量,其程序是从一个元素的谱线移到另一个元素的谱线时,中间间歇几秒钟,以获得每一谱线满意的信噪比。

多通道光电光谱仪其出射狭缝是固定的,一般情况下出射通道不易变动,每一个通道都有一个接收器接收该通道对应的光谱线的辐射强度。也就是说,一个通道可以测定一条谱线,故可能分析的元素也随之而定。多通道光电光谱仪的通道数可多达 60 个,即可以同时测定 60 条谱线。多通道光电光谱仪的接收方式有两种:一种是用一系列的光电倍增管作为检测器,其光路如图 7.23 所示;另一种是用二维的电荷注入器件或电荷耦合器件作为检测器。

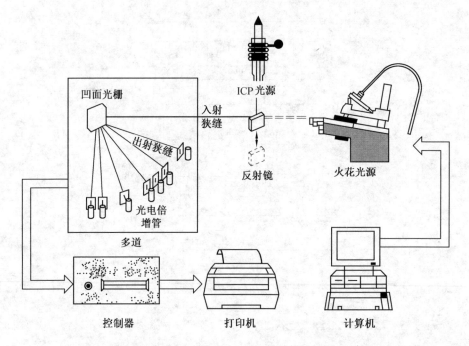

图 7.23　光电倍增管为检测器的多通道光电光谱仪结构示意图

非真空型光电光谱仪是指分光计和激发光源均处在大气气氛中,其工作的光谱波长为 200 ~ 800 nm。

真空型光电光谱仪是指激发光源和整个光路都处在氩气氛中,工作光谱波长扩展到 150 ~ 170 nm,因此能够分析 C、P、S 等灵敏线位于远紫外光区的元素。

2. 光电光谱仪对光源的要求

光电光谱仪主要应用于定量分析,由于现代电子技术的发展,因光电元件转换引入的误差非常小,光电光谱法产生的误差则主要来源于激发光源,因此对激发光源有如下要求:

(1)灵敏度高,检出限低,能分析微量和痕量元素。

(2)有良好稳定性和再现性,获得高的准确度。

(3)能同时蒸发和激发多种元素,且稳定性和再现性好,以保证多通道仪器的分析效果。

（4）基体效应小。

（5）对试样的预燃和曝光时间短,保证快速分析。

（6）光源的背景小产生的干扰少,以适应痕量元素的分析,并可利用少数几条光谱线完成多元素同时分析。

3. 光电光谱仪的性能

（1）元素测定。光电光谱仪可以测定所有的金属元素,真空光电仪可以测定硼、磷、氮、硫和碳等元素。光电直读光谱仪在设计时主要检测紫外光区的辐射,由于 Li、K、Rb、Cs 等碱金属元素的重要谱线位于近红外光区,故不宜检测。光电光谱仪一般可以测定 60 种元素。

（2）校正曲线。在进行定量分析时,光电光谱仪校正曲线通常由电压（或电流）作为被分析元素浓度函数图组成,即 $V\text{-}c$ 函数。当分析元素含量大时,可用 $\lg V\text{-}\lg c$ 代替。由于自吸,试样浓度过大,错误的背景校正,或者检测系统的非线性响应,造成校正曲线偏离曲线。自吸导致输出信号降低,使校正曲线向横坐标方向弯曲。在光电光谱法中,也常用内标法进行定量分析。

（3）干扰。当用电感耦合等离子体光源时,化学干扰和基体效应明显低于其他原子仪器。在低浓度时,由于氩离子和电子再结合导致背景增大,需要仔细校正。因为 ICP 光源对许多元素产生的光谱线非常丰富,带来光谱线重叠的干扰。

（4）检测限。总的来说,ICP 光源与其他原子光谱方法比较有较好的检测限,它对许多元素的检测限可达 10 ng/mL,或者更小。

（5）特点和应用。光电光谱分析操作简单,自动化程度高,分析速度快,可进行多元素快速联测,记录谱线强度量程宽,精密度高,已经广泛应用于科学研究中。特别在金属材料的化学组成分析中应用更为广泛。然而,现阶段光电光谱仪器价格昂贵,操作复杂,选择线谱不如摄谱法直观,更换光源不如摄谱法方便。

7.4　光谱分析原理

7.4.1　原子发射光谱的产生

1. 光谱的产生

在通常情况下物质的原子处于最低的基态,当收到外界的能量(如热能、电能)的作用时,基态原子被激发到激发态,同时还可能电离并进一步被激发。处于激发态的原子或离子是不稳定的,其寿命小于 10^{-8} s,按光谱选择定则,以光辐射形式放出能量,跃迁到低能级或基态,就产生原子光谱。其发射光谱的波长取决于跃迁前后两能级的能量差,即

$$\lambda = \frac{hc}{E_2 - E_1} = \frac{hc}{\Delta E} \tag{7.31}$$

原子光谱是由原子外层电子在不同能级间的跃迁而产生的。不同元素其原子结构不同,原子的能级状态不同,发射谱线的波长不同,每种元素都有其特征谱线,这是光谱定性分析的依据。根据国际纯粹与应用化学联合会(IUPAC)的规定,激发态之间跃迁形成的光谱称为非共振线;以基态为跃迁最低能级的光谱线称为主共振线,主共振线一般是元素强度最大的谱线。

在光谱学中,原子发射的谱线称为原子线,通常在元素符号后用罗马字母Ⅰ表示;离子发射的谱线称为离子线,一级离子线、二级离子线分别在元素符号后罗马字母Ⅱ、Ⅲ表示。同种元素的原子和离子所产生的原子线和离子线都是该元素的特征光谱,习惯上称为原子光谱。

2. 谱线强度

(1)谱线强度表达式。等离子体一般指有相当电离程度(大于0.1%)的气体,它由离子、电子及未电离的中性粒子组成,其正负电荷密度几乎相等,从整体看呈现电中性,但具有导电性。在光谱分析中,待测物质在激发光源中被蒸发、原子化、电离,基态原子和离子被高速运动的各种粒子碰撞激发,使其处于

等离子体状态,被激发的原子和离子发射产生原子线和离子线。谱线的强度常用辐射强度$I(J/(s \cdot m^3))$表示,即单位体积的辐射功率,它是群体光子辐射总能量的反映,谱线强度是光谱定量分析的依据,即

$$I_{ij} = N_i A_{ij} E_{ij} \tag{7.32}$$

$$I_{ij} = N_i A_{ij} h \nu_{ij} \tag{7.33}$$

式中　N_i——处于较高激发态原子的密度;

　　　　A_{ij}——跃迁概率;

　　　　E_{ij}——两能级间的能级差;

　　　　ν_{ij}——发射谱线的频率。

如果激发光源中的等离子体处于局部热力学平衡状态,激发态原子密度和基态原子密度遵从波尔兹曼分布定律,即

$$N_i = \frac{g_i}{g_0} N_0 \exp(-E_i/kT) \tag{7.34}$$

式中　g_i, g_0——激发态和基态的统计权重;

　　　　$\exp(-E_i/kT)$——波尔兹曼因子;

　　　　k——波尔兹曼常数$(1.38 \times 10^{-23} J \cdot K$ 或 $8.618 \times 10^{-5} eV/K)$;

　　　　T——激发温度,K。

如果以 N 表示被测元素在等离子体中原子的总密度,则任意激发态原子的密度 N_i 与原子总密度的关系为

$$N_i = \frac{g_i}{Z} N_0 \exp(-E_i/kT) \tag{7.35}$$

式中　$Z = \sum g_i e^{-E_i/kT}$——配分函数;

　　　　Z——原子所有不同状态的统计权重和波尔兹曼因子乘积的总和。

在等离子体中物质不仅存在激发平衡,还存在理解平衡和电离平衡,分别用理解度(β)和电离度(α)来表征分子的解离和原子的电离程度。在等离子体工作条件下,分子一般可以完全理解,即$\beta \approx 1$。这样任意能级状态下的原子和离子的密度与原子总密度的关系为

$$N_i = \frac{g_i}{Z}(1-\alpha)N \cdot \exp(-E_i/kT) \tag{7.36}$$

$$N_i^+ = \frac{g_i^+}{Z^+}\alpha N \cdot \exp(-E_i^+/kT) \tag{7.37}$$

式中　N_i^+, g_i^+——离子 i 能级状态下的密度、统计权重；

E_i^+——离子的总激发电位，它等于原子的电离电位与离子的激发电位之和；

Z^+——离子的配分函数。

将式(7.36)和式(7.37)代入式(7.33)中，并整理得原子线和离子线强度表达式为

$$I_{ij} = \frac{g_i}{Z}A_{ij}h\nu_{ij}(1-\alpha)N \cdot \exp(-E_i/kT) \tag{7.38}$$

$$I_{ij}^+ = \frac{g_i^+}{Z^+}A_{ij}^+ h\nu_{ij}^+ \alpha N \cdot \exp(-E_i^+/kT) \tag{7.39}$$

式(7.38)和(7.39)称为爱恩斯坦-波尔斯曼-沙哈谱线强度方程。将式(7.38)和(7.39)可改写成

$$I_{ij} = \frac{g_i A_{ij}}{Z}\frac{hc}{\lambda_{ij}}(1-\alpha)N \cdot \exp(-E_i/kT) \tag{7.40}$$

$$I_{ij}^+ = \frac{g_i^+ A_{ij}^+}{Z^+}\frac{hc}{\lambda_{ij}^+}\alpha N \cdot \exp(-E_i^+/kT) \tag{7.41}$$

(2)影响谱线强度的因素。

①激发电位。谱线强度与粒子(原子和离子)的激发电位呈负指数关系。激发电位越低，谱线强度越大。这是因为随着 E_i 的降低，处于该激发态粒子的密度增大。因此，一般情况下，激发电位或电离电位较低的谱线强度较大，E_i 最低的主共振线往往是强度最大的谱线。

②跃迁概率。跃迁概率是单位时间内每个原子由一个能级跃迁到另一个能级的次数。显然谱线强度与跃迁概率成正比。

③统计权重。整体原子的能级状态可以原子光谱项表示。光谱项是用4

个量子数 N、S、L、J 表征的。N 为主量子数，S 为总自旋量子数，L 为总角量子数，J 为内量子数。其光谱项符号为 $n^{2S+1}L_J$，当具有相同 n、L、J 值的能级在外加磁场中可以分裂成 $2J+1$ 个能级，而一般无外加磁场时其能级不会发生分裂，这时可以认为这个能级是由 $2J+1$ 个不同能级合并而成的，$2J+1$ 这个数值就称为简并度或统计权重。谱线强度与激发态和基态的统计权重之间成正比。在光谱分析中，g 常用来计算元素多重线的强度比。当只是由于 J 值不同的高能级向同一低能级跃迁形成多重线时，其谱线强度比就等于高能级的 g 值之比。

④原子总密度。谱线强度与原子总密度 N 成正比。在一定条件下，N 与试样中被测定元素的含量成正比，所以谱线强度也应与被测定元素的含量成正比，这就是光谱定量分析的依据。

⑤激发温度。由谱线强度公式可知，激发温度升高，谱线强度增大。但由于温度升高，电离度增大，中性原子密度减少，使离子谱线强度增大，原子谱线强度减弱。不同元素的不同谱线各有其最佳激发温度，在此温度下谱线的强度最大。

3. 谱线的自吸和自蚀

原子发射光谱的激发光源都有一定的体积，在光源中粒子密度与温度在各部位的分布并不均匀，中心部位的温度高，边缘部位的温度低。元素的原子或离子从光源中心部位的辐射被光源边缘处于较低温度状态的同类原子吸收，使发射线强度减弱，这种现象称为谱线的自吸。自吸不仅影响谱线强度而且影响谱线形状。当元素含量很小，即原子密度低时，谱线不呈现自吸现象。当元素含量很大时，自吸现象增强。当自吸现象非常严重时，谱线中心的辐射完全被吸收，如同两条谱线，这种现象称为谱线自蚀。

原子发射光谱分析中，由于自蚀现象影响谱线的强度和形状，使光谱定量分析的灵敏度和准确度都下降，

因此，应该注意控制被测定元素的含量范围，并且尽量避免选择自吸线为元素的分析线。

7.4.2　定量分析原理

1.ICP 光谱分析步骤

由于 ICP 光谱仪自动化程度的提高,建立分析方法的程序日趋简化,有些实验室不再花费时间去建立分析方法和选择分析条件,这对于基体简单且待测元素含量较高的样品,可以满足分析要求,但经常会产生较大的分析误差。对于较复杂的分析样品建立分析方法的一般程序如下:

(1)确定取样及样品保存方法。在取样后应确保样品储存期间不要变质、不损失及不玷污。有些样品,如水样,取样后应酸化、低温保存。

(2)样品处理。根据样品的组成及特点,确定采用何种试剂及何种溶样方法,要求在样品处理过程中不损失、不玷污且手续简便。对于 ICP 光源,应尽量少采用增加可溶性固体的样品处理方法,如碱溶法,也尽量避免采用含氟试剂处理样品,以免腐蚀进样系统及石英炬管。

(3)分析线对的选择。根据样品的组成及待测元素含量的高低选择适宜的分析线。选择的原则是无光谱线干扰,能够合理地扣除光谱背景,待测元素含量低时,应选择线背比较大的灵敏线。

(4)检查基体干扰效应。对于无法排除基体干扰的分析线,可采用光谱干扰校正法扣除干扰。对于干扰严重的样品可选择分离富集方法消除干扰。

(5)分析参数的优化。主要分析参数是载气流量及高频功率,对于一般样品可采用仪器说明书给出的分析条件。对于要求较高的分析样品可优化高频功率、载气流量及观测高度。优化的目标可选择灵敏度、背景等效浓度、基体效应或测量精度。

(6)方法的精密度。选择有代表性的样品或国家标准样品,平行测定 11 次,计算相对标准偏差。

(7)准确度检查。有三种途径检查准确度。最好用国家标准样品或国际标准样品的检查方法测定结果与标准值符合的程度,也可以用通用的较熟悉的其他分析方法进行数据比较。在不具备上述两种条件下亦可用加标回收法。

(8)检查回收率。对于样品处理过程比较复杂,或怀疑样品中有易损失元素时,要检查元素的回收率。

2. 定量分析基本关系式

光谱定量分析是根据被测试样中元素的谱线强度来确定元素的含量的。因此,确立谱线强度和被测元素的含量关系及准确测量谱线的强度是光谱定量分析法的基础。

谱线强度与试样中元素含量的关系为

$$I = ac \tag{7.42}$$

当考虑到谱线存在自吸时,谱线强度与元素含量的关系可用罗马金(Lomakin)经验公式表示,即

$$I = ac^b \tag{7.43}$$

在一定的实验条件下,a 和 b 为常数。A 是与光源、蒸发、激发等工作条件及试样组成有关系的一个参数。b 为自吸系数,它与谱线自吸性质有关,$b \leqslant 1$。有自吸时 $b < 1$,自吸越大,b 值越小;当被测元素含量很低时,谱线无自吸,$b = 1$。

将式(7.43)取对数,得

$$\lg I = b\lg c + \lg a \tag{7.44}$$

式(7.44)为光谱定量分析的基本公式。在一定浓度范围内,$\lg I$ 与 $\lg c$ 呈线性关系。当元素含量较高时,谱线发生弯曲。因此,只有在一定的实验条件下,$\lg I$–$\lg c$ 关系曲线的直线部分才可作为元素定量分析的标准曲线。这种测定方法称为绝对强度法。

3. 内标法光谱定量分析原理

在光谱定量分析中,由于工作条件及试样组成等的变化,a 值在测定中很难保持为常数。因此,从测定谱线的绝对强度来进行定量分析是很难得到准确结果的,故通常采用内标法来消除工作条件变化对分析结果的影响,提高光谱定量分析的准确度。

内标法是通过测量谱线相对强度进行定量分析的方法,又称相对强度法。通常在被测定元素的谱线中选一条灵敏线作为分析线,在基体元素(或定量加

入的其他元素)的谱线中选一条谱线为比较线。比较线又称内标线。发射内标线的元素称为内标元素。所选用的分析线与内标线组成分析线对。分析线与内标线的绝对强度的比值称为分析线对的相对强度。显然工作条件相对变化时,分析线对两谱线的绝对强度虽然均有变化,但对分析线对的相对强度影响不大。因此,测量分析线对的强度可以准确地测定元素的含量。

设待测元素的含量为 c_1,对应分析线强度为 I_1,则

$$I_1 = a_1 c_1^{b_1} \tag{7.45}$$

同样,对内标线则有

$$I_2 = a_2 c_2^{b_2} \tag{7.46}$$

当内标元素的含量为一定值时,c_2 为常数;若内标线无自吸,则 $b_2 = 1$,这样内标线强度 I_2 为一常数。则分析线与内标线相对强度比 R 为

$$R = \frac{I_1}{I_2} = \frac{a_1 c_1^{b_1}}{I_2} \tag{7.47}$$

令 $A = \dfrac{a_1}{I_2}$,将分析元素的含量 c_1 和吸收系数 b_1 改写为 c 和 b,得

$$R = \frac{I_1}{I_2} = A c^b \tag{7.48}$$

取对数得

$$\lg R = \frac{I_1}{I_2} = b \lg c + \lg a \tag{7.49}$$

式(7.48)是内标法光谱定量分析的基本公式。应用内标法进行光谱定量分析时,选择内标元素及分析线对应注意以下要求:

(1)内标元素与分析元素的蒸发特征应该相近,使电极温度的变化对谱线的相对强度的影响较小。

(2)内标元素可以是基体元素,也可以是外加元素,但其含量必须恒定。

(3)若分析线对为原子线,分析线对的激发电位应该相近,若分析线对为离子线,分析线对的电离电位和激发电位应该相近,激发电位或电离电位相同

的分析线对称为"均称线对",它们的相对强度不受激发条件改变的影响。

(4)分析线对的波长、强度也应尽量接近,以减少测量误差。分析线对应无干扰、无自吸。分析线对的光谱背景也应尽量小。

4.光谱定量分析方法

光谱定量分析法仍然是一种依赖于标准试样的相对分析法,常用的方法有标准曲线法和标准加入法。

(1)标准曲线法。通常是配制一系列(三个或三个以上)基体组成与试样相似的标准试样,在与试样完全相同的工作条件下激发,测得相应的元素分析线的强度,或者测得相对应的分析线对的相对强度。绘制 $\lg U$–$\lg c$、$\lg(U_1/U_2)$–$\lg c$ 标准曲线,在相应的标准曲线上求出被测定元素的含量 c_x。由于绘制标准曲线不应少于三个标准试样,故称为"三标准试样法"。

(2)标准加入法。当测定的元素含量很低时,或者试样基体组成复杂或未知时,难以配制与试样基体组成相似的标准试样,为了抑制基体的影响,一般采用标准加入法测定。该方法可以应用于粉末或溶液试样中微量及痕量元素的分析。设试样中被测元素质量分数为 c_x,等量称取或量取待测试样若干份,从第二份开始每份中加入已知的不同量或不同质量分数的待测元素的标样或标准溶液,设不同加入量 c_x,(增量)分别为 $c_o,2c_o,3c_o,4c_o,\cdots$;在相同的工作条件下激发,测得试样和不同加入量标样的分析线对强度比 R。作 R–c_x 工作曲线,并延长工作曲线与横坐标相交点的含量或浓度的绝对值即为 c_x。

5.定性和半定量分析

(1)定性和半定量分析所依据的谱线。在定性和半定量分析中,所依据的谱线有最后线、灵敏线以及特征线组。特征线组是指每种元素最易辨认的多重线组。特征线组在含量很低时不会出现,因为它不包含元素的最后线。记住元素的特征线组,对于鉴定元素是很方便的。铁的特征线组已被充分地利用来辨认光谱波段,称为一种标尺。

在光谱分析中。凡是用于鉴定元素的存在及测量元素含量的谱线叫分析线。定性分析中的分析线可以是最灵敏线(即最后线),也可以是次灵敏线,但常用的仍然是最后线。

（2）鉴定元素的方法。在过去的半个世纪中，电弧光源摄普法定性分析是发射光谱分析的重要应用领域，但过程繁杂。随着光电测量技术和计算机技术在光谱仪器中的应用，使光谱定性分析更为简便，但原理仍与经典电弧光源定性光谱分析一样。元素光谱具有一定的波长，因此在波长表上具有一定的位置。反之如果某元素的谱线在波长表上某位置出现，便知道其波长是多少。要确认试样中某一元素，需要在试样光谱中找出三条或三条以上该元素的灵敏线，并且谱线之间的强度关系是合理的。只要某元素的最灵敏线不存在，就可以肯定试样中无该元素。

（3）定性分析方法。常用辨认谱线的方法都是以谱线的位置为依据的，这些方法有以下几种。

①比较谱线法。此法是以铁的光谱图作为基准波长表，把各种元素的灵敏线波长标于这个图中，从而构成一个标准图谱。当把试样与铁并列摄谱于同一块感光板以后，把感光板上的铁谱与标准铁光谱图对准位置，根据标准图谱上标明的各元素的灵敏线，可对照找出试样中存在的元素，查找出的试样元素谱线必须与标准铁光谱图中标明元素的谱线位置相吻合。例如，在铁谱线图中，要在 306.72 nm 和 306.82 nm 两条铁谱线的中间，标出一条铋的灵敏线 306.77 nm 的位置。首先要找出上述两条谱线后，再观察样品的光谱，在两条铁谱线中间有没有谱线出现，用以判断样品中是否有铋存在。

固体检测器 ICP 光谱仪用于定性分析更为快捷。首先摄取样品光谱及空白试样光谱，用差谱法从试样光谱中减去空白试样光谱。再选择要定性检查的元素，在二维光谱图上立即显示试样中这些元素的谱线，有些仪器还可显示出谱线强度及背景强度。由此可以判断样品中存在的元素。

②半自动定性分析。计算机软件定性分析过程分三步，先摄取试样光谱及空白溶液光谱，然后用差谱法从试样光谱中扣去空白溶液光谱，第三步启动软件程序对样品进行定性分析。确定某条谱线存在的原则是信背比 SBR≥5，当 SBR<5 时就认为该谱线强度过低，不能用于分析。定性软件的流程如图 7.24 所示。

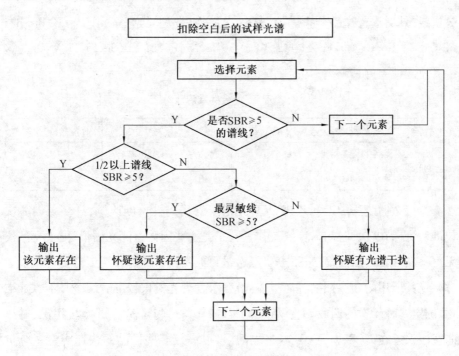

图 7.24　自动定性分析流程

（4）半定量分析。光谱定量分析过程要求配制标准溶液系列,选择分析参数,排除干扰等一系列程序,需要有一定的时间和工作量。但有些试样并不要求给出十分准确的分析数据,允许有较大的偏差但需要尽快给出分析数据。对于这类样品可采用半定量分析方法。这里介绍两种使用 ICP 光源的半定量分析方法。

①部分校准法。光谱定量分析要求对全部待测元素进行标准化校准,即用标准溶液校准仪器的波长与强度。部分校准法其原理是用一个含有 3 个元素的标准溶液校准仪器,然后用该程序可半定量测定多达 29 个元素的试样。混合标准溶液含 Ba、Cu、Zn 三个元素浓度分析线见表 7.3。由表可知,分析线的选择使其涵盖200 ~ 450 nm 的常用波段范围。

由于试样基体可能对分析线产生光谱干扰,该程序首先要显示出全部分析线的扫描光谱图,观察分析线是否有畸形或不对称的情况,换掉有明显干扰的分析线,然后进行样品分析。该程序包括主要常见元素 Ag、Al、As、B、Ba、Be、Bi、Ca、Cd、Co、Cr、Cu、Fe、Li、Mg、Mn、Mo、Na、Ni、Pb、Pt、Sb、Se、Si、Tl、V、Zn。这一方法的偏差约±25%。

表7.3　混合标准溶液

元　素	分析线	浓度/(mg·L^{-1})	元　素	分析线	浓度/(mg·L^{-1})
Ba	233.53	5	Cu	324.75	10
Ba	455.40	5	Zn	213.86	10

②持久曲线法。近几年来,ICP 光谱仪器稳定性不断改进,许多仪器一次校准后可以在较长时间内稳定工作。特别是一些固体检测光谱仪,由于光谱仪无可移动部件等原因,几乎不需要经常进行波长校正而能长期工作。谯斌宗等考察了其所用的顺序扫描等离子体光谱仪,发现光谱仪校准后两个月不再标准化,测定 6 种元素的回收率在 75.2% ~ 112.0%。与定量分析方法相比,持久曲线法误差在-2.84% ~ +31.7% 之间,可以满足某些样品的快速半定量分析的要求。

由于 ICP 光源温度高,其发射光谱谱线多而复杂,经常会有不同程度的光谱线干扰,所以 ICP 光源的半定量分析方法的应用受到限制。半定量分析结果的偏差大小,对于以富线元素为基体的样品中微量元素的半定量分析是困难的,应用半定量分析方法应予注意。

7.4.3　光谱分析条件

在 ICP 发射光谱中,影响分析性能的因素较多。除仪器特性明显影响分析性能外,有几个主要参数影响分析性能,它们是高频功率、工作气体流量及观测高度。这些参数直接影响电子密度、激发温度及其空间分布,从而影响分析性能,而这种影响又是极其复杂甚至矛盾的,适当地选择分析参数,使用同样的仪器可获得较好的分析结果。而实际中往往只能通过实验加以选择。在选择时必须兼顾如何获得较强的检测能力、较小的基体效应和适于多元素的同时测定。在实际选择工作条件时,往往需要根据具体情况进行综合平衡加以折中。

1. 高频功率

高频功率对 ICP-AES 的检测能力和基体效应具有不同的影响、在一定的功率范围内,增加高频功率,能使 ICP 的温度升高,谱线强度增强,但背景也相应加深,如图 7.25 所示。当高频功率增加到某一数值后,背景增长的速度超过谱线强度的速度。因此,随着功率的增加,线背比一般会有一个极大值的出现。然后减小,甚至一直减小下去,谱线激发能越低,减小越甚。采用较低功率,对降低检出限有时是有利的。但是,在低功率时,干扰效应较严重。因此,要兼顾谱线和背景强度,选择线背比最大的最佳功率进行工作,同时要考虑干扰效应,即要考虑检测能力和干扰效应之间的折中。对于激发能不同的元素有不同的最佳功率。多元素同时测定时,也要折中兼顾激发能不同的各种元素。

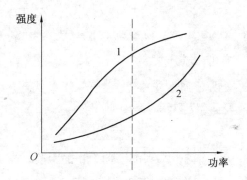

图 7.25　谱线强度与功率的关系

1—谱线强度;2—背景强度

2. 工作气体流量

工作气体流量即载气流量会影响等离子体的温度,因而对谱线强度有较大的影响。载气流量过大会使等离子体焰炬中央通道内温度降低,并缩短粒子在光源中的停留时间,使谱线强度明显下降;而载气流量过小时,不仅溶液提升量减少,被雾化的样品量减少,致使谱线强度减弱,而且很难击穿等离子体焰炬的轴向通道。因此,随着载气流量的逐渐增加,谱线强度增大到一最大值,然后下降。对不同元素载气流量的最佳值也不相同,一般在 1.0 L/min 上下,实际工作中应通过实验选择。如图 7.26 所示,不同载气流量对 Cr Ⅰ 和 Cr Ⅱ 谱线强度(或线背比)的影响。

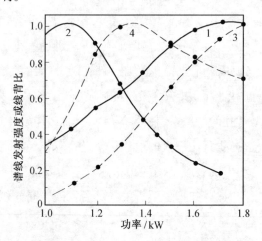

图 7.26   不同载气流量时 Cr Ⅰ 和 Cr Ⅱ 发射强度-功率(1,3)和线

背比-功率曲线(2,4)

观测高度 15 mm,1,2-Cr Ⅰ 357.869 nm,0.95 dm³/min,

3,4-Cr Ⅱ 267.716 nm,0.95 dm³/min

3. 观测高度

观测高度是指从感应圈上端到测定轴为止的距离。当载气沿通道上升时,粒子去溶、蒸发、解离及电离,产生基态原子,基态原子和离子温度不断上升,谱线强度逐渐增大,在轴向通道的一定高度处达到最大值,然后随着温度的下降而降低。

由于 ICP 的温度、电子密度随观测高度的改变而变化,因此具有不同标准温度的谱线,其最佳观测高度将不同。一般原子线在比较低的高度谱线强度达到最大值,而且随着标准温度的增加,最佳观测高度也增加;而离子线则在最大的观测高度达到最强,且不同元素的离子线几乎具有相同的最佳高度值。所以,对于分析线为原子线的易电离元素,应选用较低的观测高度,对于分析线为离子线或高能原子线的元素,宜选用较高的观测高度。实际光谱分析中一般选用可适合许多元素同时测定的条件,即等离子体常在折中条件下工作。

另外,ICP 光源中,通常不用太低的观测高度,常用的高度为线圈以上 15 ~ 25 mm 处,这是因为 ICP 具有环状结构,在较低的观测高度处环状结构比较明显,该区背景辐射是最强的缘故。

选择合适的功率、载气流量和观测高度除了可得到最佳线背比外,还可以有不同的抗干扰能力。

7.4.4 基体干扰效应及其校正

干扰效应是指干扰因素对分析物测定的影响。ICP 发射光谱中的干扰可分为光谱和非光谱干扰,由于用 ICP 分析时,试样是以溶液喷雾形式引入,所以 ICP 中的非光谱干扰,除了在经典光源中讨论过的蒸发干扰、解离干扰、电离干扰和激发干扰外,还有雾化干扰。

1. 非光谱干扰

(1)雾化干扰。雾化干扰是指基体元素对雾化过程中的提升量和雾化效率的影响。ICP 中的雾化干扰和火焰原子吸收分析类似。在 ICP 光谱分析中常用蠕动泵进样来消除基体对提升量的影响。

(2)溶质蒸发和解离干扰。在 ICP 光谱中溶质蒸发和解离干扰比火焰发射和火焰吸收小得多。与电弧、火花等经典光源相比,也具有明显的优越性。例如,在火焰原子吸收光谱分析中最典型的 $Ca-PO_4^{3-}$ 和 Ca-Al 系统的干扰问题,即在火焰中形成难蒸发的 $Ca_2P_2O_7$、$Ca_3(PO_4)_2$ 以及 $CaAl_2O_4$ 或 $Ca_3Al_2O_6$ 等化合物而产生干扰的情况,在 ICP 中十分轻微。

在 ICP 中,分子绝大部分解离,除 OH 带外,其他分子光谱干扰不显著。

ICP 中蒸发和解离干扰小的原因有:①中心通道的温度比较高(6 500 ~ 8 000 K)。如前所述,在足够高的温度下,大多数化合物都已蒸发和解离,不存在多相平衡和解离平衡,蒸发和解离过程不受基体影响。温度越高,基体影响越小。②ICP 中气溶胶粒子在中心通道中停留时间长(约几毫秒),得到充分的蒸发和解离。③受惰性气体的包围,上述稳定化合物很难形成。

蒸发和解离干扰与工作参数有关,当功率比较小(温度低)、载气流量比较大(停留时间短)和观测位置比较低时,上述干扰就会明显一些。因此可以通过选择工作参数来减小这种干扰。

(3)电离干扰。在 ICP 中,电离干扰也比较小。这可能是因为在 ICP 放电中,具有较高的电子浓度(在 6 000 K 时约为 10^{16} cm^{-3}),造成了一个很好的缓冲环境。例如将易电离的钾溶液(质量浓度 10 mg/mL)以 2.1 mL/min 的提升量引入,如雾化器的效率为 35%,即使进入等离子体的钾 100% 电离,它的电子浓度也只有 $4×10^{14}$ cm^{-3}。以此值与 10^{16} cm^{-3} 相比,只有 1% 左右。因此等离子体中的电离平衡影响比经典光源小得多。

(4)激发干扰。在 ICP 中引入易电离元素对激发温度的影响较小。这是因为试样在进入激发区以前是在 ICP 的圆形通道中心通过,试样中易电离元素的电离不影响通道外面环状氩气等离子体的导电率,因此不会降低等离子体的功率,也不会明显影响观测区的温度。

不少研究者都观测到,引入易电离元素在低观测高度时,原子线和离子线均有显著增强;而在较高观测高度,干扰较小或出现负干扰(图 7.27)。这可能与易电离元素的存在引起电子密度的增大和电子速率分布的变化有关。这种增大和变化造成碰撞激发效率的提高。

前面说过,激发态氩(Ar^*,包括 Ar^m)的密度,对于原子的电离和激发可能是一个重要的参数,而有的基体物质会使亚稳态氩 Ar^m 猝灭而影响待测元素的电离和激发。Broekaert 等人研究了一些基体物质对具有不同激发能的 Y Ⅱ 谱线强度的影响,发现 $Na_2B_4O_7$ 和 H_3BO_3 存在时,会使 $E_{电离}+E_{激发}$ 为 10 ~ 12 eV 的 Y Ⅱ 谱线强度大大下降(图 7.28)。他们把这种效应归咎于硼酸根离子对 Ar^m 原子的猝灭。因 B—O 键的解离能为 9 eV,略小于 Ar^m 的激发能(11.55 eV 和 11.71 eV),且在等离子体中浓度较大,它们可能与 Ar^m 碰撞而使之猝灭。Ar^m 浓度减小,使 $E_{电离}+E_{激发}$ 与 Ar^m 激发能相近的 Y Ⅱ 谱线的强度减弱。

以上讨论说明,在 ICP 中基体干扰效应是比较小的,但干扰仍然是存在的。一般不需要在分析试样和标准试样中加入光谱缓冲剂,但保持试样溶液和标准溶液具有大致相同的基体也是十分重要的。例如,在进行岩石分析时,需要在标准中加入岩石中的一些主要元素,如 Fe、Al、Ca、Si 等,进行基体匹配。

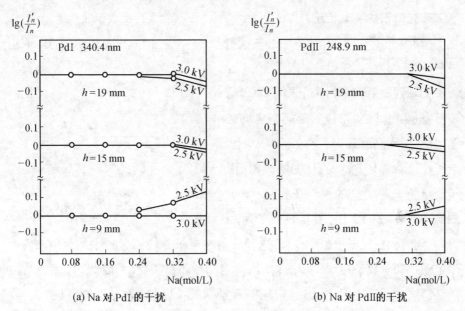

(a) Na 对 PdI 的干扰   (b) Na 对 PdII的干扰

图 7.27   Na 对 Pd 的干扰

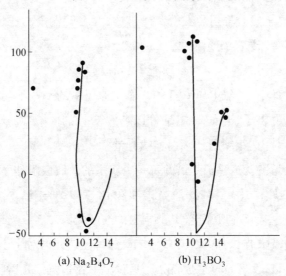

(a) $Na_2B_4O_7$ (b) H_3BO_3

图 7.28 $Na_2B_4O_7$ 和 H_3BO_3 对 YⅡ谱线强度的影响

另外,选取不同的工作参数,即选取不同的功率、载气流速和观测高度,可以增强 ICP 光源的抗干扰能力。

2. 光谱干扰及其校正

(1)背景干扰。ICP 放电中的连续背景,主要是由以下几个方面的原因造成。

①韧致辐射。自由带电粒子的运动速度发生变化时所损失的动能变成电磁辐射能,叫作韧致辐射。在等离子体中,电子经过重粒子(如离子)的附近时,由于受重粒子原子核的库仑场作用,电子的运动速度发生变化,主要是改变运动方向,同时辐射光子(图 7.29)。这种辐射在电子能量较高时才显示出来。由于电子在和重粒子相互作用的前后,动能都是非量子化的,因此叫自由–自由跃迁。这种跃迁辐射连续光谱,辐射背景在长波区(特别是近红外区)较强。当温度升高时,电子密度 n_e 增大,韧致辐射增强。

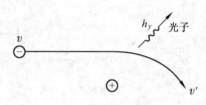

图 7.29　韧致辐射示意图

②离子–电子复合辐射。在等离子体中,存在着电离的逆过程——复合过程。复合过程会辐射连续光谱,即

$$M^+ + e + 动能 = M + h\nu(连续) \tag{7.50}$$

在上述过程中,虽然电子跃迁的终态是原子中的一些不连续的能级,但跃迁的初态是自由电子,它的动能是可以连续变化的。因此,这种跃迁叫作自由–束缚跃迁。自由–束缚跃迁辐射连续光谱。

这种连续光谱就是原子光谱的每一个线系的短波极限外面的连续光谱区。图中表示 Mg^+ 基态 ^2S(Mg^+ 基态的光谱项和 Na 基态的光谱项相同)和电子复合,跃迁到 Mg 基态 ^1S 和亚稳态 ^3P 所辐射的连续光谱。连续光谱的最大波长是这两个线系的极限波长 160 nm 和 251 nm,这种连续光谱对小于 251 nm 光谱区中的谱线(如 Cd228.8 nm)造成背景。这种辐射在很宽的光谱区存在。当温度升高或加入低电离能元素时,电子密度增大,复合光谱增强。

有的作者证明，Ca、Mg、Al 的浓度大于 5 000 μg/mL 时，会产生明显的复合辐射背景（图 7.30），而 K 和 Zn 则不产生复合背景。作者认为，由于 K 的电离能很低（4.3 eV），在 ICP 中极易电离，与复合过程相比电离过程占绝对优势，因此几乎不进行复合辐射。而 Zn 的电离能很高（9.4 eV），在温度较低的等离子体中，Zn 大多以原子形式存在，Zn^+ 密度不高，复合辐射不明显。

上述两种背景辐射均随温度升高而增强，所以在 ICP 中，一般不用其最热部分，即线圈以上几毫米内的感应区作为观测区。随着观测高度增加，感应区的影响减小，背景发射迅速减弱。一般观测高度为线圈以上 15 mm 左右。

增大功率会使背景增强，增大载气流量，因冷却作用，会使背景减弱。因 ICP 的环形感应区是温度最高，背景辐射最强的区域（图 7.31），所以采用端视式 ICP 可以避开环形外区，减小背景。

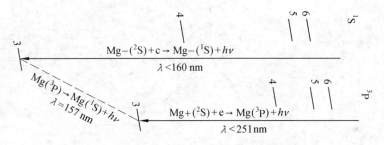

图 7.30 Mg 的自由-束缚跃迁（虚线表示禁戒跃迁）

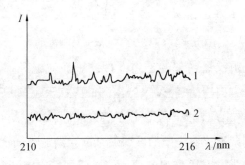

图 7.31 Ca 的连续辐射背景

1—5 000 μg/mL Ca；2—水空白

③分子的辐射。在 ICP 中,因温度比较高和用惰性气氛,因而分子带辐射,特别是稳定氧化物和氮化物的辐射大大减弱。ICP 中最重要的带光谱是 OH 带,它由水蒸气分解形成,波长为281.0～294.5 nm,306.0～324.5 nm,干扰 Bi 306.7 nm、Al 308.2 nm 和 Al 309.2 nm 等谱线的测定。

④杂散光。杂散光是到达检测器的、在待测波长位置处的非待测波长,它由光谱仪的缺陷引起。

光栅刻槽不等距会使一些强发射线的两侧产生不应有的鬼线或伴线,光栅铝面和刻槽粗糙会在整个光谱区产生散射光,对待测谱线造成背景。例如钙质量浓度高时,Ca Ⅱ 393.37 nm 和 396.85 nm 双线会向两侧扩散,对 Al Ⅰ 394.40 nm 产生背景干扰。图 7.32 为 4 000 μg/mL Ca 的背景水平,可见其干扰波及 200～800 nm的整个光谱区。

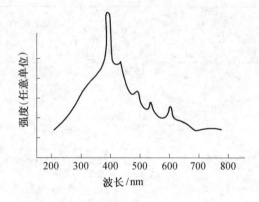

图 7.32　高浓度钙溶液的背景水平

另一类杂散光由仪器内部的透射器件的表面对强发射线的反射所引起。这些反射光向各个方向传播,经过仪器内部的多次反射,最后不经过色散而到达焦面,以连续背景出现,分布在整个光谱区。图 7.33 表示在自准式光谱仪中,由于透镜、透镜架和仪器内壁的反射使杂散光到达焦面上。

在地质样品中常有高质量深度的 K、Na、Ca、Mg、Al 等元素,它们在可见光区有强辐射(因激发能低),而某些检测器(如光电检测器)在可见区的响应比较高,因此它们常常引起比较强的杂散光背景。

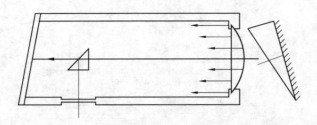

图 7.33　自准式光谱仪中的杂散光

要减少杂散光的干扰除了尽可能选用杂散光小的仪器（如全息光栅光谱仪）外，还可加入滤光片来滤掉干扰波长（如用可吸收 Ca Ⅱ 393.4 nm 和 396.4 nm 的钙滤光片），或者用化学方法除去产生强发射的元素。

（2）谱线重叠干扰。由于 ICP 放电具有较强的激发和电离能力，因而具有较丰富的原子线和离子线，特别是当样品中含有较大质量浓度的多谱线元素（主要是 d 区和 f 元素）时更是这样。多谱线元素的谱线重叠干扰是 ICP 光谱分析中的主要干扰之一。

背景和谱线重叠干扰不仅影响分析的准确度，而且还会使元素的检出限变坏，这是因为背景（包括谱线重叠）波动的标准偏差 S 会增大，造成检出限的偏高。

（3）光谱干扰的常用校正方法。

①离峰校正法。对于背景干扰，一般采用离峰校正法，即在待测谱线附近一定位置处测得背景强度 I_b，由谱线加背景强度 I_{x+b} 中扣除。在光电直读光谱仪中，为了进行离峰测量，必须有专门的扣除背景装置。离峰位置由实验确定，离峰测量及扣除由计算机控制自动进行。

②干扰系数校正法。干扰系数校正法是一种在峰校正法。其方法是先喷入待测元素的标准溶液对待测元素分析通道进行校正，然后喷入一定浓度的干扰元素溶液（不含待测元素），即可求得干扰系数。例如 Co 238.99 nm 受 Fe 238.86 nm 的干扰，对 Co 通道进行校正后，喷入 1 000 μg/mL 的 Fe，测得 Fe 在 Co 通道上可产生 55.0 μg/mL 的表观质量浓度，则干扰系数

$$K = \frac{55.0}{1\,000} = 0.055$$

扣除干扰后 Co 的质量浓度应为

$$C_{Co} = C_{Co+Fe} - K \cdot C_{Fe} \tag{7.51}$$

式中　C_{Fe}——Fe 在待测样品中的实际质量浓度。

　　如干扰元素不止一个,可以按上述方法逐个处理。在实际分析中,需预先测定各个干扰系数,输入计算机中,测完后再扣除干扰。ICP 光源可测定的元素及其检出限见表7.4。

表 7.4　ICP 光源可测定的元素及其检出限(ng/mL)

Li 1.9	Be 0.18											B 3.2	C	N	O	F
Na 19	Mg 0.1											Al 15	Si 8.0	P 51	S	Cl
K	Ca 0.13	Sc 1.0	Bi 2.5	V 3.3	Cr 4.1	Mn 0.93	Fe 3.1	Co 4.0	Ni 6.7	Cu 3.5	Zn 1.2	Ca 31	Ge 27	As 35	Se 50	Br
Rb	Sr 0.28	Y 2.3	Zr 4.7	Nb 24	Mo 5.3	—	Ru 20	Rh 23	Pb 29	Ag 4.7	Cd 1.7	In 42	Sn 17	Sb 21	Te 27	I
Ca	Ba 0.87	La–Lu 6.7 0.67	Hf 8.0	Ta 15	W 20	Re 4.0	Os 0.24	It 18	Pt 20	Au 11	Hg 17	Tl 27	Pb 28	Bi 23		
		U–Th 170 43														

La	Ce	Pt	Nd		Sm	Eu	Gd	Tb	Dy	Ho	Er	Tm	Yb	Ln
6.7	32	25	33	—	29	1.8	9.3	15	6.7	3.8	6.7	3.5	1.2	0.67

　　③多元统计法。当元素间干扰比较简单时,可采用上述方法来扣除干扰,当干扰比较复杂时(例如两种元素互相干扰),则需借助各种多元统计方法,求得扣除干扰后的正确浓度。

　　设元素 i 的光强度 x_i 不仅和质量浓度 c_i 有关,而且和其他共存元素的质量浓度 $c_1, c_2, \cdots, c_n$ 有关,则分析校正函数的形式应为

$$x_i = g_i(c_1, c_2, \cdots, c_n) \tag{7.52}$$

分析求值函数的形式应为

$$c_i = f_i(x_1, x_2, \cdots, x_n) \tag{7.53}$$

c_1 至 c_n 和 x_1 至 x_n 为元素 1 至 n 的浓度和光强度。这个函数关系可以表示为各种近似形式。如元素 j 对元素 i 的影响可表示为一个常数因子 a_{ij}，则可得到一系列线性方程。设试样含三种元素，则可得

$$c_1 = \alpha_{11}x_1 + \alpha_{12}x_2 + \alpha_{13}x_3 \tag{7.54}$$

$$c_2 = \alpha_{21}x_1 + \alpha_{22}x_2 + \alpha_{23}x_3 \tag{7.55}$$

$$c_3 = \alpha_{31}x_1 + \alpha_{32}x_2 + \alpha_{33}x_3 \tag{7.56}$$

其中 a_{ij} 为第 i 种元素对第 j 种元素的影响校正因子。利用含有这三种元素的三个标准样，可列出有 9 个未知数的方程值，用多元回归方法求出 9 个校正因子。有了校正因子就可求出未知试样的浓度。

由于方程组常常难以求解，故多用各种不同的方法求近似解，如偏最小二乘法、卡尔曼滤波法、模式识别等方法。

7.5　ICP 光谱的应用与进展

7.5.1　ICP 光谱的应用

ICP 发射光谱分析的应用非常广泛。近年来 ICP 与高性能的电子计算机控制的高度自动化多道或单道扫描式光电直读光谱仪相结合，使 ICP 光源的特点与原子发射光谱能进行多元素同时分析的优点相得益彰。在分析化学中的地位越来越引人注目。它广泛地用于各种水的监控分析；生物体液的生理与生化分析；油类、土壤成分、金属与合金分析；动植物与人体的器官和组织、食品与饮料、空气尘埃的分析；电子工业中的薄膜材料及半导体超纯材料、无机酸、高纯试剂及各类化学制品的分析。

另外，ICP 与其他分析技术结合可进一步提高分析方法的检测能力。由于 ICP 放电具有很强的挥发、解离、电离和激发能力，在 ICP 发射光谱分析中，它

同时起了原子化和激发两重作用。在其他分析测试方法中,它可以单独作为激发源或原子化器、或离子化器,充分发挥它固有的激发和原子化温度高、稳定性好和基体干扰效应小的特点。在这方面,近年来有很大的发展。

1. 等离子体质谱分析(ICP-MS)

用 ICP 作为质谱分析的离子源称为 ICP-质谱法,它是在 20 世纪 80 年代发展起来的痕量、超痕量分析方法。这种方法的优点是:①与元素的光谱相比,元素的质谱十分简单,谱线干扰少;②ICP-MS 可在大气压下连续操作,避免了火花源质谱法需要高真空和不连续操作的困难,因而分析速度快;③ICP-MS可以测定同位素比值;④ICP-MS 比 ICP-光谱法的检出限要低得多(约低 2 个数量级),达到 0.001 ~ 0.1 ng/mL。这是最主要的优点,它使 ICP-MS 成为痕量、超痕量分析的有力工具。虽然仪器昂贵,但在最近 10 年得到迅速的发展,并具有广阔的发展前景。

2. 等离子体原子吸收分析(ICP-AAS)和等离子体原子荧光分析(ICP-AFS)

如前所述 ICP 最主要的优点是挥发原子化干扰和激发电离干扰小,但用于发射光谱分析时光谱干扰比较严重,而 AAS 和 AFS 最主要的优点之一是光谱干扰比较小,所以 ICP 和 AAS、AFS 相结合可以取长补短。当 ICP 用于 AAS 作为原子化器时因吸光路程短不太理想,应用较少。

在 AFS 中,ICP 既可作为激发源,又可作为原子化器。ICP 作为 AFS 的激发源,其主要优点是发射强度大、稳定,自吸效应小和运用于多元素分析。ICP作为 AFS 的原子化器的主要优点是原子化温度高、电子密度大,适用于难熔、难挥发、难原子化的元素的分析,而且化学和电离干扰小。以 ICP 为原子化器,以脉冲染料激光为激发源的 AFS 可以间接得到原子荧光和离子荧光。

7.5.2　ICP-AES 的进展

ICP-AES 在继续发展,不论在理论研究上还是在应用范围上都在不断地深入和扩大。

这里简要介绍几种较重要的方法。

1. 轴向观测

至今所有涉及 ICP-AES 的研究和应用,几乎都是利用侧向(side on)观测,即检测原子辐射使与竖直放置的等离子体的轴心成直角方向。D. R. Demers 进行了轴向的 ICP 研究。轴向观测是将 ICP 炬管按水平方向放置,将等离子体焰的轴心与摄谱仪光轴成一条直线,从轴向等离子体来观测原子辐射的强度。

ICP 的温度呈轴向梯度变化,不同元素都有一个最佳观察高度,使用侧向观察进行多元素同时分析只能取适中的观察高度。然而轴向 ICP 对于单个或多元素只有一个最佳观察范围,并且是相同的,而且很容易放置,这就为多元素同时分析提供了最佳条件的选择。但是轴向法的检出限有明显降低的现象。

2. 氮等离子体炬

现在 ICP 的一个显著的缺点是大量的消耗氩气,为解决这个问题,有人用 N_2 代替 Ar 并与 Ar-ICP 进行比较。

Ar-ICP 比 N_2-ICP 有较高的等离子体温度和较大的等离子体积,气溶胶载气的轴向气体流速也比在 N_2-ICP 中大。维持 N_2-ICP 比 Ar-ICP 所要求的功率大(约要大 6 倍),在同一条件下 N_2-ICP 的背景要大于 Ar-ICP。

3. 小炬管 ICP

小型 ICP 比常规 ICP 的体积小 33%。它只需要 1 kW 的射频功率,只是常规 ICP 的 1/3。冷却气只需 8 L/min 左右,大约是常规的 50%。但它的检出限、多元素分析能力、等离子体温度及其分析能力与常规 ICP 相同。

总之,ICP 是一种优良的激发光源,在各类样品的分析应用上将会有越来越宽广的前景。

参考文献

[1] 寿曼立.发射光谱分析[M].北京:地质出版社,1985.

[2] 徐秋心.实用发射光谱分析[M].成都:四川科学技术出版社,1992.

[3] 曾永淮.仪器分析[M].北京:高等教育出版社,2003.

[4] 严凤霞,王筱敏.现代透射仪器分析选论[M].上海:华东师大出版社,1992.

[5] 辛仁轩.等离子体发射高频分析[M].北京:化学工业出版社,2005.

[6] 郭德济,孙洪飞.光谱分析法[M].重庆:重庆大学出版社,1994.

[7] LIFSHIN E.材料的特征检测[M].北京:科学出版社,1998.

[8] 黄新民,解挺.材料分析测试方法[M].北京:国防工业出版社,2006.

[9] 王成国.材料分析测试方法[M].上海:上海交通大学出版社,1994.

[10] 吴谋成.仪器分析[M].北京:科学出版社,2003.

[11] 武汉大学化学系.仪器分析[M].北京:高等教育出版社,2001.

[12] 董慧茹.仪器分析[M].北京:化学工业出版社,2000.

[13] 刘约权.现代仪器分析[M].北京:高等教育出版社,2006.

[14] 陈培榕,李景虹,邓勃.现代仪器分析实验与技术[M].北京:清华大学出版社,2006.

[15] 江祖成.现代原子发射光谱分析[M].北京:科学出版社,1999.

[16] 寿曼立.仪器分析[M].北京:地质出版社,1985.

第8章 红外吸收光谱法

红外光谱法是利用红外分光光度计测量物质对红外光的吸收,及所产生的红外吸收光谱对物质的组成和结构进行分析测定的方法,称为红外吸收光谱法(Infrared absorption spectrum,IR)或红外分光光度法。

8.1 引 言

8.1.1 红外光区的划分

红外辐射(或称红外光)是波长接近于可见光但能量比可见光低的电磁辐射,其波长为 0.75~1 000 μm,根据所采用的实验技术以及获取的信息不同,将红外光按波长划分为三个区域见表 8.1。

表 8.1 红外光谱的三个区域

区 域	$\lambda/\mu m$	σ/cm^{-1}	能级跃迁类型
近近红外(泛频区)	0.75~2.5	13 158~4 000	OH、NH 及 CH 键的倍频吸收
中红外区(基频区)	2.5~25	4 000~400	分子中原子振动和分子转动
远红外区(转动区)	25~1 000	400~10	分子转动、骨架振动

由于绝大多数有机物和无机物的基频吸收带都出现在中红外区,因此中红外区是研究和应用最多的区域,积累的资料也最多,相关的仪器和技术也最为成熟。所以,通常所说的红外光谱即指中红外光谱。

8.1.2 红外光谱的表示方法

当一定频率的红外辐射作用于物质分子时,物质分子将吸收一定频率的红外辐射。当物质分子中某个基团的振动频率和红外光的频率一致时,两者发生共振,分子吸收能量,由原来的振动(转动)能级的基态跃迁到能量较高的振动(转动)能级。将分子吸收红外辐射的情况用仪器记录下来即可得到红外光谱图。

一般用 $T-\bar{\nu}$ 曲线或 $T-\lambda$ 曲线来表示红外光谱。在红外光谱图中,横坐标表示吸收峰的位置,常用波长(λ)及波数($\bar{\nu}$)两种标度,其单位分别为 μm 和 cm^{-1},它们之间的关系是

$$\bar{\nu}/\text{cm}^{-1} = \frac{1}{\lambda(\text{cm})} = \frac{10^4}{\lambda(\mu\text{m})} \tag{8.1}$$

波长按微米等间隔分度的称为线性波长表示法;按波数等间隔分度的称为线性波数表示法。必须注意,同一样品用线性波长表示和用线性波数表示的光谱图外貌是有差异的。红外光谱图的纵轴常用透光率($T\%$)表示,$T\% = \dfrac{I}{I_0}$,其中,I_0 是入射光强度,I 是透过光强度。$T-\bar{\nu}$ 或 $T-\lambda$ 曲线上的吸收峰是图谱上的谷。

8.1.3　红外光谱法的特点和应用

1. 红外光谱的光谱范畴

红外光谱属于分子光谱范畴,是分子在红外区产生的振动-转动光谱,主要研究在振动中伴随着偶极距变化的化合物。因此,除了单原子分子和同核分子外,几乎所有化合物均可用红外光谱法进行研究,研究对象和适用范围更加广泛。

2. 红外光谱的高度特征性

红外光谱最突出的特点是具有的高度特征性,除透射异构体外,每种化合物都有自己特征的红外光谱。它作为"分子指纹"被广泛地用于分子结构的基础研究和化学组成的分析上。红外吸收谱带的波数位置、波峰的数目及强度,反映了分子结构上的特点,可以用来鉴定未知物的分子结构组成或确定其化学基团;谱带的吸收强度与分子组成或其化学基团的含量有关,可用于定量分析或纯度鉴定。

3. 红外光谱法测试的优点

红外光谱法对气体、液体、固体样品都可以测定,具有样品用量少、分析速度快、不破坏样品等特点。

4. 红外光谱法的发展优势

自 20 世纪 70 年代以来,随着计算机的高速发展以及傅里叶变换红外光谱仪和各种联用技术的出现,大大拓宽了红外光谱法的应用范围。例如,红外与色谱联用可以进行多组分样品的分离和定性;与拉曼光谱的联用可以得到红外光谱弱吸收的信息等,这些新技术为物质结构的研究提供了更多的手段。因此红外光谱法称为现代分析化学和结构化学不可缺少的工具,被广泛地应用于有机化学、高分子化学、无机化学、化工、催化、石油、材料、生物、医学和环境等领域。

8.2　基本原理

8.2.1　红外光谱的产生

红外光谱是由分子振动能级的跃迁同时伴随转动能级跃迁而产生的,因此红外光谱的吸收峰是有一定宽度的吸收带。

物质吸收红外光应满足两个条件:一是辐射光子的能量与发生振动和转动能级间的跃迁所需要的能量相等;二是分子振动必须伴有偶极距的变化,辐射与物质之间必须有相互作用。因此当一定频率的红外光照射分子时,如果分子中某个基团的振动频率与其一致,同时分子在振动中伴随有偶极矩变化,这时物质的分子就产生红外吸收。

分子内的原子在其平衡位置上处于不断的振动状态,对于非极性双原子分子如 N_2、O_2 和 H_2 等完全对称的分子,其偶极矩 $\mu = q \cdot d = q \cdot 0 = 0$,分子的振动并不引起 μ 的改变,因此,它与红外光不发生耦合,所以不产生红外吸收;当分子是一个偶极分子($\mu \neq 0$),如 H_2O、HCl 时,由于分子中的振动使得 d 的瞬间值不断改变,因而分子的 μ 也不断改变,分子的振动频率使分子的偶极矩也有一个固定的频率。当红外光照射时,只有当红外光的频率与分子的偶极矩的变化频率相匹配时,分子的振动才能与红外光发生耦合(振动耦合)而增加其振动能,使得振幅加大,即分子由原来的振动基态跃迁到激发态。可见并非所有的振动都会产生红外吸收。凡能产生红外吸收的振动称为红外活性振动,否则就是红外非活性振动。

除了对称分子外,几乎所有的有机化合物和许多无机化合物都有相应的红外吸收光谱,其特征性很强,几乎所有具有不同结构的化合物都有不同的红外光谱。谱图中的吸收峰与分子中各基团的振动特性相对应,所以红外吸收光谱是确定化学基团、鉴定未知物结构的重要工具之一。

8.2.2 分子振动的形式

1. 双原子分子的振动

(1)谐振子振动。将双原子看成质量为 m_1 与 m_2 的两个小球,把连接它们的化学键看作质量可以忽略的弹簧,那么原子在平衡位置附近的伸缩振动,可以近似看成一个简谐振动。量子力学证明,分子振动的总能量为

$$E_{振} = \left(v + \frac{1}{2}\right) h\nu \tag{8.2}$$

其中,$v = 0, 1, 2, 3, \cdots$,ν 为振动频率。

根据虎克定律

$$\bar{\nu} = \frac{1}{2}\sqrt{\frac{\kappa}{\mu}} \tag{8.3}$$

式中　μ——原子的折合质量;

　　k——键力常数。

根据式(8.2)和(8.3)可得

$$E_{振} = \frac{h}{2\pi}\sqrt{\frac{\kappa}{\mu}}\left(v + \frac{1}{2}\right) \tag{8.4}$$

在通常情况下,分子大都处于基态振动,一般极性分子吸收红外光主要属于基态($v=0$)到第一激发态($v=1$)之间的跃迁,即 $\Delta v = 1$,其能量的变化为

$$\Delta E = \frac{h}{2\pi}\sqrt{\frac{\kappa}{\mu}}\,(\Delta v) = \frac{h}{2\pi}\sqrt{\frac{\kappa}{\mu}} \tag{8.5}$$

而其对应的谱带称为基频吸收带或基本振动谱带。若用波数（cm^{-1}）表示，式（8.5）可改写成

$$\bar{\nu}/\text{cm}^{-1} = \frac{1}{2\pi c}\sqrt{\frac{\kappa}{\mu}} \tag{8.6}$$

或

$$\bar{\nu}/\text{cm}^{-1} = 1\ 307\sqrt{\frac{\kappa}{\mu}} \tag{8.7}$$

应该注意的是，当用式（8.7）计算 $\bar{\nu}$ 时，键力常数 k 应采用 N/cm 为单位。而 μ 应采用原子质量单位（u）为单位。

非极性的同核双原子分子在振动过程中，偶极矩不发生变化，$\Delta v = 0$，$\Delta E_{振} = 0$，故无振动吸收，为非红外活性。

根据式（8.6）或式（8.7）和红外光谱的测量数据，可以测量各种类型的化学键力常数 k。一般来说，单键键力常数的平均值约为 5 N/cm，而双键和三键的键力常数分别是此值的二倍和三倍左右。相反，利用这些实验得到的键力常数的平均值和式（8.6）或（8.7），可以估算各种键型的基频吸收峰的波数。例如，H—Cl 的 k 为 5.1 N/cm。根据式（8.6）计算其基频吸收峰频率应为 2 993 cm^{-1}，而红外光谱实测值为 2 885.9 cm^{-1}。

从式（8.7）可以看出，化学键的键力常数 k 越大，原子折合质量 μ 越小，则化学键的振动频率越高，吸收峰将出现在高波数区，相反则出现在低波数区。例如，$\equiv$C—C$\equiv$，$=$C$=$C$=$，—C$\equiv$C—，这三种碳–碳的原子质量相同，但键力常数的大小顺序是：三键>双键>单键，所以，在红外光谱中吸收峰出现的位置不同：C$\equiv$C（约 2 222 cm^{-1}）> C$=$C（约 1 667 cm^{-1}）>C—C（约 1 429 cm^{-1}）。又如，C—C，C—N，C—O 键力常数相近，原子折合质量不同，其大小顺序为C—C<C—N<C—O，故这三种键的基频振动峰分别出现在 1 430 cm^{-1}，1 330 cm^{-1} 和 1 280 cm^{-1} 处。

（2）非谐振子。由于双原子分子并非理想的谐振子，因此用式（8.7）计算 H—Cl 的基频吸收带时，得到的只是一个近似值；从量子力学得到的非谐振子基频吸收带的位置 $\bar{\nu}'$ 为

$$\bar{\nu}' = \bar{\nu} - 2\sigma x \tag{8.8}$$

式中 　x——非谐振常数。

从式(8.8)可以看出,非谐振子的双原子分子的真实吸收峰比按谐振子处理时低 $2\nu x$ 波数。所以,用式(8.8)计算 H—Cl 的基频峰位,比实测值大。

量子力学证明,非谐振子的 Δv 可以取 $\pm 1, \pm 2, \pm 3, \cdots$,这样,在红外光谱中除了可以观察到强的基频吸收带外,还可能看到弱的倍频吸收峰,即振动量子数变化大于 1 的跃迁。

2. 多原子分子的振动

(1)振动的分类。双原子分子只有一种振动方式——沿键轴方向的伸缩振动,而多原子分子则有多种振动方式,不仅有伸缩振动,而且还有键角发生变化的弯曲振动,图 8.1 以亚甲基为例,表示了多原子分子中各种振动形式。

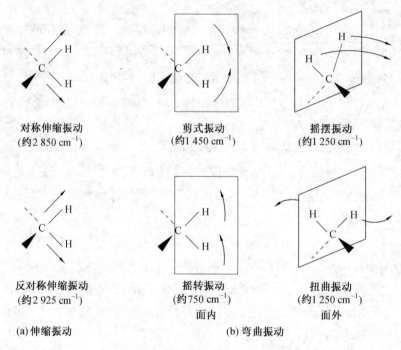

对称伸缩振动
(约 2 850 cm^{-1})　　剪式振动
(约 1 450 cm^{-1})　　摇摆振动
(约 1 250 cm^{-1})

反对称伸缩振动
(约 2 925 cm^{-1})　　摇转振动
(约 750 cm^{-1})
　面内　　扭曲振动
(约 1 250 cm^{-1})
　面外

(a)伸缩振动　　　　　　(b)弯曲振动

图 8.1　亚甲基的各种振动形式

①伸缩振动。原子沿化学键的轴线方向的伸展和收缩(以 v 表示)。振动时键长变化,键角不变。根据各原子的振动方向不同,伸缩振动又分为对称伸缩振动(v_s)和不对称伸缩振动(v_{as})。

在环状化合物中,还有一种完全对称的伸缩振动叫骨架振动或呼吸振动。

②弯曲振动又称变形振动。振动时键长不变、键角变化,以 δ 表示。弯曲振动分为面内弯曲振动和面外弯曲振动。面内弯曲振动又分为剪式振动(δ)和平面振动摇摆(ρ);面外弯曲振动又分为面外摇摆(ω)和扭曲振动(τ)。

(2)基本振动的理论数。从理论上讲,分子的每一种振动形式都会产生一个基频峰,也就是说一个多原子分子所产生的基频峰的数目应该等于分子所具有的振动形式的数目,那么一个由 N 个原子组成的分子的振动形式有多少呢?理论证明,对于非线性分子应有 $3N-6$ 个振动形式,对于线性分子有 $3N-5$ 个振动形式。这就是说,对于非线性分子,有($3N-6$)个基本振动(又称简正振动),对于线性分子,则有($3N-5$)个基本振动。如 CO_2 分子是线性分子,其振动自由度为 $3\times3-5=4$。CO_2 的四种振动形式与红外吸收的关系如下:

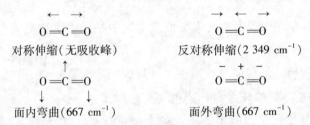

由于其对称伸缩振动没有偶极矩的改变,是非红外活性的,不产生吸收峰,面内弯曲和面外弯曲产生的吸收峰重叠,这样 CO_2 只有两个基频峰。

实际上大多数化合物在红外光谱图上出现的吸收峰数目比理论计算数少得多,这是由于:

①没有偶极矩变化的振动不产生红外吸收。

②某些振动吸收频率完全相同时,简并为一个吸收峰,某些振动吸收频率十分接近时,仪器不能分辨,表现为一个吸收峰。

③某些振动吸收强度太弱,仪器检测不出。

④某些振动吸收频率,超出了仪器的检测范围。

另外,还存在一些因素可使红外吸收峰增多:

①倍频峰和组(合)频峰的产生。

②振动耦合。两个基团相邻且它们的振动频率又相差不大时,其相应的特

征峰会发生分裂而形成两个峰,这种现象称为振动耦合,它引起吸收频率偏离基频,一个移向高频方向,一个移向低频方向。如异丙基的两个 CH_3 的相互振动耦合作用,引起 CH_3 弯曲振动 $1\ 380\ cm^{-1}$ 处的峰分裂为强度差不多的两个峰。

③费米(Fermi)共振。当倍频或组合频峰位相近时,由于相互作用而产生强吸收带或发生峰的分裂,这种倍频峰或组合频峰与基频峰之间耦合称为费米共振。大多数醛的红外光谱在 $2\ 820\ cm^{-1}$ 和 $2\ 720\ cm^{-1}$ 附近出现强度相近的双峰是费米共振的典型例子。这两个谱带是由于醛基的 C—H 伸缩振动与其弯曲振动的倍频之间发生费米共振的结果。

总之,由于上述各种因素,多原子分子组成的有机物分子的红外光谱带比较多。

8.2.3　影响红外吸收峰强度的因素

影响吸收峰强弱的主要因素是振动能级的跃迁概率和振动过程中偶极矩的变化:

①由基态振动能级向第一激发态跃迁的概率大,向第二、三激发态跃迁概率小,所以一般基频峰较强,而倍频峰很弱。

②在振动过程中偶极矩的变化越大,产生的吸收峰越强。一般极性基团(如 O—H、C=O、N—H 等)在振动时偶极矩变化较大,有较强的红外吸收峰;而非极性基团(如 C—C、C=O 等)的红外吸收峰较弱,在分子比较对称时,其吸收峰更弱。

8.3　基团频率与特征吸收峰

物质的红外光谱是其分子结构的反映,谱图中的吸收峰与分子中各基团的振动形式相对应。多原子分子的红外光谱与其结构的关系,一般是通过实验手段得到的。这就是通过比较大量已知化合物的红外光谱,从中总结出各种基团的吸收规律来。实验表明,组成分子的各种基团,如 O—H、C=O、N—H、C—H、C≡C、C=C 等,都有自己特定的红外吸收区域,分子其他部分对其吸收位置影响较小。通常把这种能代表基团存在并有较高强度的吸收谱带称为基团频率,其所在的位置一般又称为特征吸收峰。

根据化学键的性质,结合波数与力常数、折合质量之间的关系,可将红外 $4\,000 \sim 400\ cm^{-1}$ 划分为四个区,见表 8.2。

表 8.2

$4\,000 \sim 2\,500\ cm^{-1}$,氢键区	$2\,500 \sim 2\,000\ cm^{-1}$,叁键区	$2\,000 \sim 1\,500\ cm^{-1}$,双键区	$1\,500 \sim 1\,000\ cm^{-1}$,单键区
产生吸收基团有 O—H	C≡C	C=C	—C—C—
C—H	C≡N	C=O 等	
X—H	C=O=C		—C—N 等

按吸收的特征,又可划分为官能团区和指纹区。

8.3.1　官能团区和指纹区

红外光谱的整个范围可分成 $4\,000 \sim 1\,300\ cm^{-1}$ 与 $1\,300 \sim 600\ cm^{-1}$ 两个区域。

$4\,000 \sim 1\,300\ cm^{-1}$ 区域的峰是由伸缩振动产生吸收带。由于基团的特征吸收峰一般位于此高频范围,并且在该区域内,吸收峰比较稀疏,因此,它是基团鉴定工作最有价值的区域,称为官能团区。

在 $1\,300 \sim 600\ cm^{-1}$ 区域中,除单键的伸缩振动外,还有因变形振动产生的复杂光区。当分子结构稍有不同时,该区的吸收就有细微的差异。这种情况就像每个人都有不同的指纹一样,因而称为指纹区。指纹区对于区别结构类似的化合物很有帮助。

指纹区可分为两个波段:

(1) $1\,300 \sim 900\ cm^{-1}$ 这一区域包括 C—O、C—N、C—F、C—P、C—S、P—O、Si—O 等键的伸缩振动和 C=S、S=O、P=O 等双键的伸缩振动吸收。

(2) $900 \sim 600\ cm^{-1}$ 这一区域的吸收峰是很有用的。例如,可以指示 $\pm CH_2 \pm_n$ 的存在。实验证明,当 $n \geqslant 4$ 时,—CH_2— 的平面摇摆振动吸收出现在 $722\ cm^{-1}$;随着 n 的减小,逐渐移向高波数。此区域内的吸收峰还可以为鉴别烯烃的取代程度和构型提供信息。例如,当烯烃为 $RCH = CH_2$ 结构时,在 900 和 $910\ cm^{-1}$ 处出现两个强峰;当 RC=CRH 结构时,其顺、反异构分别在 690 和 $970\ cm^{-1}$ 处出现吸收。此外,利用本区域中苯环的 C—H 面外变形振动吸收峰和2 000 ~ 1 667 cm^{-1}区域苯的倍频或组合频吸收峰,可以共同配合来确定苯环的取代类型。图 8.2 给出不同的苯环取代类型在 2 000 ~ 1 667 cm^{-1} 和 900 ~ 600 cm^{-1}区域的图形。

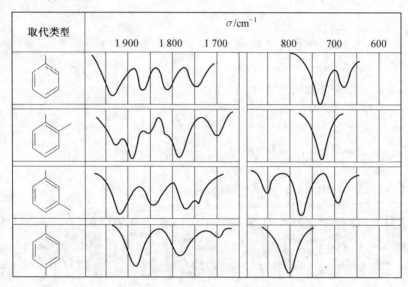

图 8.2　苯环取代类型在 2 000 ~ 1 667 cm^{-1}和 900 ~ 600 cm^{-1}的图形

8.3.2　主要基团的特征吸收峰

在红外光谱中,每种红外活性的振动都相应产生一个吸收峰,所以情况十分复杂。例如, —C—OH 基团除在 3 700 ~ 3 600 cm^{-1}有 O—H 的伸缩振动吸收外,还应在 1 450 ~ 1 300 cm^{-1}和 1 160 ~ 1 000 cm^{-1}分别有 O—H 的面内变形振动和 C—O 的伸缩振动。后面的两个峰的出现,能进一步证明 —C—OH 的存在。因此,用红外光谱来确定化合物是否存在某种官能团时,首先应该注意在官能团区它的特征峰是否存在,同时也应找到它们的相关峰作为旁证。这样,有必要了解各类化合物的特征吸收峰。表 8.3 列出了主要官能团的特征吸收峰的范围。

表 8.3　主要基团的红外特征吸收峰

各类化合物官能团特征峰频率范围　强吸收　中等吸收　弱或可变

游离羟基
分子间缔合羟基
分子内整合羟基

游离氨基
缔合氨基
N—CH₃
铵盐

CH₃,CH₂,CH
C(CH₃)₂
(CH₂)ₙ,(n≥4)

=C—H,C≡C

C=NH, N=N
—NOH, C=N⁺H—

C≡CH
C=C=C,
X=C=Y
—C≡C—
—C≡N
—N=C

芳、杂环

酸酐
酰卤
酯
内脂
醛
酮
X—CO—Y

羧酸
羧酸离子
氨基酸
酰胺

硝基化合物
亚硝基化合物
硝酸酯
亚硝酸酯
氮氧化合物

8.3.3 影响基团频率的因素

尽管基团频率主要由其原子的质量及原子的力常数决定,但分子内部结构和外部环境的改变都会使其频率发生改变,因而使得许多具有同样基团的化合物在红外光谱图中出现在一个较大的频率范围内。为此,了解影响基团振动频率的因素,对于解析红外光谱和推断分子的结构是非常有用的。影响基团频率的因素可分为内部和外部两类。

1. 内部因素

(1)电子效应。

①诱导效应(I效应)。由于取代基具有不同的电负性,通过静电诱导效应,引起分子中电子分布的变化,改变了键的力常数,使键或基团的特征频率发生位移。例如,当有电负性较强的元素与羰基上的碳原子相连时,由于诱导效

应,就会发生氧上的电子转移; $R-\overset{\overset{\displaystyle \ddot{O}}{\|}}{C}\to Cl$ 导致 $C=O$ 键的力常数变大,因而

使 $C=O$ 的吸收向高波数方向移动。元素的电负性越强,诱导效应越强,吸收峰向高波数移动的程度越显著,见表8.4。

表8.4 元素的电负性对 $\nu_{C=O}$ 的影响

R—C,O—X	X=R'	X=H	X=Cl	X=F	R=F , X=F
$\nu_{C=O}$ /cm^{-1}	1 715	1 730	1 800	1 920	1 928

②中介效应(M效应)。在化合物 $R-\overset{\overset{\displaystyle O}{\|}}{C}-NH_2$ 中,$C=O$ 伸缩振动产生的吸收峰在 1 680 cm^{-1} 附近。若以电负性来衡量诱导效应,则比碳原子电负性大的氮原子应使 $C=O$ 键的力常数增加,吸收峰应大于酮羰基的频率(1 715 cm^{-1})。但实际情况正好相反,所以仅用诱导效应不能解释造成上述频率降低的原因。事实上,在酰胺分子中除了氮原子的诱导效应外,还同时存在中介效应 M,即氮原子的孤对电子与 $C=O$ 上 π 电子发生重叠,使它们的电子

云密度平均化,造成 C ═O 键的力常数下降,使吸收频率向低波数侧位移。显然,当分子中有氧原子与多重键相连时,也同样存在中介效应。对同一基团来说,若诱导效应 I 和中介效应 M 同时存在,则振动频率最后位移的方向和程度,取决于这两种效应的净结果。当 I>M 时,振动频率向高波数移动;反之,振动频率向低波数移动。例如

$$
\begin{array}{ccc}
\overset{\displaystyle O}{\underset{\displaystyle \|}{}} & \overset{\displaystyle O}{\underset{\displaystyle \|}{}} & \overset{\displaystyle O}{\underset{\displaystyle \|}{}} \\
R\text{—}C\overset{\curvearrowright}{\text{—}}OR & R\text{—}C\overset{\curvearrowright}{\text{—}}R' & R\text{—}C\overset{\curvearrowright}{\text{—}}SR
\end{array}
$$

③共轭效应(C 效应)。共轭效应使共轭体系具有共面性且使其电子云密度平均化,造成双键略有伸长,单键略有缩短,因此双键的吸收频率向低波数方向位移。例如,R—CO—CH$_2$— 的 $\nu_{C=O}$ 出现在 1 715 cm^{-1},而 CH═CH—CO—CH$_2$ 的 $\nu_{C=O}$ 则出现在 1 685 ～ 1 665 cm^{-1}。

(2)氢键的影响。分子中的一个质子给予体 X—H 和一个质子接受体 Y 形成氢键 X—H------Y,使氢原子周围力场发生变化,从而使 X—H 振动的力常数和其相连的 H------Y 的力常数发生变化,这样造成 X—H 的伸缩振动频率往低波数侧移动,吸收强度增大,谱带变宽。此外,对质子接受体也有一定的影响。若羰基是质子接受体,则 $\nu_{C=O}$ 也向低波数移动。以羧酸为例,当用其气体或非极性溶剂的极稀溶液测定时,可以在 1 760 cm^{-1} 处看到游离 C ═O 伸缩振动吸收峰;若测定液态或固态的羧酸,则只在 1 760 cm^{-1} 处出现一个缔合的 C ═O 伸缩振动吸收峰,这说明分子以二聚体的形式存在。

氢键可分为分子间氢键和分子内氢键。分子内氢键与溶液的浓度和溶剂的性质有关。例如,以 CCl$_4$ 为溶剂测定乙醇的红外光谱,当乙醇浓度小于 0.01 mol/L时,分子间不形成氢键,而只显示游离 OH 的吸收(3 640 cm^{-1});但随着溶液中乙醇浓度的增加,游离羟基的吸收减弱,而二聚体(3 515 cm^{-1})和多聚体(3 350 cm^{-1})的吸收相继出现,并显著增加。当乙醇浓度为 1.0 mol/L 时,主要是以多缔合形式存在,如图8.3所示。

由于分子内氢键 X—H------Y 不在同一直线上,因此它的 X—H 伸缩振动谱带位置、强度和形状的改变,均较分子间氢键为小。应该指出,分子内氢键不

受溶液浓度的影响,因此用改变溶液浓度的办法进行测定,可以与分子间氢键区别。

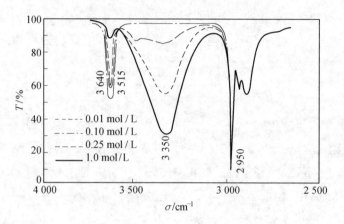

图 8.3　不同浓度乙醇在 CCl_4 溶液中的红外光谱片段

（3）振动耦合。振动耦合是指当两个化学键振动的频率相等或相近并具有一公共原子时,由于一个键的振动通过公共原子使另一个键的长度发生改变,产生一个"微扰",从而形成了强烈的相互作用,这种相互作用的结果,使振动频率发生变化,一个向低频移动,一个向高频移动。

振动耦合常常出现在一些二羰基化合物中。例如,在 $R-O-O-C-R$ 中,由于两个羰基的振动耦合,使 $\nu_{C=O}$ 的吸收峰分裂成两个峰,分别出现在 $1\ 820\ cm^{-1}$ 和 $1\ 760\ cm^{-1}$。

（4）费米（Fermi）共振。当弱的倍频（或组合峰）位于某强的基频吸收峰附近时,它们的吸收峰强度常常随之增加,或发生谱峰分裂。这种倍频（或组合频）与基频之间的振动耦合,称为费米共振。

例如,在正丁基乙烯基醚（$C_4H_9-O-C=CH_2$）中,烯基 $\omega_{=CH}\ 810\ cm^{-1}$ 的倍频（约在 $1\ 600\ cm^{-1}$）与烯基的 $\nu_{C=C}$ 发生费米共振,结果在 $1\ 640\ cm^{-1}$ 和 $1\ 613\ cm^{-1}$ 出现两个强的谱带。

2. 外部因素

外部因素主要指测定物质的状态以及溶剂效应等因素。

　　同一物质在不同状态时,由于分子间相互作用力不同,所得光谱也往往不同。分子在气态时,其相互作用很弱,此时可以观察到伴随振动光谱的转动精细结构。液态和固态分子间的作用力较强,在有极性基团存在时,可能发生分子间的缔合或形成氢键,导致特征吸收带频率、强度和形状有较大改变。例如,丙酮在气态时的 $\nu_{C=O}$ 为 1 742 cm^{-1},而在液态时为 1 718 cm^{-1}。

　　在溶液中测定光谱时,由于溶剂的种类、溶液的浓度和测定时的温度不同,同一物质所测得光谱也不相同。通常在极性溶剂中,溶质分子的极性基团的伸缩振动频率随溶剂极性的增加而向低波数方向移动,并且强度增大。因此,在红外光谱测定中,应尽量采用非极性溶剂。

8.4　红外吸收光谱解析

8.4.1　红外吸收光谱中的重要区段

　　红外光谱的最大特点是具有特征性。有机化合物的种类很多,大部分是由 C、H、O、N 四种元素组成的,所以说大部分有机物质的红外光谱基本上都是由这四种元素所组成的化学键的振动贡献的。在红外光谱中吸收峰的位置和强度取决于分子中各基团(化学键)的振动形式和所处的化学环境。只要掌握了各种基团的振动频率及其位移规律,就可应用红外光谱来鉴定化合物中存在的基团及其在分子中的相对位置。例如图 8.4 是分子式为 $C_5H_{12}O$ 液体化合物的红外光谱图。图中 3 300 cm^{-1} 宽吸收峰是由缔合的 OH 伸缩振动产生的吸收峰,因此从红外光谱即可判断该化合物中含有 OH。1 052 cm^{-1} 吸收峰可以确定它是伯醇。1 565 cm^{-1}、1 376 cm^{-1} 及 1 725 cm^{-1} 是由 C—H 的弯曲振动产生的吸收峰,$n \geqslant 4$。与分子式一起考虑可判定该化合物是正戊醇。

　　常见的化学基团在波数 4 000 ~ 670 cm^{-1}(波长 2.5 ~ 15 μm)范围内都有各自的特征吸收,这个红外范围又是一般红外分光光度计的工作范围。在使用时,为了便于对红外光谱进行解析,通常将这个波数范围划分为 8 个重要的区段,见表 8.5。参考表 8.5 可推测化合物的红外光谱吸收特征,或根据红外光谱特征,初步推测化合物中可能存在的基团。

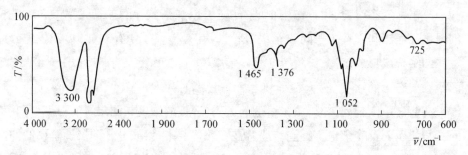

图 8.4 $C_5H_{12}O$ 的 IR 光谱

表 8.5   红外光谱的 8 个重要区域

波长/μm	波数/cm⁻¹	键的振动类型
2.7 ~ 3.3	3 750 ~ 3 000	ν_{O-H}, ν_{N-H}
3.0 ~ 3.3	3 300 ~ 3 000	ν_{C-H}(—C≡C—H 、 C=C—H ,Ar—H)
3.3 ~ 3.7	3 000 ~ 2 700	ν_{C-H}(CH₃-、—CH₂-、(—C—H 、—C—H))
4.2 ~ 4.9	2 400 ~ 2 100	$\nu_{C≡C}$, $\nu_{C≡N}$
5.3 ~ 6.1	1 900 ~ 1 650	$\nu_{C=O(酸、醛、酮、酰胺、酯、酸酐)}$
5.9 ~ 6.2	1 675 ~ 1 500	$\nu_{C=C(脂肪族及芳香族)}$, $\nu_{C=N}$
6.8 ~ 10.0	1 475 ~ 1 000	δ—C—H, ν_{C-O}、$\nu_{C-C(烷基)}$
10.0 ~ 15.4	1 000 ~ 650	$\nu_{C=C-H}$、ν_{Ar-H}, ν_{CH_2}

下面介绍各种基团的振动与波数的关系:

1.O—H、M—H 伸缩振动区(3 750 ~ 3 000 cm⁻¹)

不同类型的 O—H、M—H 伸缩振动列于表 8.6 中。

表8.6 O—H、N—H 伸缩振动吸收位置

基团类型	波数/cm^{-1}	峰的强度
$\nu_{\text{O—H}}$	3 700 ~ 3 200	VS
游离 $\nu_{\text{O—H}}$	3 700 ~ 3 500	VS,尖锐吸收带
分子间氢键		
二分子缔合	3 550 ~ 3 450	VS,尖锐吸收带
多分子缔合	3 400 ~ 3 200	S,宽吸收带
羧基 $\nu_{\text{O—H}}$	3 500 ~ 2 500	VS,宽吸收带
分子内氢键	3 570 ~ 3 450	VS,尖锐吸收带
螯形化合物	3 200 ~ 2 500	W 宽吸收带(OH 和分子内的 C =O、NO$_2$;等形成螯合键)
π—氢键	3 600 ~ 3 500	π 体系(如烯烃)和 OH 的作用
$\nu_{\text{N—H}}$游离	3 500 ~ 3 300	W,尖锐吸收带
缔合	3 500 ~ 3 100	W,尖锐吸收带
酰胺	3 500 ~ 3 300	可变

注:峰的强度中,VS—很强;S—强;m—中等;VW—很弱;W—宽

O—H 伸缩振动在 3 700 ~ 3 200 cm^{-1},它是判断分子中有无 OH 基的重要依据,游离 OH 基伸缩振动峰仅在非极性溶剂(如 CCl$_4$)中制成的稀溶液(浓度在 10 mol/m^{-3} 以下)或气态中呈现尖锐的峰。游离酚中的 O—H 伸缩振动位于 3 700 ~ 3 500 cm^{-1} 区段的低频一端(3 500 cm^{-1})。由于该峰形尖锐,且没有其他吸收的干扰(溶剂中微量游离水吸收位于 3 710 cm^{-1} 处),因此很容易识别。

OH 基是个强极性基团,因此羟基化合物的缔合现象非常显著。在用溶液法测定 IR 光谱时,除游离 OH 键的伸缩振动产生的吸收峰外,还可以看到分子间及分子内氢键的吸收峰。这是由于 OH 基形成氢键缔合后,$^-$O—H$^+$------键拉长,偶极矩增大,因此在 3 450 ~ 3 200 cm^{-1} 之间表现为强而宽的峰。分子内的 OH 基缔合和分子的几何形状有关,当氢键的键距大于 0. 33 nm 时,内缔合就不会发生。如果增加溶液的浓度,分子间氢键的吸收强度增加,而分子内氢键的吸收强度将无变化。例如,1,2-环戊二醇有顺、反两种异构体。在顺式异构体中两个 OH 基形成重叠构象,当在 CCl$_4$ 稀溶液(物质的浓度小于

5 mol/m³)中,在3 700 ~ 3 500 cm⁻¹区会出现两个峰(图8.5(a)),其中 3 633 cm⁻¹是游离OH基的吸收峰,而3 572 cm⁻¹是分子内两个OH基缩合形成的。如果增加溶液的浓度(浓度40 mol/m³)可以看到在出现分子间缔合峰(~3 500 cm⁻¹)的同时,仅游离OH基的3 633 cm⁻¹峰强度减弱,而分子内缔合(3 572 cm⁻¹)的强度并不变化(图8.5(b))。1,2-环戊二醇的反式异体是由反式构象构成的,故看不到分子内氢键的存在。

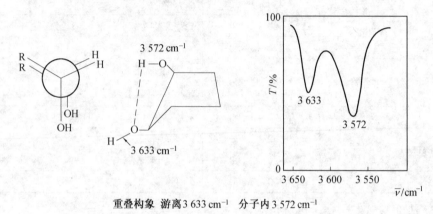

重叠构象 游离3 633 cm⁻¹ 分子内3 572 cm⁻¹

(a)1,2-顺环戊二烯醇在CCl₄稀溶液(浓度为5.0 mol/L)中的IR光谱

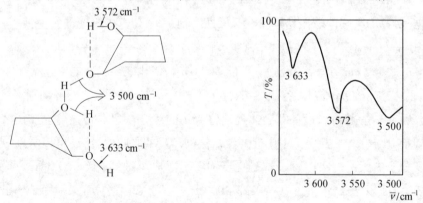

游离3 633 cm⁻¹ 分子内3 572 cm⁻¹ 分子间3 500 cm⁻¹

(b)1,2-顺环戊二烯醇在CCl₄浓溶液(浓度为40 mol/L)中的IR光谱

图8.5 1,2-顺环戊二烯醇在CCl₄溶液中的IR光谱

含有氨基的化合物无论是游离的氨基或缔合的氨基,其峰强度都比缔合的 OH 基峰强度弱,且谱带稍尖锐一些。由于氨基形成的氢键没有羟基的氢键强,因此当氨基缔合时,吸收峰位置的变化不如 OH 基那样显著,引起向低波数方向位移一般不大于 100 cm^{-1}。ν_{N-H} 吸收峰的数目与氮原子上取代基的多少有关,如伯胺及伯酰胺显双峰,且两峰强度近似相等(图 8.6(a))。这两个峰是 —NH$_2$ 的不对称伸缩振动和对称伸缩振动的频率。伯胺的两个 ν_{N-H} 峰在形状上不同于伯酰胺,后者两峰相距较远,(图 8.6(b)),而且酰胺在 1670 cm^{-1} 附近存在酰胺的 $\nu_{C=O}$(详见下述)。当 —NH$_2$ 基和 —OH 基形成氢键时 —NH$_2$ 的对称伸缩振动峰位是稳定的,只是强度随浓度而变化。如果氢键中无 —OH 基参与,则其吸收峰位置将随着浓度的增加而移向低波数。在测定液体样品时,常常在 3 200 cm^{-1} 处还可以看到一个肩峰。

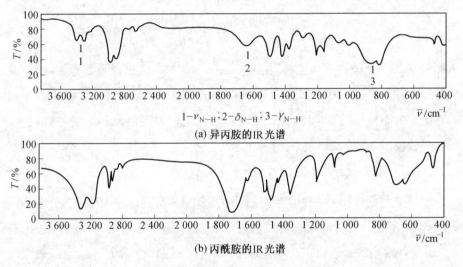

$1-\nu_{N-H}$;$2-\delta_{N-H}$;$3-\gamma_{N-H}$

(a) 异丙胺的 IR 光谱

(b) 丙酰胺的 IR 光谱

图 8.6　异丙胺和丙酰胺的 IR 光谱

仲胺、仲酰胺和亚胺的稀溶液在 3 500 ~ 3 100 cm^{-1} 区只出现一个吸收峰,强度较弱,芳基仲胺及杂环仲胺(如吡咯、吲哚)的吸收位于 3 450 ~ 3 490 cm^{-1} 区域中,峰的强度较大。氢键使 ν_{N-H} 峰向低波数位移,叔胺和叔酰胺在该区域中不显峰,所以用 IR 光谱法鉴别胺类及酰胺类化合物比用化学方法鉴定简单。

在 IR 光谱中伯、仲、叔胺的特征吸收常常受到干扰或者缺少特征吸收(如叔胺),这给基团的鉴定带来了困难。如果借助于简单的化学反应,使它们转变成胺盐,根据胺盐的光谱来鉴别它们就比较容易。一般都是在惰性溶剂中通入干燥的氯化氢气体,使之生成氯化铵,然后测定之。各种胺盐中的 ν_{N-H} 具有宽的强吸收带,且吸收峰位置向低波数一端移动。伯胺盐在 $3\,000 \sim 2\,500\ \text{cm}^{-1}$ (VS),仲胺盐在 $2\,700 \sim 2\,500\ \text{cm}^{-1}$ (VS),叔胺盐在 $2\,700 \sim 2\,500\ \text{cm}^{-1}$ (VS),再根据 $1\,600 \sim 1\,500\ \text{cm}^{-1}$ 区的 N—H 弯曲振动吸收可区分仲胺盐和叔胺盐(叔胺盐在该区无吸收)。

有机酸中的 OH 基形成氢键的能力更强,通常羧酸在固体甚至在相当稀的溶液中都是以二聚体存在的,即

$$2R-C\overset{O}{\underset{OH}{\diagdown}} \rightleftharpoons R-C\overset{O\cdots\cdots H-O}{\underset{O-H\cdots\cdots O}{\diagup\diagdown}}C-R$$

从而使 ν_{O-H} 向低波数方向位移,在 $3\,200 \sim 2\,500\ \text{cm}^{-1}$ 区出现强而宽的峰,是典型羧酸存在的特征。这个峰通常和脂族的 ν_{C-H} 峰重叠,但是很容易识别。只有在测定气态样品或非极性溶剂的稀溶液时,方可看到游离羧酸的特征吸收,ν_{O-H} 吸收位于 $3\,500\ \text{cm}^{-1}$ 处。

2. C—H 伸缩振动区($3\,300 \sim 2\,700\ \text{cm}^{-1}$)

不同类型化合物 C—H 的伸缩振动在 $3\,300 \sim 2\,700\ \text{cm}^{-1}$ 区域中出现不同的吸收峰,见表8.7。从表中的数据可以看出,—C≡C—H 、—C =C—H 和 Ar—H 的伸缩振动吸收均在 $3\,000\ \text{cm}^{-1}$ 以上区域,其中炔烃的 $\nu_{C\equiv C-H}$ 吸收强度较大,谱带较窄,易于与 ν_{O-H} 及 ν_{N-H} 区别开来。芳烃的 ν_{Ar-H} 在 $3\,030\ \text{cm}^{-1}$ 附近,它的特点是强度比饱和烃稍弱,谱带比较尖锐。烯烃的 $\nu_{C=C-H}$ 吸收出现在 $3\,010 \sim 3\,040\ \text{cm}^{-1}$ 范围,末端=CH$_2$ 的吸收出现在 $3\,085\ \text{cm}^{-1}$ 附近,谱带也比较尖锐。脂族和醛类的 ν_{C-H} 吸收低于 $3\,000\ \text{cm}^{-1}$。因此,$3\,000\ \text{cm}^{-1}$ 是区分饱和烃和不饱和烃的分界限。但也有例外,如三元环中的—CH$_2$—基的不对称 ν_{C-H}

出现在 3 050 cm^{-1} 处,这是由于环张力较大的缘故。

表 8.7　各类化合物 C—H 伸缩振动吸收位置

C—H 键的类型	波数/cm^{-1}	峰的强度
—C≡C—H	约 3 300	VS
—C≡C—H	3 100 ~ 3 000	M
Ar—H	3 050 ~ 3 010	M
—CH$_3$	2 960 及 2 870	VS
—CH$_2$—	2 930 及 2 850	VS
≡C—H	2 890	W
$\overset{O}{\overset{\|}{—C—H}}$	2 720	W

CH$_3$—、—CH$_2$—均有对称与不对称伸缩振动,所以呈现双峰,其中 $\nu_{as} > \nu_s$。利用高分辨红外分光光度计(以 LiF 棱镜或光栅作色散元件)可以很清楚地看到这两组峰。但是只备有 NaCl 棱镜的简易型仪器,在 3 000 ~ 2 800 cm^{-1} 区只显示 2 944 cm^{-1} 和 2 865 cm^{-1} 两个吸收峰。

$\diagdown$
—C—H 基的吸收出现在 2 890 cm^{-1} 附近,强度很弱,甚至观测不到。
$\diagup$

CH$_3$—和—CH$_2$—的 $\nu_{C—H}$ 峰的位置是恒定的,但若环的形状使键角发生了扭曲,或分子中出现了其他元素时,这些吸收峰的位置就要受到影响。如在仲胺与叔胺分子中与 N 相连的 CH$_2$,ν_s 为 2 800 cm^{-1},当 N 原子上有电荷时此谱带移到 2 850 cm^{-1}。此外物质状态的变化对其 $\nu_{C—H}$ 吸收也有较小的影响,当由蒸气态变为溶液时,吸收位置要降低 7 cm^{-1} 左右。

烃类化合物中,$\nu_{C—H}$ 的波数与碳原子的电子轨道杂化有关。杂化碳原子中 S 轨道成分的比例少,C—H 键较长,因此键的力常数小,故波数低。烷烃、烯烃、炔烃比较如下

	烷烃($\overset{|}{-}$C$-$H)	烯烃($=$C$-$H)	炔烃($\equiv$C$-$H)
碳原子杂化态	SP^3	SP^2	SP
键长/m	1.095×10^{-10}	1.07×10^{-10}	1.058×10^{-10}
$K/(N\cdot cm^{-1})$	4.7×10^2	5.1×10^2	5.9×10^2
波数/cm^{-1}	2 960 ~ 2 850	3 100 ~ 3 000	$\cdot$ 3 300

醛基上的 C$-$H 吸收在 2 820 cm^{-1}、2 720 cm^{-1} 处有两个吸收峰,它是由 C$-$H 弯曲振动的倍频与 C$-$H 伸缩振动之间相互作用的结果(费米共振),其中 2 720 cm^{-1} 吸收峰很尖锐,且低于其他的 ν_{C-H} 吸收,易于识别,是醛基的特征吸收峰,可作为分子中有醛基存在的一个依据。

3. 叁键和累积双键区(2 400 ~ 2 100 cm^{-1})

在 IR 光谱中,波数在 2 400 ~ 2 100 cm^{-1} 区域内的谱带较少,因为含叁键和累积双键的化合物,遇到的机会不多。各种类型的叁键伸缩振动频率和累积双键不对称伸缩振动频率列于表8.8 中。

含有叁键的化合物是很容易识别的,炔烃可利用 $\nu_{C\equiv C}$ 来鉴别。但是结构对称的炔烃(如乙炔,对称取代的乙炔)不发生吸收,因为对称伸缩振动偶极矩不发生变化,是红外非活性的振动。如果 C$\equiv$C 键与 C $=$C 键共轭,可使 $\nu_{C\equiv C}$ 吸收向低波数稍稍位移,并使强度增加。如果和羰基共轭,对峰位影响不大,但是强度要增加。

饱和脂族腈在 2 260 ~ 2 240 cm^{-1} 范围内有一中强峰。当 α 碳原子上有吸电子基时(如 O、Cl 等),峰变弱。因为只有少数的基团在此处有吸收,故此峰在分析鉴定中很有用,图 8.7 是丙腈的 IR 光谱图。如果 C$\equiv$N 与不饱和键或芳核共轭,该峰位于 2 240 ~ 2 220 cm^{-1} 区,且强度增加。一般来说,共轭的峰位要比非共轭的低约 30 cm^{-1},如对甲基苯腈的 $\nu_{C\equiv N}$ 吸收位于 2 217 cm^{-1} 处。

空气中的 CO_2 对谱图会发生干扰,所以有时能看到 2 349 cm^{-1} 峰。因此在解析图谱时如有此峰出现须注意是否存在操作和仪器调整的问题。

表 8.8　各类三键和累积双键伸缩振动吸收位置

三键或累积双键类型	波数/cm^{-1}	峰的强度
R—C≡C—H	2 140 ~ 2 100	M
R—C≡C—R	2 260 ~ 2 190	可变
R—C≡C—R′	无吸收	S
R—C≡N	2 260 ~ 2 240	S
R—N=N=N	2 160 ~ 2 120	S
R—N=C=N—R	2 155 ~ 2 130	S
C=C=C	约 1 950	
C=C=O	约 2 150	
C=C=N	约 2 000	
O=C=O	约 2 349	
R—N=C=O	2 275 ~ 2 250	S

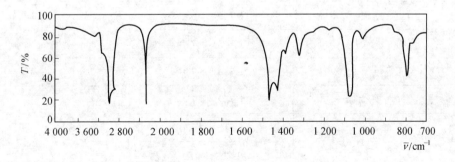

图 8.7　丙腈($C_2H_5C≡N$)IR 光谱

4. 羰基的伸缩振动区(1 900 ~ 1 650 cm⁻¹)

羰基(C═O)的吸收最常出现的区域为 1 755 ~ 1 670 cm⁻¹。由于 C═O 的电偶极矩较大,一般吸收都很强烈,常成为 IR 光谱中第一强峰,非常特征,故 $\nu_{C=O}$ 吸收峰是判别有无 C═O 化合物的主要依据,$\nu_{C=O}$ 吸收峰的位置还和邻近基团有密切关系。各类羰基化合物因邻近的基团不同,具体峰位也不同,见表8.9。

表8.9 羰基化合物的 C═O 伸缩振动吸收位置

羰基类型	波数/cm⁻¹	峰的强度
饱和脂肪醛	1 740 ~ 1 720	S
α、β-不饱和脂酮	1 705 ~ 1 680	S
芳香醛	1 715 ~ 1 690	S
饱和脂酮	1 725 ~ 1 705	S
α、β-不饱和脂酮	1 685 ~ 1 665	S
α-卤代酮	1 745 ~ 1 725	S
芳香酮	1 700 ~ 1 680	S
脂环酮(四元环)	1 800 ~ 1 750	S
(五元环)	1 780 ~ 1 700	S
(六元环)	1 760 ~ 1 680	S
酯(非环状)	1 740 ~ 1 710	S
六及七元环内酯	1 750 ~ 1 730	S
五元环内酯	1 780 ~ 1 750	S
酰 卤	1 815 ~ 1 720	S
酸 酐	1 850 ~ 1 800,1 780 ~ 1 740	S
酰 胺	1 700 ~ 1 680(游离)	
	1 660 ~ 1 640(缔合)	

羰基化合物的共振动结构式如下

$$
\underset{\text{A 结构}}{X-\overset{\displaystyle\overset{O}{\|}}{C}-Y} \Longleftrightarrow \underset{\text{B 结构}}{X-\overset{\displaystyle\overset{O^-}{|}}{\overset{+}{C}}-Y}
$$

C＝O 键有着双键性强的 A 结构与单键性强的 B 结构两种趋势。若以丙酮在 CCl_4 溶剂中的 $\nu_{C=O}$ 峰位($1\ 720\ cm^{-1}$)为基准。随着羰基化合物的种类不同,两种趋势的比例也不同,当羰基化合物的 X、Y 有助于提高 A 结构趋势时,C＝O 键的双键性增强,$\nu_{C=O}$ 的吸收向高波数一端移动;反之,若 X、Y 有助于提高 B 结构趋势时,则单键性增强,吸收峰向低波数一端移动。亦即共轭效应将使 $\nu_{C=O}$ 吸收峰向低波数一端移动;吸电子的诱导效应使 $\nu_{C=O}$ 的吸收峰向高波数一端移动。如 α、β-不饱和羰基化合物和芳族羰基化合物,由于不饱和键与 C＝O 共轭,使 B 结构稳定,因此 C＝O 键吸收峰在该区域中的低波数区。当 α 位有吸电子的卤素(或酰卤)存在时,则移动向高波数一端,例如

$$
\text{R}-\text{CH}=\text{CH}-\text{CO}-\text{R}' \qquad\qquad \underset{\underset{\text{Cl}}{|}}{\text{R}-\text{CH}-\text{CO}-\text{R}'}
$$

$$
1\ 685 \sim 1\ 665\ cm^{-1} \qquad\qquad 1\ 745 \sim 1\ 725\ cm^{-1}
$$

取代的芳香酮类化合物,如果取代基为斥电子性时,$\nu_{C=O}$ 吸收峰向低波数一端移动;如果取代基为吸电子性,则向高波数一端移动。例如取代苯乙酮 $\nu_{C=O}$ 峰位变化如下

$$
\underset{\bar{\nu}_{C=O}\ 1\ 691\ cm^{-1}}{\overset{\displaystyle\overset{O}{\|}}{C}-CH_3} \qquad \underset{1\ 677\ cm^{-1}}{NH_2-\overset{\displaystyle\overset{O}{\|}}{C}-CH_3} \qquad \underset{1\ 700\ cm^{-1}}{O_2N-\overset{\displaystyle\overset{O}{\|}}{C}-CH_3}
$$

酸酐、酯、羧酸中的 C＝O,由于取代基为吸电性,因此 $\nu_{C=O}$ 吸收峰向高波数一端移动,酸酐 C＝O 的吸收有两个峰出现在较高波数区,两峰相距约 $60\ cm^{-1}$,两个吸收峰的出现是由于酸酐分子中两个 C＝O 振动耦合所致,其中

不对称耦合振动频率大于对称耦合振动频率

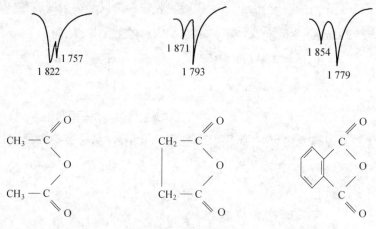

不对称耦合振动(1 820 cm⁻¹)　　　对称耦合振动(1 750 cm⁻¹)

因两峰部分重叠,故吸收带强而宽,它是鉴别酸酐的一个重要依据。根据两峰的相对强度还可以判别酸酐是环状的还是非环状的。非环状酸酐的两个峰强度接近相等,高波数峰仅较低波数峰稍强,但环状酸酐的低波数峰却较高波数峰强。环状酸酐的频率比非环状酸酐频率大,如果是共轭的酸酐,其频率向低一端移动,如图 8.8 所示。

图 8.8　非环状、环状、共轭酸酐 $\nu_{C=O}$ 区分

酯除了甲酸甲酯的 $\nu_{C=O}$ 吸收出现的 1 725 ~ 1 720 cm⁻¹ 处外,大多数饱和酯的这个峰都位于 1 735 cm⁻¹ 附近,且吸收很强。氢键使酯中的 $\nu_{C=O}$ 向低波数移动。当 C═O 与饱和键共轭时,吸收向低波数移动,但吸收强度几乎不受影响,如果酯的烷氧基中含有共轭双键,则吸收峰向高波数移动,图 8.9 是乙酸乙烯

酯的 IR 光谱,内酯中随着环张力增加、吸收向高波数移动。

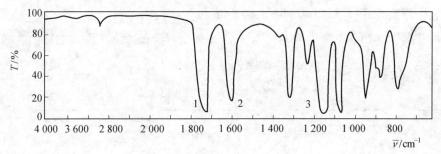

图 8.9　乙酸乙烯酯的 IR 光谱

羰基化合物形成的氢键,无论是分子间或分子内氢键,其 $\nu_{C=O}$ 吸收峰均移动向低波数一端,如苯乙酮的 $\nu_{C=O}$ 吸收为 1 691 cm^{-1},而分子内有氢键结合的邻羟基苯乙酮,则移向 1 639 ~ 1 610 cm^{-1},羧酸由于氢键的作用,其 $\nu_{C=O}$ 吸收峰出现在 1 725 ~ 1 700 cm^{-1} 附近。羧酸在 CCl$_4$ 稀溶液中,单体和二聚体同时存在,单体的吸收峰通常出现在 1 760 cm^{-1} 附近。羧酸和极性溶剂形成氢键也将使 $\nu_{C=O}$ 发生位移。例如,羧酸溶于醚溶剂中,其 $\nu_{C=O}$ 吸收峰为 1 735 cm^{-1};溶于乙醇溶剂中,$\nu_{C=O}$ 吸收出现在 1 720 cm^{-1}。在芳酸中由于 C=O 受氢键和芳环共轭两方面的影响,其 $\nu_{C=O}$ 吸收将进一步向低波数方向移动,芳酸二分子缔合体的 $\nu_{C=O}$ 吸收位于 1 700 ~ 1 680 cm^{-1} 区。α 碳原子上有吸电子基团时,波数增加 10 ~ 20 cm^{-1}。羧酸中的 $\nu_{C=O}$ 吸收峰有着显著的变化,它与三个原子的基团(如 CH$_2$)一样,COO$^-$ 有对称与不对称伸缩振动之分,其中对称伸缩振动位于 1 400 cm^{-1} 附近,不对称伸缩振动在 1 610 ~ 1 550 cm^{-1} 处,吸收都比较强,特征性也很强。

分子骨架相同的醛和酮的 $\nu_{C=O}$ 吸收峰位置是差不多的,虽然醛的 $\nu_{C=O}$ 吸收峰位置较相应的酮要高 10 ~ 15 cm^{-1},但不易根据这一差别来区分两类化合物。然而可利用醛基上的 ν_{C-H}(2 820 cm^{-1}、2 720 cm^{-1})来区别它们。此外,环酮中环张力的大小对 $\nu_{C=O}$ 频率也有影响。

酰胺中的 C=O 由于 p-π 共轭作用大于 N 原子的诱导作用,所以以 $\nu_{C=O}$ 吸收峰位于 1 680 cm^{-1}附近,如果是缔合状态,波数还要降低。

5. 双键伸缩振动区 (1 690 ~ 1 500 cm^{-1})

该区主要包括 C=C,C=N,N=N,N=O 等的伸缩振动以及苯环的骨架振动($\nu_{C=C}$)。各类双键伸缩振动吸收位置见表 8.10。

表 8.10　各类双键伸缩振动吸收位置

双键类型	波数/cm^{-1}	峰的强度
C=C	1 680 ~ 1 620	不定
苯环骨架	1 620 ~ 1 450	
C=N—	1 690 ~ 1 640	不定
—N=N—	1 630 ~ 1 575	不定
—N(=O)(=O)	1 615 ~ 1 510	S
	1 390 ~ 1 320	S

烯烃 $\nu_{C=C}$ 一般情况下比较弱,甚至观察不到。当各相邻基团相差比较大时,如正己烯和偏二元取代烯 $R_2C=CH_2$ 的 $\nu_{C=C}$ 吸收峰较强。随着 C=C 键向分子中心移动(即分子的几何对称性增大)其吸收强度逐渐减小。同样理由,顺式异构体都有着较强的 $\nu_{C=C}$ 吸收,而反式异构体的这个峰就比较小甚至没有。四取代的烯烃,如果此四个取代基团相似或相同,则 $\nu_{C=C}$ 的吸收很弱,甚至是非红外活性的。因此,仅根据在此波数范围内有无吸收来判断有无双键的存在是不可靠的,而共轭作用将使 $\nu_{C=C}$ 吸收峰强度提高,同时由于共轭降低了C=C键的力常数,因此也将引起吸收峰向低波数方向位移。一般共轭双烯 $\nu_{C=C}$ 有两个吸收峰,它们分别在 1 600 cm^{-1} 及 1 650 cm^{-1} 处,前者是鉴定共轭双烯的特征峰。如果共轭双键不跨在对称中心,反式 $\nu_{C=C}$ 将高于顺式 $\nu_{C=C}$。若分子对称性强,如 2,3-二甲基丁二烯-[1,3],则只在 1 600 cm^{-1} 处出现一个

峰,如图 8.10 所示。

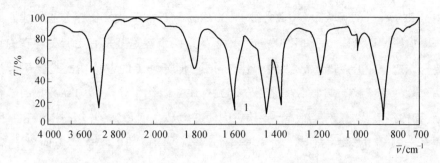

图 8.10　2,3-二甲基丁二烯-[1,3]的 IR 光谱

三个共轭键也会在 1 600 cm^{-1} 和 1 650 cm^{-1} 处出现两个峰,但有时 1 600 cm^{-1} 峰仅呈小肩峰出现。更多的 C≡C 键共轭使得该区的吸收变得复杂,往往在 1 650 cm^{-1} ~ 1 580 cm^{-1} 区引起一个宽峰。C≡C 与苯共轭引起吸收峰位移较小,此时,$\nu_{C=C}$ 位于 1 625 cm^{-1} 处。如果双键与 C≡O 或其他多重键共轭,也可以看到使吸收强度增高(仍低于 C≡O 的强度和吸收波数)和频率降低的现象,如图 8.11 所示。

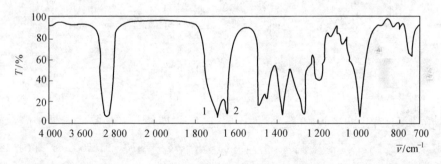

图 8.11　共轭对 $\nu_{C=C}$ 吸收的影响

单核芳环的 $\nu_{C=C}$ 吸收主要有四个,出现在 1 620 ~ 1 450 cm^{-1} 范围内。这是芳环的骨架振动,其中最低波数 1 450 cm^{-1} 的吸收峰常被取代基 CH$_3$—的不对称弯曲振动和—CH$_2$—的剪式振动所重叠,不易观察。其余三个吸收峰分别出现在 1 600 cm^{-1}、1 580 cm^{-1} 和 1 500 cm^{-1} 附近。其中 1 500 cm^{-1} 附近(1 520 ~

1 480 cm^{-1})的吸收峰最强,1 600 cm^{-1}附近(1 620 cm^{-1} ~ 1 590 cm^{-1})吸收峰居中,1 580 cm^{-1}的吸收最弱,常常被 1 600 cm^{-1}附近的吸收峰所掩盖或变成它的一个肩峰。1 600 cm^{-1}和 1 500 cm^{-1}附近的这两个峰是鉴别有无芳核存在的重要标志之一。芳烃的 $\nu_{C=C}$ 吸收峰比较稳定,但芳环上的取代情况也会引起这两个峰发生位移。例如不对称三取代或对位二取代将使它们向高波数一端移动,而连三取代(1,2,3-取代)则使它们向低波数方向位移,芳环与不饱和基团或具有孤对电子的基团(如 C $=$ C,C $=$ O,OH,NH$_2$ 等) 共轭时往往使 1 580 cm^{-1}处的峰强度加强,如图 8.12 所示,各种稠环芳烃的吸收位置的变化范围要宽一些,一般在 1 650 ~ 1 600 cm^{-1}(大都在 1 600 cm^{-1}) 和 1 525 ~ 1 450 cm^{-1}处也出现吸收峰。

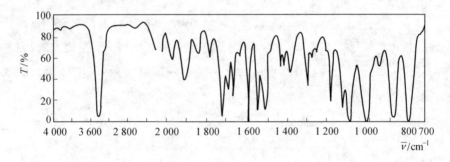

图 8.12 苯乙烯的 IR 光谱

硝基(NO$_2$)存在于硝基化合物、硝酸酯和硝胺类中。NO$_2$ 有对称和不对称伸缩振动,产生两个吸收峰。这两个峰非常强,即使与其他官能团处于同一区域也会分辨出来。脂族硝基化合物的这两个峰分别位于 1 560 cm^{-1}和 1 350 cm^{-1}处,其中不对称伸缩振动比对称伸缩振动峰强。这两个峰的确切位置将受 α-碳原子上取代基电负性和 α、β 不饱和键共轭效应的影响,在 α、β 位不饱和硝基化合物或芳族硝基化合物中,由于电子向硝基一方移动,双键特性减小,即其结果是吸收峰向低波数一端移动。芳族硝基化合物的这两个峰分别位于 1 550 cm^{-1} ~ 1 510 cm^{-1} 和 1 365 cm^{-1} ~ 1 335 cm^{-1} 处,和脂族化合物相反,其对称伸缩振动较不对称伸缩振动峰强些,并且吸收峰的位置受苯环上取代影响。

在该区域(16 901 ~ 1500 cm^{-1})中,除了各种类型的双键伸缩振动外,还有胺的 N – H 弯曲振动即 δ_{N-H}。伯胺的 NH$_2$ 剪式振动吸收位于 1 650 ~ 1 580 cm^{-1}(中强峰),它的扭曲振动在 900 ~ 650 cm^{-1} 区有一宽的吸收峰,非常特征,它是鉴别伯胺的重要依据。仲胺在这个区域没有弱吸收,如果分子中含有芳核,由于芳核骨架吸收也在这一区域,以致掩盖了相应的 δ_{N-H} 吸收峰,因此 δ_{N-H} 在结构分析上无法加以利用,而仲胺的 δ_{N-H} 吸收却较强,位于 750 ~ 700 cm^{-1},可以此峰判别仲胺。伯酰胺 NH$_2$ 剪式振动吸收位于 1 640 ~ 1 600 cm^{-1} 区(所谓酰胺 II 峰,$\nu_{C=O}$ 为酰胺 I 峰),它是一个尖峰,其强度相当于 C =OI 峰的 1/3 至 1/2,N 原子上取代基的结构对此峰位置影响甚微。氢键的形成使酰胺 II 峰由低波数一端(游离态)向高波数一端(缔合态)位移。在测定浓溶液时,由于游离态和缔合态之间形成平衡,可以看到四个峰(约 1 690 cm^{-1}、约 1 650 cm^{-1}、约 1 640 cm^{-1} 和 1 600 cm^{-1}),从而使谱图解析产生困难。为了便于识谱,常同时测定其 稀溶液和固态光谱。在固态时,该峰在 1 650 ~ 1 620 cm^{-1} 处;在稀溶液中该峰出现于 1 630 ~ 1 590 cm^{-1}。仲酰胺的 δ_{N-H} 位于 1 550 ~ 1 530 cm^{-1} 区,非常特征,可以区别仲酰胺和伯酰胺。

6. X–H 面内弯曲振动及 X–Y 伸缩振动区(1 475 ~ 1 000 cm^{-1})

这个区域主要包括 C–H 面内弯曲振动,C—O、C—X(卤素)等伸缩振动,以及 C—C 单键骨架振动等。该区域是指纹区的一部分,在指纹区由于各种单键的伸缩振动以及和 C–H 面内弯曲振动之间互相发生耦合,使这个区域里的吸收峰变得非常复杂,并且对结构上的微小变化非常敏感。因此,只要在化学结构上存在细小的差异(如同分异构体),指纹区就有明显的反应,就如同人的指纹一样,由于图谱复杂,出现的振动形式很多,除了极少数较强的特征外,其他的难以找到它们的归属,但其主要价值在于表示整体分子的特征。因此指纹区对于鉴定化合物是很有用的。C–H 面内弯曲振动及 X–Y 伸缩振动的波数见表 8.11。

表 8.11 C–H 弯曲振动及 X–Y 伸缩振动吸收位置

键的振动类型	波数/cm^{-1}	峰的强度
烷基 δ_{as}	1 460	
—CH$_3$	1 380	
（异丙基）C（CH$_3$）$_2$	1 385 及 1 375 双峰	双峰强度约相等(1:1)
—C（CH$_3$）$_3$	1 395 及 1 365 双峰	峰强度比 1:2
醇 ν_{C-O}	1 200 ~ 1 000	S
伯醇	1 065 ~ 1 015	S
仲醇	1 100 ~ 1 010	S
叔醇	1 150 ~ 1 100	S
酚 $\nu_{C=O}$	1 300 ~ 1 200 1 220 ~ 1 130	S S
醚 $\nu_{C=O}$	1 275 ~ 1 060	S
脂肪醚	1 150 ~ 1 060	S
芳香醚	1 275 ~ 1 210	S
乙烯醚	1 225 ~ 1 200	S
酯	1 300 ~ 1 050	S
胺 ν_{C-N}	1 360 ~ 1 020	S

大多数有机化合物都含有甲基 CH_3—和亚甲基—CH_2—,它们在约 1 460 cm^{-1}处有特征吸收,这由甲基及亚甲基的 $\delta_{as(C-H)}$ 引起的。除此之外,甲基还在 1 380 cm^{-1} 处出现 $\delta_{S(C-H)}$ 的特征吸收。1 380 cm^{-1} 对结构敏感,它可作为判断分子中有无甲基存在的依据,孤立甲基在 1 380 cm^{-1} 附近出现单峰,其强度随分子中甲基数目增多而增高。当两个甲基或三个甲基和同一碳原子相连时,1 380 cm^{-1} 峰会发生分裂,出现双峰,这个现象一般称为异丙基分裂或叔丁基分裂,该双峰是由于分子中两个(或三个)甲基对称弯曲振动互相耦合而使1 380 cm^{-1} 吸收峰裂分。异丙基在 1 389 ~ 1 381 cm^{-1} 和 1 372 ~ 1 368 cm^{-1} 处出现两个强度相等的峰,同时异丙基的 $\bar{\nu}_{C-C}$ 吸收峰常出现在 1 170 cm^{-1} 和邻近 1 150 cm^{-1}(肩峰),强度比 1 380 cm^{-1} 双峰弱,可用这两组峰来鉴别异丙基的存在。如 2,4–二甲基戊烷 IR 光谱,如图 8.13 所示。

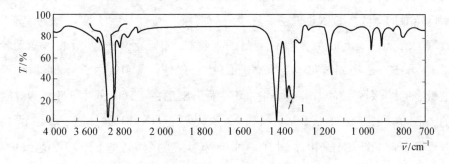

图 8.13　2,4–二甲基戊烷 IR 光谱

叔丁基的裂分双峰在 1 401 ~ 1 393 cm^{-1} 和 1 374 ~ 1 360 cm^{-1} 处,低频峰比高频峰的强度大两倍,如图 8.14 所示;同时在 1 255 cm^{-1} 和 1 210 cm^{-1} 处出现中等强度的叔丁基 ν_{C-C} 吸收峰。但是应该指出,当 CH_3—和非碳原子相连时,这个对称弯曲振动吸收位置将发生位移。

ν_{C-O} 引起很强的红外吸收,可以用来分辨醇、醚和酯类化合物。由于 ν_{C-O} 能与其他的振动产生强烈的耦合,因此 ν_{C-O} 的吸收位置变动很大(1 300 ~ 1 000 cm^{-1})。ν_{C-O} 常常是该区域中最强的峰,也是判断 C—O 峰存在的一个依据。

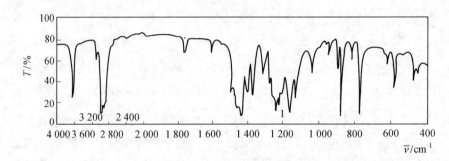

图 8.14　2,6-二叔丁基甲酚 IR 光谱

一般醇的 ν_{C-O} 和 δ_{O-H} 在 1 410 ~ 1 050 cm^{-1} 处有强吸收,当确知在该区域没有其他基团干扰吸收峰时,可根据表 8.11 中的数据鉴别醇的碳链取代情况。

醚的 ν_{C-O} 在 1 250 ~ 1 100 cm^{-1} 处,它是由 C—O—C 不对称伸缩振动引起的较强吸收峰。但是由于其他官能团的吸收也在这个区域内出现,故直接由此来确定醚的吸收峰是困难的。实际上只有观察不到有 C =O 键与 O—H 键吸收峰的情况下,才可以判断是否有醚的吸收峰。饱和脂族醚的吸收区变动较窄,在 1 150 ~ 1 060 cm^{-1} 区,通常靠近 1 125 cm^{-1} 处。若和氧原子相邻的碳原子上带有侧链,则会使吸收峰复杂化,但一般仍出现在 1 100 cm^{-1} 附近。芳族醚的吸收在 1 275 ~ 1 210 cm^{-1} 区,大多数靠近 1 250 cm^{-1} 处,即所谓的"1 250 cm^{-1} 峰",缩醛和缩酮是一种特殊形式的醚,在它们的 IR 光谱中,C—O—C—O—C 键由伸缩振动耦合,吸收峰分裂为三,出现在 1 190 ~ 1 160 cm^{-1}、1 143 ~ 1 125 cm^{-1} 和 1 098 ~ 1 063 cm^{-1} 处(强峰)。缩醛的特征峰总是出现在 1 116 ~ 1 105 cm^{-1} 处,而缩酮没有此峰,可作为识别二者的依据。此峰归因于 C—O 邻接的 C—H 弯曲振动所引起的。

酯的 ν_{C-O} 吸收峰相当恒定,它是鉴别酯的重要光谱数据。各种类型酯的 ν_{C-O} 值归纳如下:

酯的类型		波数/cm^{-1}
甲酸酯	HCOOR	约 1 190
乙酸脂	CH$_2$COOR	约 1 245

丙酸脂	C_2H_5COOR	约 1 190
正丁酸脂	$n-C_3H_7COOR$	约 1 190
异丁酸脂	$i-C_3O_7COOR$	约 1 200
羧酸甲脂	$RCOOCH_3$	~1 250, ~1 205, ~1 175(最强)

α,β-不饱和羧酸酯	$-\overset{\displaystyle |}{C}=\overset{\displaystyle |}{C}-\overset{\displaystyle O\atop \|}{C}-OR$	1 310 ~ 1 250
芳香酸酯	$R-\!\!\!\!\bigcirc\!\!\!\!-COOR$	1 200 ~ 1 100
内脂		1 250 ~ 1 375

在该区域中还有胺的 C—N 键的伸缩振动,胺类化合物在非共轭条件下,ν_{C-N} 在 1 220 ~ 1 022 cm^{-1} 区出现弱的吸收。由于这些峰的强度弱,频率区域宽,因此它们对于解析结构用处不大。芳族胺的 ν_{C-N} 是强峰;各类芳胺 ν_{C-N} 吸收位置是不同的,如伯芳胺为 1 340 ~ 1 250 cm^{-1},仲芳胺为 1 350 ~ 1 250 cm^{-1},叔芳胺为 1 360 ~ 1 310 cm^{-1}。

7. C–H 面外弯曲振动区 (1 000 ~ 650 cm^{-1})

烯烃、芳烃的 C–H 面外弯曲振动 (ν_{C-N}) 在 1 000 ~ 650 cm^{-1} 区,对结构敏感,人们常常借助这些吸收峰来鉴别各种取代类型的烯烃及芳环上取代基位置等。烯烃的 ν_{C-H} 吸收位置见表 8.12。

表 8.12　各类烯烃面外弯曲振动吸收位置

烯烃类型	波数/cm^{-1}	峰的强度
$RHC=\!CH_2$	995 ~ 985	S
	915 ~ 905	S
$R_1R_2C=\!CH_2$	895 ~ 885	S
$R_1HC=\!CHR_2$		
顺式	约 690	
反式	980 ~ 965	S
$R_1R_2C=\!CHR_3$	840 ~ 790	m

对于 RCH $=$ CH$_2$ 类型的化合物,一般在 995 cm^{-1} 和 910 cm^{-1} 处出现两个强峰,其中 995 cm^{-1} 的跃迁是由 CH 的 ν_{C-H} 引起的,而 910 cm^{-1} 是 CH$_2$ 的 ν_{C-H} 的吸收。共轭或烷氧基取代(C$=$C—OR)都会使峰的形状和位置发生变化。对于 R$_1$R$_2$C $=$ CH$_2$ 类型的烯烃,若 R$_1$ 和 R$_2$ 都是烷基,则 CH$_2$ 的 ν_{C-H} 在 890 cm^{-1} 处出现强吸收,取代基对该峰影响很小。顺式二取代烯烃(R$_1$CH $=$ CHR$_2$)的 ν_{C-H} 受周围取代基影响较反式显著,α-碳原子上有 Cl、CH$_3$ 及含氧官能团取代时,将使顺式 γ_{C-H} 吸收峰移向高频区。反式烯烃 γ_{C-H} 在 970 cm^{-1},该峰在有机物(特别是天然有机物)的结构分析中非常有用的,在顺反异构体的测定中以及决定反式双键的个数时,都要利用到这个峰,也常借助这个峰来研究双键聚合反应等。三取代烯烃的 γ_{C-H} 吸收靠近 825 cm^{-1},强度中等不易识别。

利用 IR 光谱可以识别出芳香族化合物,并且能够判别苯环的取代类型。判别苯环的取代类型主要看两部分:①900 ~ 650 cm^{-1} 的强峰,②2 000 ~ 1 660 cm^{-1} 的弱峰。苯衍生物在 2 000 ~ 1 660 cm^{-1} 范围内出现 C—H 面外和 C $=$ C 面内弯曲振动的倍频或组频吸收,显然强度很弱,但是它们的吸收面貌在表征苯环取代类型上都很有用,如图 8.15 所示。为了提高峰的强度,可以采用大样品量等措施,这样可以在图谱上清楚地看到它们。一般来说,此峰区干扰较少,但分子中含有 C $=$ O 基及其他有干扰官能团时,就不能用它来鉴别苯的取代类型。

取代苯的 ν_{C-H} 吸收峰出现在 900 ~ 650 cm^{-1} 处,该峰强度较大,代表苯环上的取代类型的特别特征,因此利用这些峰来检测苯的衍生物最为方便,甚至可以利用这些峰来完成取代苯异构体混合物的定量分析。各种取代苯在 900 ~ 650 cm^{-1} 区的吸收情况见表 8.13。

应该指出,极性基团的取代往往改变表列数值,例如苯环上出现硝基将使 γ_{C-H} 吸收峰向高波数方向位移约 30 cm^{-1},表 8.13 所列数据也适用于稠环芳烃(如萘系,苯骈芘系等)和杂环化合物,这是把骈接芳环或分子中的杂原子作为取代基来对待。

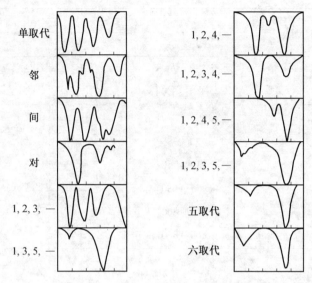

图 8.15 取代苯在 2 000 ~ 1 660 cm⁻¹ 区的吸收状况

在 1 000 ~ 650 cm⁻¹ 区域中,还有 CH_2 的面外摇摆振动(γ_{C-H}),它产生一个弱吸收峰,这个峰在结构分析中也具有重要的地位。CH_2 面外摇摆振动频率因相邻的 CH_2 数目(n)不同而变化,当 $n \geqslant 4$ 时,波数稳定在 722 cm⁻¹ 处;随着相连的 CH_2 个数的减少,其吸收位置有规律地向高波数方向移动,如 $n=3$,$\bar{\nu}_{C-H}=$ 740 cm⁻¹;$n=2$,$\bar{\nu}_{C-H}=754$ cm⁻¹;$n=1$,$\bar{\nu}_{C-H}=810$ cm⁻¹。借此可以观测分子链的长短。固态烃 CH_2 的 γ_{C-H} 还会分裂成双峰 732 cm⁻¹、722 cm⁻¹(相当于两种晶型:正交和六方)强度剧烈增加,这是由于晶态时分子间相互作用的结果。将固态转变成熔融态或溶解在溶剂中,测定时则无此现象发生。

以上按区域讨论了一些基团的 IR 吸收峰,从讨论中可以看出基团的特征吸收峰大多集中在 4 000 ~ 1 350 cm⁻¹ 区域内,因而这一段频率范围称为特征频率区。

表 8.13   各种取代苯 ν_{C-H} 吸收位置

取代类型	波数/cm^{-1}	峰的强度
苯	670	S
单取代	770~730 ⎫ 五个相邻 H 710~690 ⎭	VS S
二取代		
1,2—	770~735	VS
1,3—	810~750 ⎫ 三个相邻 H 725~680 ⎭	VS M→S
	900~860(孤立芳 H)	
1,4—	860~800(二个相邻 H)	VS
三取代		
1,2,3—	780~760 ⎫ 三个相邻 H 745~705 ⎭	VS
1,2,4—	885~870(一个 H)	S
	825~805(二个相邻 H)	S
1,2,5—	865~810(一个 H)	S
	730~675	S
四取代		
1,2,3,4—	810~800(二个相邻 H)	S
1,2,3,5—	850~840(一个 H)	S
1,2,4,5—	870~855(一个 H)	S
五取代	900~860(一个 H)	S

现举几个例子来说明红外光谱中 8 个重要区段的应用。

例 1   下列化合物在 IR 区域内可以预期有什么吸收?

(1)$CH_3CH_2C{=}CH$ (2)CH_3CH_2COOH

解   对于 $CH_3CH_2C{=}CH$ 来说,在 IR 光谱区有下列吸收:

①约 3 300 cm^{-1}单峰　　　　　$\nu_{C\equiv C-H}$

②2 960 ~ 2 870 cm^{-1}双峰　　　$\nu_{C-H}(CH_3)$

③2 930 ~ 2 850 cm^{-1}双峰　　　$\nu_{C-H}(CH_2)$

④2 140 ~ 2 100 cm^{-1}单峰　　　$\nu_{C\equiv C}$

⑤1 457 ~ 1 300 cm^{-1}　　　　　$\delta_{C-H}(CH_3)$

⑥约 770 cm^{-1}单峰　　　　　　$\gamma_{C-H}(CH_2)$

化合物 CH_3CH_2COOH 在 IR 光谱区有下列吸收:

①3 000 ~ 2 500 cm^{-1}宽散峰　　ν_{C-H}(缔合)

②2 960 ~ 2 870 cm^{-1}双峰　　　$\nu_{C-H}(CH_3)$

③2 930 ~ 2 850 cm^{-1}双峰　　　$\nu_{C-H}(CH_2)$

④1 740 ~ 1 700 cm^{-1}单峰　　　$\nu_{C=O}$(缔合)

⑤1 475 ~ 1 300 cm^{-1}　　　　　$\delta_{C-H}(CH_3,CH_2)$

例 2　下列化合物的 IR 光谱特征有何不同?

A.顺-2-丁烯　　　　B.反-2-丁烯　　　　C.丙烯

解　A、B、C 三个化合物都是烯径,因此它们在 3 040 ~ 3 010 cm^{-1}区域有 ν_{C-H}吸收,在 1 680 ~ 1 620 cm^{-1}区域有 $\nu_{C=C}$吸收。但是由于 A 的分子比较对称,故峰强稍弱些。另外,三者的 ν_{C-H}不同,A 应在 690 cm^{-1}处有强吸收峰,而 B 则应在 970 cm^{-1}处有吸收峰,C 在 910 cm^{-1}及 990 cm^{-1}处有两个强峰。

例 3　某化合物的 IR 光谱图如图 8.16 所示,试问:

(1)是脂族还是芳族化合物?

(2)是否含有 C $\equiv$ CH 或 C $\equiv$ CH 基?

(3)是否含有 CH_3 基?

(4)是否含有 OH、NH 或 C $=$ O 基?

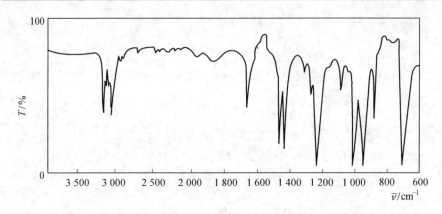

图 8.16　未知物的 IR 光谱

解　(1)以下事实可以证明无芳环存在:在 3 000 cm^{-1} 以上有 ν_{C-H} 吸收峰,且不太强,说明可能有—C≡C—H、$\diagdown$ C=C—H 、Ar—H 基团存在。但因在 1 600 cm^{-1} 和 1 500 cm^{-1} 处无苯环骨架 $\nu_{C=C}$ 吸收峰,故知不是芳族化合物,是脂族化合物。

(2)由于 2 200 cm^{-1} 处没有吸收峰,故排除了—C≡C—H 基存在的可能。而双键的存在通过 1 650 cm^{-1} 处的 $\nu_{C=C}$ 以 910 cm^{-1}、990 cm^{-1} 的强吸收峰而得以证明,所以化合物中含有—C=C—H 基。

(3)由于 1 380 cm^{-1} 附近无吸收峰,故知分子中不含有 CH_3 基。

(4)又因在 3 500 ~ 3 300 cm^{-1} 及 1 900 ~ 1 650 cm^{-1} 区域没有强吸收,故知分子中不可能有 OH、NH 或 C=O 基。

8.4.2　红外吸收光谱的解析

1.谱图解析的方法

利用红外光谱进行定性分析,大致可分为官能团定性分析和结构分析两方面。官能团定性是根据化合物的 IR 光谱的特征峰,测定物质含有哪些官能团,从而确定化合物的类别。结构分析是由化合物的 IR 光谱,结合其他性质测定有关化合物的化学结构式或立体结构。在进行化合物的鉴定及结构分析时,对图谱解析经常用到直接法、否定法和肯定法。

（1）直接法。用已知物的标准品与被检品在相同条件下测定 IR 光谱，并进行对照。完全相同时则可肯定为同一化合物（极个别例外，如对映异构体）。无标准品对照，但有标准图谱时，则可按名称、分子式查找核对。但必须注意如下几点：

①所用仪器与标准图谱是否一致，如所用仪器分辨率较高，则在某些峰的细微结构上会有差别。

②测定条件（指样品的物理状态、样品浓度及溶剂等）与标准图谱是否一致。若不同则图谱也会有差异。尤其是溶剂因素影响较大，须加注意，以免得出错误的结论。如果只是样品物质的浓度不同，则峰的强度会改变，但是每个峰的强弱顺序（相对强度）通常应该是一致的。固体样品因结晶条件不同，也可能出现差异，甚至差异较大。

（2）否定法。根据 IR 光谱与分子结构的关系，谱图中某些波数的吸收峰就反映了某种基团的存在。当谱图中不出现某种吸收峰时，就可否定某种基团的存在。例如在 IR 光谱中 1 740 cm^{-1} 附近无强吸收，就表示不存在 C=O 基。

（3）肯定法。借助于红外光谱中的特征吸收峰，以确定某种特征基团存在的方法叫作肯定法。例如，谱图中 1 470 cm^{-1} 处有吸收峰，且在 1 260～1 050 cm^{-1} 区域内出现两个强吸收峰，就可以判定分子中含有酯基。

在实际工作中，往往是三种方法联合使用，以便得出正确的结论。

2. 谱图解析的步骤

测得样品的 IR 光谱后，接着就对其谱图进行解析。应该说，谱图解析并无严格的程序和规则。在本节的前面已经对各基团的 IR 光谱进行了简单的讨论，并将中红外区分成 8 个区域。但是应当指出，这样的划分仅仅是企图将谱图稍加系统化以利于解释而已。解析谱图时，可先从各区域的特征频率入手，发现某基团后，再根据指纹区进一步核证其基团及与其他基团的结合方式。

例如,1-辛烯 $CH_3(CH_2)CH=CH_2$ 的红外光谱如图 8.17 所示。在该光谱中,由于有—$CH=CH_2$ 基的存在,可观察到 3 040 cm^{-1} 附近的不饱和=C—H 伸缩振动(图中 a),1 680 ~ 1 620 cm^{-1} 处的 C=C 伸缩振动(图中 b)和 990 cm^{-1} 及910 cm^{-1} 处的=C—H 及=CH_2 面外摇摆振动(图中 c)四个特征峰。这一组特征峰是因—$CH=CH_2$ 基的存在而存在的,可见用一组相关峰可以更准确地鉴别官能团,单凭一个特征就下结论是不够的,要尽可能把一个基团的每个相关峰都找到。也就是既有主证,还得有佐证才能肯定。这是应用 IR 光谱进行定性分析的一个原则。有这样一个经验叫作"四先、四后、一抓法",即先特征,后指纹;先最强峰,后次强峰,再中强峰;先粗查,后细查;先肯定,后否定;一抓是抓一组相关峰。谱图具体解析步骤如下:

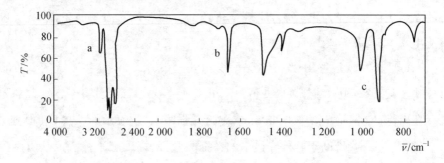

图 8.17 1-辛烯 $CH_3(CH_2)CH=CH_2$ 的红外光谱

(1)了解样品来源、纯度(要求物质的浓度98%以上)。外观包括对样品的颜色、气味、物理状况、灰分等观察,如果未知样品含有杂质,要进行分离、提纯。

(2)由于 IR 光谱不易得到总体信息,如相对分子质量、分子式等,若不给出其他方面资料而解析 IR 光谱,在多数情况下是困难的。为了便于 IR 光谱的解析,应尽可能收集到元素分析值,从而确定未知物的实验式;有条件时应当测定其分子量以确定分子式。通过分子式计算化合物的不饱和度,同时还应收集一般的理化常数和溶解度、沸点、熔点、折光率、旋光度等以及紫外、质谱、核磁共振和化学性质等资料。

计算化合物的不饱和度,对于推断未知物的结构是非常有帮助的。不饱和度是有机分子中碳原子不饱和的程度,计算不饱和度的经验公式为

$$U = 1 + n_4 + \frac{1}{2}(n_3 - n_1)$$

其中,n_4、n_3、n_1 分别代表四价、三价、一价原子的数目。通常规定,双键和饱和环状化合物的不饱和度为 1,三键的不饱和度为 2,苯环不饱和度为 4。因此,根据分子式,计算不饱和度就可初步判断有机化合物的类别。

(3)由 IR 光谱确定基团及其结构。

①从高波数(特征区)吸收峰确定原子基团及其结构。即首先观察 4 000 ~ 1 330 cm^{-1} 范围内出现的特征吸收峰,它们是由 H 和 C、N、O 等各原子的伸缩振动或者是多重键的伸缩振动所引起的。接着从低波数区(指纹区)相应吸收的另外数据中得到进一步确证。

在分析谱带时,不仅要考虑谱带的位置,而且要考虑谱带的形状和强度。如在 1 900 ~ 1 650 cm^{-1} 之间有强吸收,则可以肯定含有 C ═O 基;如果在此区间有中、弱的吸收带,则肯定不是 C ═O 基,而要考虑其他基团存在的可能。有时遇到的困难往往是位于该区的峰有几种解释,在这种情况下,就要根据其他区域峰特征吸收方能作出最后的判断。例如位于 1 675 cm^{-1} 处强峰,可以肯定是 C ═O,但是哪种化合物(醛、酮、羧酸、酯、酰胺)中的 C ═O 呢?假如在 2 720 cm^{-1} 处出现一个弱的吸收峰,就可以肯定是醛中的 C ═O。

②注意整个分子各个基团的相互影响因素。

(4)根据以上三点推测可能的结构式。

(5)查阅标准谱图集。

为了便于谱图的解释和确保这种解释的正确性,在实际工作中常将所分析试样的谱图与其对应的某种标准光谱图作一对照。这种标准光谱图可以用纯物质在与分析试样相同的条件下自己测定。用带有计算机系统的红外分光光度计,将这种谱图储存在磁盘上,使用时计算机便可自动检索对照。但在多数情况下,常要从有关的书刊和杂志中查找,而最方便的方法是利用已编辑出版

的标准谱图集。

由于红外光谱的特征吸收频率并非通过数学模型由理论计算绘出,而是用标准物质通过红外光谱仪测得的,因而红外标准谱图的测绘、编辑、出版就成为光谱学家的一项重要而又有实际指导意义的工作。自 20 世纪 40 年代以来,世界上不少国家的光谱学家,一直在各自的实验室里积极从事此项工作。目前已有多种化合物的红外谱图,以谱图集、卡片和索引等多种形式汇编成册并出版发行,为从事红外光谱研究工作的人们提供了极为便利的条件。

①萨特勒红外光谱图集(Sadtler)。由美国费城 Sadtler 研究实验室编制,是目前收集红外光谱最多的图集。自 1947 年开始出版,每年增加纯化合物谱图约 2 000 张,可分为标准红外光谱,商业光谱及其他(专用)红外光谱三大类。标准光谱是纯度在 98% 以上的化合物的光谱(包括光栅和棱镜两种)标准图。由图上可看到分子式、结构式、相对分子量、溶点或沸点、样品来源、制样方法和绘图所用仪器等。商业谱图收集了大量商品的红外光谱,它又分为 30 余种(农业化学品、通常被滥用的药物、多元醇、面活性剂等)。

萨特勒标准光谱有四种索引帮助查找谱图:分子式索引、官能团字顺索引、波长索引、化学分类索引。首先从索引中找到某化合物的谱号,然后根据谱号在谱集中将该化合物的谱图查出。

②其他标准红外谱图资料。

a. API 光谱图片。该光谱图片主要是烃类的光谱,也有少量的氧、氮、硫衍生物、某些金属有机化合物以及一些很普通的化合物。

b. 考勒伦茨(Coblentz)学会红外光谱图集。这套谱图集总数达到 40 000 张后,该学会改变了方法,开始与其他组织联合致力于发展和出版所谓"研究级"的标准图集。

c.DMS 周边缺口光谱卡片。此卡片分别用英文和德文出版,可以回答以下问题:给定化合物光谱的形状;给定光谱应属于何种化合物;什么物质应有什么样的吸收带;某种官能团或某种特定分子结构,其特征吸收带如何;在给定的物质中有何杂质。

除以上几种光谱资料外还有很多已出版的光谱资料,这里不再一一介绍。

2. 解析谱图注意事项

(1) IR 光谱是测定化合物结构的,只有分子在振动状态下伴随着偶极矩变化者才能有红外吸收。对映异构体具有相同的光谱,不能用 IR 光谱来鉴别这类异构体。

(2) 某些吸收峰不存在,可以确信某基团不存在(但处于对称位置的双键或三键伸缩振动往往也不显吸收峰);相反,吸收峰存在并不是该基团存在的确证,应考虑杂质的干扰。

(3) 在一个光谱图中的所有吸收峰并不能全部指出其归属,因为有些峰是分子作为一个整体的特征吸收,而有些峰则是某些峰的倍频或组频,另外还有些峰是多个基团振动吸收的叠加。

(4) 在 $4\ 000 \sim 650\ cm^{-1}$ 区只显少数几个宽吸收者,大多数为无机化合物的谱图。

(5) 在 $3\ 350\ cm^{-1}$ 和 $1\ 640\ cm^{-1}$ 处出现的吸收峰,很可能是样品中水分子引起的。

(6) 高聚物的光谱较之于形成这些高聚物的单体的光谱吸收峰的数目少,峰较宽钝,峰的强度也较低。但相对分子量不同的相同聚合物 IR 光谱无明显差异。如相对分子量为 $100\ 000$ 和相对分子量为 $15\ 000$ 的聚苯乙烯,两者在 $4\ 000 \sim 650\ cm^{-1}$ 的一般红外区域找不到光谱上的差异。

(7) 解析光谱图时当然首先注意强吸收峰,但有些弱峰、肩峰的存在不可忽略,往往对研究结构可提供线索。

(8) 解析光谱图时辨认峰的位置固然重要,但峰的强度对确定结构也是有用的信息。有时注意分子中两个特征峰相对强度的变化能为确认复杂基团的存在提供线索。

4. 注意 IR 光谱图质量

要获得一张较好的 IR 光谱图,应尽量调整好样品的厚度和浓度,使透过率范围在 5% ~90% 之间较为适宜。在采用 KBr 压片法时,一般的 KBr 用量应在 200 mg 左右,用量过大使信噪比减少,样品用量也将随之增大。用量太小,在压片上产生干涉现象,导致谱图失真。

仪器条件、样品状态、温度、压力、浓度、制样方法对于光谱的记录都有一定的影响,所以在有标准试样时,应与分析试样相同的条件下记录光谱。例如,对具有不同晶形的固体,必须注意制样方法是否会引起晶型转变。

定性分析特别是结构的测定,主要是依靠谱带的位置及形状,这就要求仪器具备一定的波数精确性及足够的分辨率,因此必须对仪器经常地、定期地进行校验。为了保护良好的分辨能力,防止谱图失真,对于狭缝的大小、放大器的增益及扫描速度均应仔细选择。

必须仔细排除一切可能的假信息。由于实验仪器操作条件、制样方法或样品污染,会使试样光谱图中引起某些"鬼峰",在解释谱图时,需根据具体情况,予以排除。

5. 红外吸收光谱解析实例

例 4 某未知物分子式为 C_8H_7N,低室温下为固体,熔点 29℃,色谱分离表明为一纯物质,IR 光谱如图 8.18 所示,试解析其结构。

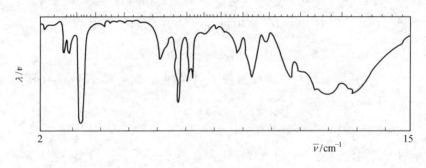

图 8.18　未知物的红外光谱

解　根据化合物分子式求出不饱和度为 $\Omega = 1 + 8 + \dfrac{1}{2}(1-7) = 6$，表明分子中可能有一个苯环。3 020 cm^{-1} 的吸收峰是苯环上的 ＝C—H 伸缩振动引起的。1 605 cm^{-1}、1 511 cm^{-1} 的吸收峰是苯环共轭体系的 C ＝C 引起的。817 cm^{-1} 说明苯环上发生了对位取代。因此可初步推测是一个芳族化合物。

2 220 cm^{-1} 吸收峰，位于三键和累积双键的伸缩振动吸收区域，但强度很大，不可能是 C ＝C 或 C ＝C ＝C 的振动引起的。而与腈基—CN（2 240 ～ 2 220 cm^{-1}）的伸缩振动吸收接近。

1 572 cm^{-1} 吸收峰是苯环与不饱和基团或含有孤对电子基团共轭的结果，因此可能是腈基与苯环共轭所致。

2 920 cm^{-1}、1 450 cm^{-1}、1 380 cm^{-1} 处的吸收峰说明分子中有—CH$_3$ 存在，而 785 ～720 cm^{-1} 区无小峰，说明分子中无—CH$_2$—。

综上所述，该化合物可能为对甲基苯甲腈 CH$_3$—〈苯环〉—CN 。

经与标准红外光谱图核对，证明样品确为上述化合物。

例 5　某化合物为液体，只有 C、H、O 三种元素，相对分子量为 58，其 IR 光谱如图 8.19 所示。试解析该化合物的结构。

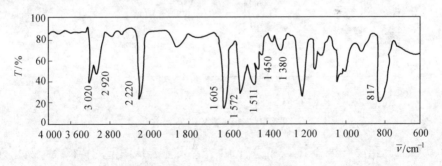

图 8.19　未知物的红外光谱

解　由图可知，3 620 cm^{-1} 吸收峰是游离的—O—H 基团伸缩振动吸收峰。而 3 350 cm^{-1} 处的吸收峰是缔合态的—O—H 基团伸缩振动吸收峰，1 030 cm^{-1} 是伯醇的 C—O 键伸缩振动吸收峰，因此分子中应有—CH$_2$OH 结构存在。

3 100 ~ 3 010 cm^{-1} 是烯基上的 =C—H 伸缩振动引起的吸收峰。1 650 cm^{-1} 吸收峰强度很弱,但很尖锐,这是 C=C 键伸缩振动吸收的特性。995 cm^{-1}、910 cm^{-1} 两吸收峰表示—C=CH$_2$ 伸缩振动引起的吸收峰。依据以上数据可以推知分子中有

$$\underset{H}{\overset{H}{C}}=\underset{H}{\overset{H}{C}}$$

基存在。

3 000 ~ 2 800 cm^{-1} 及 1 450 cm^{-1} 表明分子中有—CH$_2$—存在。

由以上分析可找出该化合物的结构碎片是—CH$_2$OH(相对分子质量为 31),CH$_2$=CH—(相对分子质量为 27)。结合化合物的相对分子质量 58,减去碎片相对分子质量得

$$58-31-27=0$$

故化合物结构为

$$CH_2=CH—CH_2—OH$$

例6 图 8.20 所示的化合物的沸点为 69℃,试从 IR 光谱推断其结构。

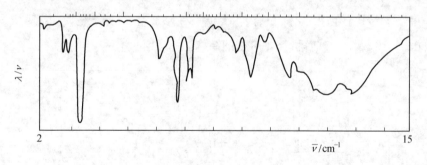

图 8.20 未知物的红外光谱

解 此题没有给分子式,解这种 IR 光谱就需要从图上的特征峰推断化合物可能含有的基团,再将这些基团以某种方式联结起来,这样往往可推测出几种可能的结构,到底哪一种对,还需要根据题目所给的有关常数决定。

3 400 ~ 3 300 cm^{-1} 两个中等强度的双峰是伯胺氮氢伸缩振动吸收峰。同时在 1 640 cm^{-1} 处有氮氢变形振动吸收峰,在 1 060 cm^{-1} 处有碳氮伸缩振动吸

收峰,还有 800 cm^{-1} 的氮氢变形振动吸收的宽强峰。

3 000 cm^{-1} 以下是饱和基的碳氢伸缩振动吸收峰,1 460 cm^{-1} 处是碳氢变形振动吸收峰,表明分子中有 CH_3、CH_2,在 1 380 cm^{-1} 处裂分等强度双峰则表明分子中有异丙基$(CH_3)_2CH—$。

由以上分析可推测化合物的结构有以下两种可能

(1)　$\begin{matrix} CH_3 \\ CH—NH_2 \\ CH_3 \end{matrix}$　　　(2)　$\begin{matrix} CH_3 \\ CH—CH_2—NH_2 \\ CH_3 \end{matrix}$

经查阅文献获知,只有结构(2)沸点是 69℃,所以图谱所示化合物的结构为(2)。

8.5　红外光谱仪的结构与工作原理

用于测量和记录待测物质的红外吸收光谱并进行结构分析及定性、定量分析的仪器称为红外吸收光谱仪或红外分光光度计,根据其结构和工作原理不同,可分为色散型和傅里叶变换型两大类。

8.5.1　色散型红外吸收光谱仪

色散型红外吸收光谱仪是指用棱镜或光栅作为色散元件的红外光谱仪,最常见的是双光束自动扫描仪器,其结构如图 8.21 所示。

1. 工作原理

从光源发出的红外光被分为等强度的两束光:一束通过样品池,一束通过参比池,然后由切光器交替送入单色仪色散,扫描电动机控制光栅或棱镜的转角,使色散光按频率(或波数)由高至低依次通过出射狭缝,聚焦在检测器上。同时,扫描电动机以光栅(或棱镜)转动速率(即频率变化速率)同步转动记录纸,使其横轴记录单色光频率(或波数)。若样品没有吸收,两束光强度相等,检测器上只有稳定的电压而没有交变信号输出;当样品吸收某一频率的红外光

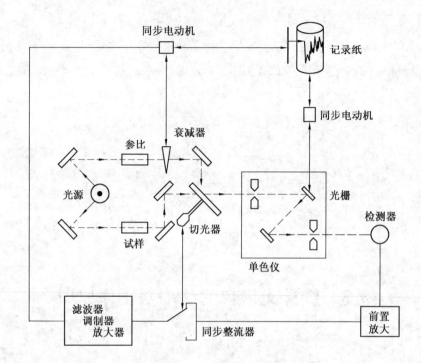

图 8.21　色散型红外吸收光谱仪结构示意图

时,两束光强度不相等,到达检测器上的光强度随切光器频率而周期性变化,检测器产生一个交变信号,该信号经放大、整流后,驱动伺服电动机(带动笔和光楔的装置)带动记录笔和光楔同步上、下移动,光楔用于调整参比光路的光能,记录笔则在记录纸上画出吸收峰强度随频率(或波数)变化的曲线即红外吸收光谱。

2.仪器的基本构成

红外光谱仪与紫外光谱仪类似,也是由光源、单色器、吸收池、检测器和记录系统等部分组成。

(1)光源。通常采用电加热后能发射高强度连续红外辐射光的惰性固体作光源。常用光源有 Nernst 灯和碳化硅棒。

(2)单色器。指由入射狭缝到出射狭缝这一段光程内所包括的部件,有狭缝、色散元件(棱镜或光栅)和准直镜,是红外分光光度计的心脏,其作用是把通过样品光路和参比光路进入狭缝的复合光色散为单色光,然后,这些不同波长的光先后射到检测器上加以测量,现较多采用光栅。红外光谱仪常用几块常数不同的光栅自动更换,使测定的波长(或波数)范围更为扩展,且能得到更高的分辨率。

(3)样品池。红外光谱仪能测定固、液、气态样品。气体样品一般注入抽成真空的气体吸收池进行测定;液体样品可滴在可拆池两窗之间形成薄的液膜进行测定;溶液样品一般注入液体吸收池中进行测定;固体样品最常用压片法进行测定。通常用 30 mg 光谱纯的 KBr 粉末与 1 ~ 3 mg 固体样品共同研磨混匀后,压制成约 1 mm 厚的透明薄片,放在光路中进行测定。由于 KBr 在 4 000 ~ 400 cm^{-1} 处无吸收,因此可得到全波段的红外光谱图。当然固体样品也可用适当溶剂溶解后,注入固定池中进行测定。

用于测定红外光谱的样品需要有较高的纯度(大于98%)才能获得准确的结果。此外,红外光谱测定用的样品池都是以 KBr 或 NaCl 为透光材料,它们极易吸水而被破坏,所以样品中不应含有水分。

(4)检测器。检测器的作用是将经色散的红外光谱的各条谱线强度转变成电信号,分为热检测器及光检测器两大类。热检测器包括热电偶、测辐射热计、气体 Golay 检测器和热电检测器。现多采用热电检测器。这种检测器利用某些热电材料的晶体,如硫酸三甘氨酸酯(TGS)、氘代硫酸三甘氨酸酯(DTGS)等,把这样的晶体放在两块金属板中,当光照射到晶体上时,晶体表面电荷分布发生变化,由此可以测量红外辐射的功率;光电检测器采用硒化铅(PbSe)、汞镉碲(HgCdTe)等,当它们受光照射后导电性变化从而产生信号。光检测器比热检测器灵敏几倍以上,但需要液氮低温冷却。

(5)记录器。由检测器产生的微弱电信号经电子放大器放大后,驱动梳状光阑和记录笔的伺服电动机,记录笔记录透射比的变化,从而得到一幅红外吸收光谱图。

色散型红外吸收光谱仪是扫描式的仪器,一般完成一幅红外光谱的扫描需 10 min。所以色散型红外光谱仪不能测定瞬间光谱的变化,也不能实现与色谱仪的联用。此外,单色光的纯度决定了色散型红外光谱仪分辨率较低,要获得 $0.1 \sim 0.2 \ \mathrm{cm}^{-1}$ 的分辨率已相当困难。

8.5.2 傅里叶变换红外吸收光谱仪(FT-IR)

傅里叶变换红外光谱仪是 20 世纪 70 年代出现的新型红外光谱仪。由图 8.22 可以看出,它与色散型红外光谱仪的主要区别在于干涉仪和电子计算机两部分。

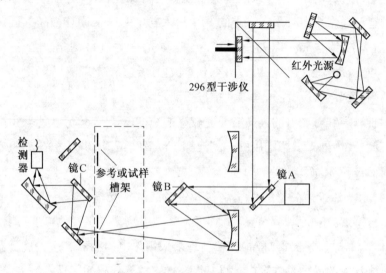

图 8.22 傅里叶变换光谱仪的光路示意图

从光源辐射的红外光,经分束器形成两束光,分别经动镜定镜反射后到达检测器并产生干涉现象。当动镜、定镜到检测器间的光程相等时,各种波长的红外光到达检测器时都具有相同相位而彼此加强。如改变动镜的位置,形成一个光程差,不同波长的光落到检测器上得到不同的干涉强度。当光程差为 $\lambda/2$ 的偶数倍时,相干光相互叠加相干光的强度有最大值;光程差为 $\lambda/2$ 的奇数倍时,相干光相互抵消,相干光强度有极小值。当连续改变动镜的位置时,检测器可得到一个由光程差和红外光频率决定的干涉强度的函数图。将样品放入光路中,样品吸收了其中某些频率的红外光,就会使干涉图的强度发生变化。很明显,这种干涉图包含了红外光谱的很多信息。经过电子计算机进行复杂的傅里叶变换,就能得到吸光度或透射比随频率(或波数)变化的普通红外光谱图。

傅里叶变换红外光谱仪具有以下突出特点:

(1)测量速度快。一般获得一张红外光谱图仅需要 1 s 或更短的时间,从而实现了红外光谱仪与色谱仪的联用。

(2)灵敏度和信噪比高。干涉仪部分不涉及狭缝装置,输出能量无损失,灵敏度高。此外,由于测定时间短,可以利用计算机储存累加功能,对红外光谱进行多次测定多次累加,大大提高信噪比。同时进一步提高测定的灵敏度,使其检出限可达 $10^{-9} \sim 10^{-12}$ g。

(3)分辨率高,波数精度可达 0.01 cm^{-1}。

(4)测定的光谱范围宽(10 000 ~ 10 cm^{-1})。

8.6　试样的制备

化合物的红外光谱图特征谱带频率、强度和形状因制备方法不同可能带来一些变化。对不同的样品采用不同的制备方法是红外光谱研究中取得信息的关键。

8.6.1　红外光谱法对试样的要求

(1)试样应是单一组分的纯物质,纯度应大于98%或符合商业标准。多组分样品应在测定前用分馏、萃取、重结晶、离子交换或色谱法等进行分离提纯,否则各组分光谱相互重叠,难于解析。

(2)试样中应不含游离水,水本身有红外吸收,会严重干扰样品谱,还会侵蚀吸收池的盐窗。

(3)试样的浓度和测试厚度应选择适当,以使光谱图中大多数峰的透射率在10% ~80%范围内。

8.6.2 制备方法

1. 气体试样

气体样品、低沸点液体样品和某些饱和蒸气压较大的样品,可用气相制备。气相制备通常使用 10 cm 玻璃气体吸收池(图 8.23),当气体样品量较少时,可使用池体截面积不同、带有锥度的小体积气体吸收池。被测气体组分浓度较小时可选用长光程吸收池(光程规格有 10 m、20 m 及 50 m)。

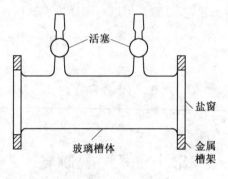

图 8.23　红外气体槽

2. 液相样品

液相样品可根据其物理状态选取不同的制备方法。

(1)液膜制备法是将液体夹于两块晶面之间,展开成液膜层,然后置于样品架上。此法不适合在 100℃ 以下或挥发性强的样品也不适合,无法展开的粘胶类及毒性大或腐蚀性、吸湿性强的液体。

(2)吸收池制备法是用注射器将样品注入液态密封吸收池中,此法用于低沸点样品或溶液样品。

(3)涂膜制备法:a.加热加压法。将样品置于一晶面上,在红外灯下加热,待易流动时,合上另一晶面加压展平。此法适合黏度适中或偏大的液态样品。b.溶液涂膜法。将样品溶于低沸点溶剂中,然后滴于温热晶片上挥发成膜,用于黏度较大而又不能用加热加压法展薄的样品。

3. 固相样品

溶液制备法。将固体样品溶于溶剂中,按液相样品吸收池制备法测定。此法适合易溶于常用溶剂的固体试样,在定性分析中常用。红外用溶剂有以下几个要求:①溶质有较大的溶解度;②与溶质不发生明显的溶剂效应;③在被测区域内,溶剂应透明或只有弱的吸收;④沸点低,易于清洗等。满足上述要求的溶剂大都是分子组成简单的化合物,如 CS_2、$CHCl_3$、CCl_4、$=CCl_2$、环己烷、丙酮、二乙醚、四氢呋喃等。无论使用哪种溶剂,都应用差减法把溶液光谱中的溶剂吸收峰减掉。

(1)糊状法。一般取 5 mg 左右固体样品放在小型玛瑙研钵中研磨,加入一滴石蜡油研磨均匀,然后按液膜制备法操作。固体样品特别是易吸潮或与空气产生化学变化的样品,在对羟基或氨基鉴别时用此法。

(2)压片法。取 1～3 mg 固体样品放在玛瑙研钵中,加入 100～300 mg 溴化钾研磨,使其粒度在 2.5 μm 以下,在压片专用模具上加压成片。该法为常用方法,适用于绝大部分固体样品,不宜用于鉴别有无羟基的存在。

(3)熔融成膜法。样品置于晶面上,加热熔化,合上另一晶面,适于熔点较低的固体样品。

(4)漫反射法。样品加分散剂研磨,加到专用漫反射装置中,适用于某些在空气中不稳定、高温下能升华的样品。

(5)光声光谱法。适于用常规方法不能测得或极难测得的样品,如深色、硬粒、非均匀固体试样。

4. 聚合物样品

根据聚合物物态和性质不同主要有以下几种类型:①黏稠液体,可用液膜法、溶液挥发成膜法、加液加压液膜法、全反射法、溶液法;②薄膜状样品,用透射法、镜反射法、全反射法;③能研磨成粉的样品,可用漫反射法、压片法;④能溶解的样品,用溶解成膜法、溶液法;⑤纤维、织物等,用全反射法。

8.7 红外光谱法的分析与应用

8.7.1 分析步骤

1. 仪器准备及工作条件选择

(1)仪器工作条件。检查仪器使用条件(温度、湿度、电压等),按操作规程开机。有自检功能的仪器要进行自检。

(2)仪器技术指标检查。检查仪器技术指标,定性分析主要检查基线噪声、分辨率、波数准确度、基线倾斜;定量分析除上述指标外,还应检查仪器的重复性,保证其在正常条件下测量。

(3)测量条件选择。FTIR 测量方式很多,根据分析目的(定性、定量)及样品情况选择仪器测试条件(附件和应用软件),分析过程应能重复,数据在相同测量条件下结果可再现。

2. 分析结果表述

(1)测试结果数据处理。实验结束后应对测试结果及时处理,包括以下内容:

①测试日期;②测试者姓名;③试样名称;④选用附件名称;⑤仪器测量条件;⑥试样预处理情况;⑦制备方法;⑧标准或对照物质来源。

(2)定性分析。定性分析实验报告除按常规报告格式外还应包括取样方法,数据处理方法及分析结果。

(3)定量分析。定量分析实验报告除按常规报告格式外,还包括以下内容:

①取样方法。

②被分析样品组分浓度范围。

③定量方法或计算方法。

④测量次数。

⑤分析结果。

8.7.2　定性分析

红外光谱对化合物的定性分析具有鲜明的特征性。化合物分子结构不同，因而其吸收谱带的数目、频率、形状和强度也不同。即便是同一种物质，也会因由于聚集态(气、液、固态及相结构)的变化而谱图特征也产生变化。所以可根据这些谱图特征对未知物进行定性分析。由于化合物的同一官能团在中红外区往往出现多个吸收谱带，故从谱带的吸收来反证官能团的存在与否是十分可靠的。反之又可以通过官能团的特征吸收来分析这些官能团间的联结方式，组成化合物的原子、分子间的环境状态，推断其分子结构和聚集态结构。

对未知物的鉴定和结构的分析可由人工和计算机辅助完成，前者需要对化合物的特征吸收谱带比较熟悉，工作经验有助于定性分析的快速完成；后者需要有分析检索程序和大量的光谱数据或谱图库。定性分析的结果最好是查阅到与未知物相匹配的谱图或峰值强度表及有关熔点、沸点、相对分子质量、折射率等参数，并用分析结果进行光谱验证。

由于测量条件的不同采用光谱图检索时，很可能出现检索结果不一致的情况。操作者应分析制样方法的差异和各自可能出现的对谱带的影响因素。在这种情况下最好未知物和标准物质在同样分析条件下进行验证。未知物为多组分或有杂质干扰会给定性分析带来很多麻烦，采用必要的化学或仪器分离手段分别检测可使问题简单化；用计算机差谱技术对已知组分样品谱图进行差减，也是一种有效的非化学分离方法。

1. 定性分析方法

(1)常规测定。先测量空光路单光束光谱，再测样品光谱，相比后便得到样品的透射(吸收)光谱。

(2)特殊测定。使用各种特殊附件和各特殊附件的使用说明书及相应软件进行测量。

(3)谱图分析。

①官能团推断法。

②谱图检索法。

2. 影响定性分析因素

(1)测量方法。一般来说,所有红外测量分析方法(包括制备,附件和联机检测方法)都可用于未知物的定性分析。但往往由于在分析中样品的状态(如高温、低温、常压、高压、液态和低压气态等)和选择的制备方法不同,得到的谱图也不完全相同。因此尽量与标准(标准谱图或数据库中的测定条件)进行比较测量。

用谱图检索方法进行定性分析时,若样品测量条件和被检索出的物质测量条件不一致时,应用被检索出的物质在和样品相同条件下进行验证。

(2)样品环境和结构因素。红外吸收谱带的特征(频率和强度)是定性定量分析的依据,而试样的状态效应、溶剂效应、氢键、共轭效应、诱导效应、立体效应、振动耦合等内外因素都会产生影响。用谱带确定官能团结构时更应考虑这些因素。

8.7.3　定量分析

1. 基本原理

朗伯-比尔定律是用红外光谱进行定量分析的理论基础,表达为

$$A = \varepsilon bc \tag{8.9}$$

式中　A——样品在特定波数下的吸光度;

　　　ε——摩尔吸收系数,L/(cm·mol);

　　　b——样品池厚度,cm 或 mm;

　　　c——样品物质的浓度,mol/L。

定量计算推荐用吸光度值或谱带吸光度积分强度。对于只能以透过率形式绘出光谱图的仪器,应把透过率转换成吸光度再进行定量计算。转换吸光度的计算公式为

$$A = \lg \frac{1}{T} \tag{8.10}$$

$$\tau = \phi_{tr} / \phi_0 \tag{8.11}$$

式中　T——透射比；

　　　ϕ_{tr}——透过辐射光通量；

　　　ϕ_0——入射辐射光通量。

(1)单组分分析。单组分定量可由朗伯-比尔定律直接计算得到,即

$$c = A / \varepsilon b \tag{8.12}$$

这里 A 可测量得到,b 是池的厚度,吸收系数 ε 可从测量已知浓度的标准样品中由比尔定律计算得到,将已知数据直接代入即得到 c。

c 也可以通过测量几个吸收池厚度相同、浓度不同的标准样品,绘制吸光度对浓度的标准曲线;测量未知样吸光度值,从标准曲线中查出对应的浓度值。

(2)多组分分析。多组分体系中每一组分都在服从比尔定律的情况下,混合物的吸光度符合吸光度加和原理,对 n 个纯组分来说,单波数的吸光度为

$$A = \varepsilon_1 b c_1 + \varepsilon_2 b c_2 + \cdots + \varepsilon_n b c_n \tag{8.13}$$

对 n 组分来说,每一组分要选择一个分析波数,n 组分需要有 n 个波数。在大多数情况下,所选择的吸收谱带受其他组分干扰,吸光度值也含有其他组分的贡献,即

$$A_1 = \varepsilon_{11} b c_1 + \varepsilon_{12} b c_2 + \cdots + \varepsilon_{1n} b c_n$$

$$A_2 = \varepsilon_{21} b c_2 + \varepsilon_{22} b c_2 + \cdots + \varepsilon_{2n} b c_n \tag{8.14}$$

$$\vdots$$

$$A_i = \varepsilon_{i1} b c_1 + \varepsilon_{i2} b c_2 + \cdots + \varepsilon_{in} b c_n$$

式中　A_i——在波数 i 处的总吸光度；

　　　ε_{in}——组分 n 在波数 i 处的吸收系数；

　　　C_n——组分 n 在混合物中的浓度；

　　　b——池厚。

在进行定量分析时,标准物数量要大于或等于被分析组分 n,分析的谱带

数目 i 也应大于或等于组分 n。

2.定量分析方法

(1)分析步骤。

①按傅里叶变换红外光谱仪检定规程中的要求检查仪器,选择实验条件和制备方法,使之符合定量分析要求。

②设置光谱范围,选择样品浓度,使分析谱带在要求的吸光度范围内。

③选择定量分析绝对标准。

化学试剂是最理想的标准,如找不到标准试剂时,可以根据样品特征选择模型化合物。

(2)定量谱带数据的获得。所有定量分析结果都应用吸光度或谱带吸光度面积计算。分析结果的准确度取决于基线的处理,基线选择有吸光度基线法、一点基线法和两点基线法。吸光度法等同于不对称谱带进行基线校正;一点基线法可以在被分析谱带一边基线受相邻谱带干扰时使用;两点基线法可以看成是样品信号叠加在倾斜基线上的情况。

(3)计算方法。

①标准曲线法。标准曲线法适用于组分简单、定量谱带重叠较少及吸光度对浓度偏离比尔定律的样品。定量分析时首先测量一系列不同浓度的标准样品,由选择的定量谱带吸光度(积分面积)绘制吸光度对浓度的标准曲线。在相同条件下测量样品光谱,由吸光度值从标准曲线中得到样品浓度。采用标准曲线法定量时,应使样品的吸光度值落在标准曲线范围中。

②比例法。比例法适用于厚度不能准确测定,难以控制及因散射严重影响样品的定量分析的情况。

如二元组分样品,当它们的吸收谱带都遵守比尔定律时,应有下列关系式

$$A_1 = \varepsilon_1 b_1 c_1 \tag{8.15}$$

$$A_2 = \varepsilon_2 b_2 c_2 \tag{8.16}$$

因为是同一样品,所以 $b_1 = b_2$;$c_1 + c_2 = 1$;$\varepsilon_1/\varepsilon_2 = k$;被分析谱带的吸光度比值 R 为

$$R = \frac{\varepsilon_1 c_1}{\varepsilon_2 c_2} = k \frac{c_1}{c_2} \qquad (8.17)$$

组分间的吸收系数 k 可以通过测量几个已知浓度配比的混合物得到,故样品的组分浓度便可由式(8.17)计算出来。R 值可由测量一系列不同比例样品的纯标样的混合物的吸光度值求出,绘制的 R 值、c_1/c_2 值即可得到 k 值(曲线斜率)

$$c_1 = \frac{R}{k+R} \qquad (8.18)$$

$$c_2 = \frac{k}{k+R} \qquad (8.19)$$

影响比例法准确度的主要因素是标准样品浓度配比准确度。

③内标法。同比例法相似,在压片法、糊状法等制样方法及在某些不易确定样品厚度的情况下,可以加入一定量的物质作内标,以内标物和被分析样品纯物质的比例方法计算出被分析样品的质量分数。

因为内标物和标准物质的量都是一定的,由它们的不同比例便可容易地测出其吸光度比值。根据比尔定律按式(8.16)计算得到 k 值。在测量样品时,再由 k 值计算样品质量浓度。因为加入了内标,样品的质量也是已知的,组分质量分数为

质量分数=(样品质量分数/样品质量)×100%

选择内标物应考虑如下因素:吸收光谱简单,和样品混合时有独立的吸收谱带;物质稳定,不和样品发生化学反应,纯度高;适合于选择的制样技术。

常用来选做内标物的有硫氰化铅($2\ 045\ cm^{-1}$),六溴化苯($1\ 300\ cm^{-1}$,$1\ 255\ cm^{-1}$),碳酸钙(方解石,$872\ cm^{-1}$)等。

④差谱法。差谱法对于组分间无相互作用,组分谱带相互叠加的样品定量有较高的灵敏度和精确度。当混合物吸收光谱 A 含有 x、y 两种组分时,用同一厚度样品池测量一定量的 Y 组分的吸收光谱,并从 A 中减去 Y 的光谱贡献便可得到 X 的吸收光谱,由差减系数 R^* 便可计算出 x、y 的组分分数。这种方法可

以表示为

$$x = A - R * y \tag{8.20}$$

（4）定量分析注意事项。

①仪器状态及测量条件。谱图测量应在仪器性能稳定的条件下进行，测量前仪器应预热，检查指标；定量分析中测量条件应保持一致。

②样品。根据样品确定制样及定量分析方法，使用液体池方法时液体池至少要用待测溶液冲洗、置换 5 次以上。

③谱带强度。推荐被分析谱带吸光度值为 0.1 ~ 0.9，在这一浓度范围内浓度-吸光度线性关系较好。用计算机进行数据处理可以在较低或较高浓度下进行定量，标准样品亦应在相同浓度下测量。

④基线。有些谱带的最大吸收波数随浓度的变化而变化，基线亦随之改变，选择基线时要考虑这一因素。对于基线倾斜的样品可以通过不同的基线选择方法确定分析的准确性。定量分析使用基线校正时应慎重。

⑤结果的再现性。选择的分析实验方法及定量计算方法是人们常用的方法，计算机定量分析软件及发展的新方法应能使计算结果重复再现，在相同条件下别人也能重复和应用。

⑥测量后检查仪器，确保数据的正确性。

8.7.4 在有机分析方面的应用

1. 确定化合物中各原子团组合排列情况

如对于溴化四氯化对位甲酚的结构，过去实验认为它有三种可能的结构，但未能鉴别确定，现经过红外光谱证实只有一种结构。又如两分子醛缩合醇酮，应为Ⅰ式。若Ⅰ式 R 换成吡啶基，则化学性质Ⅰ却不相同了，它具有烯二醇式的反应如Ⅱ式。可是在极稀的溶液中，看不到自由羟基的 3 700 cm^{-1} 谱带，却在 2 750 cm^{-1} 有缔合氢键出现。可知它已形成了分子内氢键。

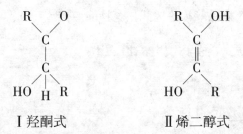

Ⅰ 羟酮式　　　　　Ⅱ 烯二醇式

2. 鉴定立体异构体和同分异构体

(1)顺式异构体的测定。顺式异构体原子团排列顺序因无对称中心,故 C—C 双键在1 630 cm^{-1},724 cm^{-1},而反式的 C—C 在较高频率。

(2)同分异构体的鉴定。红外光谱900～660 cm^{-1}区内可看到苯环取代位置不同的同分异构体,如二甲苯三个异构体的吸收谱带很不相同。邻位在742 cm^{-1},间位在770 cm^{-1},对位在800 cm^{-1},且因对二甲苯对称性强,它的 C—C 双键(苯骨架)在1 500 cm^{-1}变小,并且600 cm^{-1}谱带消失。

又如,正丙基、异丙基、叔丁基由红外光谱中的甲基弯曲振动可以看出,在1 375 cm^{-1}只出现一个吸收带,则表示为正丙基;若在1 375 cm^{-1}出现相等强度的双峰,则为异丙基;若在1 390 cm^{-1}及1 365 cm^{-1}出现一强一弱谱带,则为叔丁基。

乙醇和甲醚的分子式完全相同(C_2H_6O),乙醇有羟基吸收带在3 500 cm^{-1},C—O 伸缩振动在1 050～1 250 cm^{-1},羟基弯曲振动在950 cm^{-1}。甲醚在3 500 cm^{-1}无羟基吸收。它的第一强吸收带位于1 150～1 250 cm^{-1},这两个同分异构体很容易区别。

(3)化学反应的检查。某一化学反应是否已进行完全,可用红外光谱检出,这是因为原料和预期的产品都有其特征吸收带。例如,氧化仲醇为酮时,原料仲醇的羟基吸收应消失,酮的羰基171 cm^{-1}应在产物中出现反应才进行完全。

(4)未知物剖析。可先将未知物分离提纯,做元素分析,写出分子式,计算不饱和度。从红外光谱可得到此未知物主要官能团的信息,确定它是属于哪种化合物。结合紫外、核磁等可鉴定此化合物的结构。

8.7.5 在无机分析方面的应用

无机化合物的特点如下：

(1)无机化合物和溴化钾、氯化钠之间会发生离子交换作用。因此无机化合物样品制备和有机化合物不同。用溴化钾压片或直接涂于氯化钠盐片上都不合适，最好用石蜡油法。

(2)由单原子构成的离子型固体，如氯化钠、溴化钾等，多出现在 300 cm^{-1} 左右，但多离子化合物却在 600 ~ 4 000 cm^{-1} 区有吸收带。无机分析一般还是看它的阴离子，如碳酸根在 1 450 ~ 1 410 cm^{-1} 及 880 ~ 800 cm^{-1}；磷酸根则在 1 100 ~ 950 cm^{-1}；硫酸根在 1 110 ~ 1 090 cm^{-1} 及 680 ~ 610 cm^{-1}；高氯酸根在 980 ~ 930 cm^{-1}；硝酸根在 1 550 及 1 350 cm^{-1}；氰基在 2 200 ~ 200 cm^{-1}。

(3)无机化合物分子，往往具有极性或呈离子状态存在，它们之间有不同程度的相互作用，可以形成氢键、缔合物、络合物等。这些作用在红外光谱就有反应，可引起谱带位移，谱带的形状、强度及偏振度都会有改变，甚至可以出现新增带。

无机应用实例，如红外光谱可研究多晶现象，即同质多晶体在固态时，测得的红外光谱不同。如方解石和纹石都是碳酸钙，前者属斜方晶系，后者属六方晶系，它们的红外光谱很不相同。在矿物分析方面，特别是硅酸盐，已有标准图谱可查对。

红外光谱也适用于研究络合物。当配位基和金属结合形成络合物后，原游离的配位基的谱带将发生位移。位移的大小与配数及价键性质都有关系。络合可能使配位基的对称性减低，原来的简并振动消除，又出现了新谱带。金属和配位基之间的配位键的谱带，也是新出现的。

络合物的顺式异构体可用红外光谱鉴定。例如，对于顺式和反式二氯二胺合铂(Ⅱ)，二价铂与胺的配合物中伸缩振动 ν_{N-H}、弯曲的剪式振动和扭曲振动 δ_{N-H} 分别在频率 3 300、3 100 cm^{-1} 和 1 635、1 555 cm^{-1} 范围内，与游离的氨基中

的伸缩振动 ν_{N-H} 3 000 cm^{-1}、弯曲的剪式振动和扭曲振动 δ_{N-H} 分别在频率 1 600 cm^{-1} 和 1 500 cm^{-1} 相比,向低频区移动了 20 ~ 100 cm^{-1},这表示胺配体 —N 原子与金属铂(Ⅱ)配体。顺式和反式二氯二胺合铂(Ⅱ),若不考虑 H 原子,则反式异构体为旋转 180° 对称,顺式异构体为镜面对称。反异构体的伸缩振动频率只有一个,因为,只有当两个 Pt—N 键一伸一缩时,才会改变分子的偶极矩,而同时伸长或同时缩短均不能改变分子的偶极距。同理,Pt—Cl 振动频率也只有一个。而顺式二氯二胺合铂(Ⅱ)Pt—N 和 Pt—Cl 振动频率各有两个,因为,同时伸缩时也会改变分子的偶极距。反式二氯二胺合铂(Ⅱ)Pt—N 和 Pt—Cl 振动频率各有两个,因为,同时伸缩时也会改变分子的偶极距。反式二氯二胺合铂(Ⅱ)的 Pt—N 伸缩振动频率分别在 3 300 cm^{-1} 和 1 300 cm^{-1} 附近 (3 250 cm^{-1} 和 1 295 cm^{-1})只出现一个未分裂的吸收峰。但顺式二氯二胺合铂 (Ⅱ)的相应伸缩振动频率均分裂为两个峰,即顺式二氯二胺合铂(Ⅱ)的 Pt—N 伸缩振动频率在 3 300 cm^{-1} 附近分裂成 3 300 cm^{-1} 和 3 210 cm^{-1} 两个吸收峰,在 1 300 cm^{-1} 处分裂成 1 325 cm^{-1} 和 1 300 cm^{-1} 两个吸收峰。顺式二氯二胺合铂 (Ⅱ)比反式二氯二胺合铂(Ⅱ)对称性低,因此,顺式二氯二胺合铂(Ⅱ)的红外 光谱谱线比反式二氯二胺合铂(Ⅱ)的红外光谱谱线多。

8.7.6 在高分子方面的应用

基团吸收带的位置决定分子能级的分布,它是定性的依据,吸收谱带的强度与跃迁概率有关,又与基团在样品中的含量有关,所以它具有定性、定量依据的两重性。偏振方向与跃迁偶极方向有关,可以用它来决定基团排列的方向和位置。所以红外光谱不仅可以测高聚物的结构,还可以测定它的结晶度,判断它的立体构型。利用红外偏振光还可检测高分子键的取向度。

1. 研究高聚物结构和性能的关系

(1)丁二烯聚合时能产生三种不同构型,即顺式、反式和 1,2 式。

这三种构型的相对含量和橡胶性能有密切关系,这些构型在=CH 面外弯曲振动区出现不同的吸收谱带。如顺式在 724 cm^{-1},反式在 966 cm^{-1},1,2 式在

911 cm^{-1},测定这些谱带的相对强度,就可以计算出各个组分在聚丁二烯中的相对含量,为改进橡胶性能,提高它的质量提供依据。

(2)用红外光谱可推知纤维分子的构型。

①无规聚丙烯在947 cm^{-1}有强吸收带,在955 cm^{-1}只有肩峰。等规聚丙烯在955 cm^{-1}与974 cm^{-1}出现同样强度的双峰。故可用红外光谱测出聚丙烯分子的构型。

②红外光谱可检测羊毛风蚀前后的变化。羊毛经风蚀可由红外光谱1 080 cm^{-1}处出现—SO$_3$H 特征吸收带得到证实。羊毛脂有一定的抗风蚀作用,羊毛内脂含量高,抗风蚀作用就大。

(3)高分子的结晶度也是影响其物理性能的重要因素。当高分子结晶时,在红外光谱上出现非晶态高分子所没有的新谱带。晶粒熔化时,此谱带强度下降。这些吸收带称为晶带,化学纤维实际上是结晶区和非晶区共存的。正是这部分结晶,为化学纤维提高了弹性模量。建立了结构中的网络点,使纤维具有弹性回复性,耐蠕变性、耐溶剂性和足够的耐疲劳性,弹性伸长和染色性等。因此结晶度与化学纤维性能及成形工艺有密切关系,故结晶度的测定有很重要的意义。如涤纶的结晶带1 340 cm^{-1}和972 cm^{-1},将随试样热处理条件不同而变化。特别是972 cm^{-1}带与试样的密度相关性很密切,它和结晶度相关。可用972 cm^{-1}带与另一不受热处理影响的谱带795 cm^{-1}的强度比,可求出它的结晶度。

(4)取向的测定。表示纤维取向高低的结构参数叫取向度,它是大分子轴向与纤维轴向一致性的一种量度,利用偏振红外光谱辐射可测得试样纤维的二向性比。由于纤维分子的某些基团中原子的振动有方向性,对振动方向平行于长链分子轴向的红外辐射吸收强的称为 π 二色性,并对振动方向垂直于长链分子轴向的红外辐射吸收强的称为 σ 二色性。

2. 研究高聚物的老化问题

对于高聚物的老化原因可分为两种:一种是热老化,一种是光老化。

R—CH—CH$_2$ 是聚乙烯的端基,它的增强表示断链的增加。从红外光谱中可以看出 R—CH—CH$_2$ 谱带因光老化而增强,热老化并不能使此谱带加强。因此可知,断链主要是氧化作用造成的。

丙纶能否广泛应用的关键之一是防老化问题。聚丙烯纤维光老化后,分子结构中生成羰基和羟基。这可从红外光谱中 1 720 cm^{-1} 吸收带得到证实。采用防老剂后,防老化效果有很大提高。此防老剂不仅具有屏蔽作用,而且还有消能作用,红外光谱为防老化机理的探讨提供了依据。

参考文献

[1] 刘约权.现代仪器分析[M].北京:高等教育出版社,2006.

[2] 董慧茹.仪器分析[M].北京:化学工业出版社,2000.

[3] 于世林.波谱分析法[M].重庆:重庆大学出版社,1994.

[4] 吴谋成.仪器分析[M].北京:科学出版社,2003.

[5] 武汉大学化学系.仪器分析[M].北京:高等教育出版社,2001.

[6] 吴瑾光.近代傅里叶变换红外光谱技术及应用[M].北京:科学技术文献出版社,1994.

[7] 赵藻潘.仪器分析[M].北京:高等教育出版社,1990.

[8] LIFSHIN E.材料的特征检测[M].北京:科学出版社,1998.

[9] 胡克良.傅里叶变换红外光谱法通则[M].北京:科学文献出版社,1997.

[10] 黄新民,解挺.材料分析测试方法[M].北京:国防工业出版社,2006.

[11] 王成国.材料分析测试方法[M].上海:上海交通大学出版社,1994.

[12] 柯以侃,董慧茹.分析化学手册[M].第三分册.北京:化学工业出版社,1998.

[13] 陈培榕,李景虹,邓勃.现代仪器分析实验与技术[M].北京:清华大学出版社,2006.

[14] 吴瑾光.近代傅里叶变换红外光谱技术及应用[M].北京:科学技术文献出版社,1994.

[15] 陆婉珍.现代近红外光谱分析技术[M].北京:中国石化出版社,2000.

第9章 激光拉曼光谱法

9.1 引 言

自 1960 年激光问世并将这种新型光源引入拉曼光谱之后,拉曼光谱出现了崭新的局面。激光的单色性好且强度大,显著地提高了拉曼散射的强度。目前激光拉曼光谱已广泛应用于有机、无机、高分子、生物、环保等各个领域,已成为重要的分析工具之一。与红外光谱法相结合可以更完整地研究分子的振动和转动能级,更好地解决有机结构的分析,由于它的一些特点,在水溶液、气体、同位素、单晶等方面的应用具有突出的特长。随着拉曼光谱应用领域的不断扩大,近十几年来又发展了受激拉曼效应、超拉曼效应、反拉曼效应以及快速扫描拉曼光谱等。激光拉曼光谱的作用正在与日俱增。

在各种分子振动方式中,强力吸收红外光的振动能产生高强度的红外吸收峰,但只能产生强度较弱的拉曼谱峰;反之,能产生强的拉曼谱峰的分子振动却产生较弱的红外吸收峰。因此,拉曼光谱与红外光谱相互补充,才能得到分子振动光谱的完整数据,更好地解决分子结构的分析问题。进一步,由于拉曼光谱的一些特点,如水和玻璃的散射光谱极弱,因而在水溶液、气体、同位素、单晶等方面的应用具有突出的优点。近年来由于发展了傅里叶变换拉曼光谱仪、表面增强拉曼散射、超拉曼、共振拉曼、时间分辨拉曼等新技术,激光拉曼光谱在材料分子结构研究中的作用正在与日俱增。

拉曼光谱是研究分子振动对光的散射情况,它的最大优点是分析时使用的样品制备很容易,并且从拉曼谱图中可以获得丰富的样品信息。在样品的分析过程中,只需将样品放到激光光路中以收集散射光即可得到其光谱,与样品的厚度无关,基本不受环境因素影响,因此不需要真空样品仓或干燥样品台。

9.2　拉曼光谱基本原理

9.2.1　拉曼散射

光通过介质时会发生散射现象,当介质颗粒与入射光波的长度相近时,发生廷德尔(Tyndall)现象。当散射粒子为分子大小时,发生瑞利(Rayleigh)散射。这种散射改变光的传播方向,但不改变光的波长。1928 年印度物理学家 C. V. Raman 发现与入射光波长不同的散射,这种散射就是拉曼散射。

用单色光照射透明样品时,光的绝大部分沿着入射光的方向透过,一小部分会被样品在各个方向上散射。用光谱仪测定散射光的光谱时,存在着两种不同的散射现象,一种叫瑞利散射,一种叫拉曼散射。

1. 瑞利散射

散射是因为光子与物质分子相互碰撞的结果。如果光子与样品分子发生弹性碰撞,即光子与分子之间没有能量交换,则光子的能量保持不变,散射光的频率与入射光频率相同,只是光子的方向发生改变,这种散射是弹性散射,通常称为瑞利散射。

2. 拉曼散射

当光子与分子发生非弹性碰撞时,光子与分子之间发生能量交换,光子就把一部分能量给予分子,或者从分子获得一部分能量,光子的能量就会减少或增加。在瑞利放射线的两侧可观察到一系列低于或高于入射光频率的散射线,这就是拉曼散射。图9.1 给出产生拉曼散射和瑞利散射的示意图。

当入射光与处于稳定态的分子,如图中的 E_0 或 E_1 态分子相互碰撞时,分子的能量就会在瞬间提高到 $E_0+h\nu$ 或 $E_1+h\nu$。如果这两种能态不是分子本身的稳定能级,则分子就会立刻回到低能态。同时散射出相应的能量(假如$E_0+h\nu$ 或$E_1+h\nu$ 是分子允许的能级,则入射光就被分子吸收),如果分子回到它原来的能级,则散射光的频率与入射光的频率相同,就得到瑞利线。

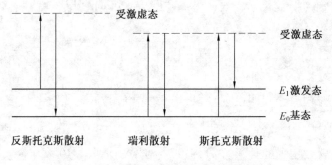

图9.1 散射效应示意图

但是,如果分子不是回到原来的能级,而是到另一个能级时,则得到的就是拉曼线。如果分子原来是基态E_0,与光子碰撞后到达较高的能级E_1,则分子就获得E_1-E_0 的能量,而光子就损失这部分能量,散射光频率比入射光频率减小,在光谱上就出现红伴线,即斯托克斯(Stokes)线,其频率为

$$\nu_- = \nu_0 - \frac{E_1-E_0}{h} \tag{9.1}$$

而当光子与处于激发态E_1 的分子碰撞后回到基态E_0 时,则分子就损失E_1-E_0 的能量。光子就获得这部分能量,结果是散射光的频率比入射光的频率大,就出现紫伴线,即反斯托克斯(anti-Stokes)线,共频率为

$$\nu_+ = \nu_0 - \frac{E_1-E_0}{h} \tag{9.2}$$

斯托克斯线或反斯托克斯线频率与入射光频率之差,叫拉曼位移。对应的斯托克斯线和反斯托克斯线的拉曼位移相等,即

$$\Delta\nu = \nu_0 - \nu_- = \nu_+ - \nu_0 = \frac{E_1-E_0}{h} \tag{9.3}$$

将$\nu_0 \pm \Delta\nu$ 的谱线统称为拉曼谱线。

斯托克斯线和反斯托克斯线的跃迁几率是相等的,但是,在正常情况下,分子大多处于基态,所以斯托克斯线比反斯托克斯线强得多。拉曼光谱分析多采用斯托克斯线。

从图 9.1 可以看出,拉曼位移与入射光的频率无关,用不同频率的入射光都可观察到拉曼谱线。拉曼位移一般为 25 ~ 4 000 cm^{-1} 分别相当于近红外和远红外光谱的频率,即拉曼效应对应于分子中转动能级或振-转能级的跃迁。但是,当直接用吸收光谱方法研究时,这种跃迁就出现在红外区,得到的就是红外光谱。因此,拉曼散射要求入射光能量必须远远大于振动跃迁所需的能量,而小于电子跃迁需要的能量。拉曼散射光谱的入射光通常采用可见光。

9.2.2　红外光谱与拉曼光谱的关系

1.红外活性与拉曼活性

在红外光谱中,某种振动类型是否具有红外活性,取决于分子振动时其偶极矩是否发生变化;而拉曼活性,则取决于分子振动时极化度是否发生变化,分子转动时,如果发生极化度改变,也是拉曼活性的。然而转动跃迁对拉曼光谱来说,目前在分析上的重要性不大。

所谓极化度,就是分子在电场(如光波这样的交变电磁场)的作用下,分子中电子云变形的难易程度,极化度 α、电场 E、诱导偶极矩 μ 三者之间的关系为

$$\mu = \alpha E \tag{9.4}$$

拉曼散射是与入射光电场 E 所引起的分子极化的诱导偶极矩有关。正如红外光谱的吸收强度与分子振动的偶极矩变化有关一样,在拉曼光谱中,拉曼谱线的强度正比于诱导跃迁偶极矩的变化。

对任何分子来说,其拉曼和红外是否活性规则判别。

(1)相互排斥规则。凡具有对称中心的分子,其具有红外活性,或者说跃迁是允许的,则其拉曼就是非活性的,或其跃迁是禁阻的。反之,若该分子的振

动对拉曼是活性的,则其红外就是非活性的。

例如,O_2 分子仅有一个简正振动即对称伸缩振动,它是红外非活性的。因为在振动时,不发少偶极矩的变化。而它对拉曼光谱来说,则是活性的,因为在振动过程中,极化度发生改变。

相互排斥规则对于鉴定官能团是特别有用的,例如烯烃的 C═C 伸缩振动,在红外光谱中通常是不存在的或者是很弱的,但是其拉曼线则是很强的。图9.2是乙烯2的红外和拉曼光谱图。由图可以看出,的伸缩振动在 1 675 cm^{-1} 是很强的拉曼谱带,而在红外光谱中则没有它的吸收峰。

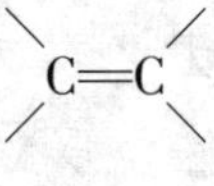

（2）相互允许规则。一般来说,没有对称中心的分子,其红外和拉曼光谱部是活性的。例如图 9.2 中的戊烯—2C—H 伸缩振动和弯曲振动,分别在 3 000 cm^{-1} 和 1 400 cm^{-1},拉曼和红外光谱都有峰出现。

（3）相互禁阻规则。前面讲的两条规则可以概括大多数分子的振动行为,但是仍有少数分子的振动其红外和拉曼都是非活性的。乙烯分子的扭曲振动就是一个很好的例子,如图9.2所示。

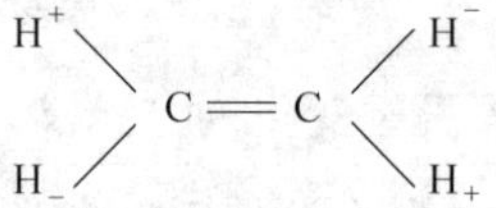

图9.2　乙烯分子的扭曲振动

因为乙烯是平面对称分子,它没有永久偶极矩,在扭曲振动时也没有偶极矩的变化,所以它是红外非活性的。同样,在扭曲振动时,也没有极化度的改变,因为这样的振动不会产生电子云的变形,因此它也是拉曼非活性的。

下面再用几个具体例子进一步说明上述的三个规则。

例 1　画出 CS_2 的简正振动,并说明哪些振动对红外和拉曼是活性的。因为 CS_2 是线型分子,它应有 $3N-5=4$ 个简正振动,如图9.3所示。

ν_1 振动没有偶极矩的变化,是红外非活性的。但是 ν_1 振动有极化度的改变,因为振动时,价电子很容易变形,所以其拉曼光谱是活性的。在实际谱图

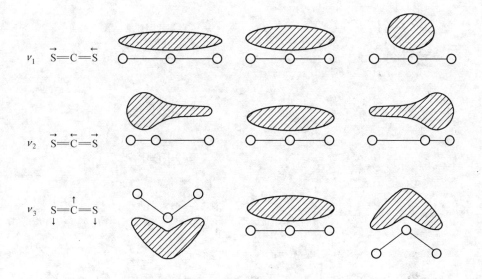

图 9.3　二硫化碳的振动及其极化度的变化

ν_1—对称伸缩振动；ν_2—反对称伸缩振动；ν_3—面内弯曲振动

中，ν_1 的拉曼谱带是 1 388^{-1}。ν_2 振动是红外活性的，因为振动时发生偶极矩的变化，但是拉曼是非活性的，因为尽管对每个原子来说，在振动时会产生极化度的变化，但是因为反对称的原子位移是在对称中心的两边进行的，极化度的变化互相抵消了，极化度的净效应等于零。只在红外光谱上 2 349 cm^{-1} 处有吸收谱带。ν_3 是简并振动，其红外是活性的，拉曼是非活性的，谱带在红外 667 cm^{-1} 处。

例 2　乙炔的简正振动，并说明哪些振动对红外和拉曼是活性的。

乙炔是线性分子，它应有 $3N-5=7$ 个简正振动，如图 9.4 所示。

ν_4、ν_5 都是双重简并的，即每一个面内的弯曲振动都相应有一个面外弯曲振动，一共是 7 个振动。

因为乙炔有对称中心，根据规则 1，ν_1，ν_2、ν_4 都是拉曼活性的，而 ν_3 和 ν_5 是红外活性的。ν_3，ν_5 分别出现在 3 287 cm^{-1} 和 729 cm^{-1}；而 ν_1、ν_2、ν_4 出现在拉曼的 3 374 cm^{-1}、1 974 cm^{-1}、612 cm^{-1} 处，根据红外和拉曼谱带的互相排斥现象也可证明乙炔是有对称中心的分子。

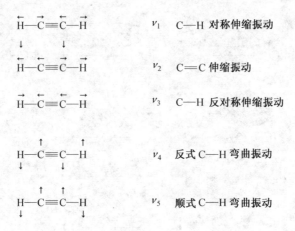

ν_1 C—H 对称伸缩振动

ν_2 C≡C 伸缩振动

ν_3 C—H 反对称伸缩振动

ν_4 反式 C—H 弯曲振动

ν_5 顺式 C—H 弯曲振动

图 9.4   乙炔的振动及其极化度的变化

例 3   画出 H_2O 的简正振动,说明哪些振动是红外活性的和拉曼活性的。

非线性的水分子应有 $3N-6=3$ 个简正振动,如下所示

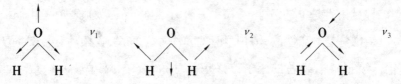

所以这三种振动都是红外活性的,同样也都是拉曼活性的,但 ν_1 的拉曼谱带比较强。这种情况是与规则 2 相符合的。

例 4   画出 N_2O_4 的扭曲振动,说明是否是红外活性的和拉曼活性的。

下图为 N_2O_4 的平面分子图,所有这三种振动既是红外活性的,又是拉曼活性的,但是 ν_1 的拉曼谱带比较强,与规则 2 相符合。

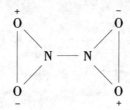

但这种振动红外和拉曼都是非活性的,因为在振动时,既没有偶极矩的变化,也没有极化度的改变。这是属于第三条规则的例子。

2. 红外光谱与拉曼光谱的比较

拉曼效应产生于入射光子与分子振动能级的能量交换。在许多情况下,拉曼频率位移的程度正好相当于红外吸收频率。因此红外测量能够得到的信息同样也出现在拉曼光谱中,红外光谱解析中的定性三要素(即吸收频率、强度和峰形)对拉曼光谱解析也适用。但由于这两种光谱的分析机理不同,在提供信息上也是有差异的。一般来说,分子的对称性越高,红外与拉曼光谱的区别就越大,非极性官能团的拉曼散射谱带较为强烈,极性官能团的红外谱带较为强烈。例如,许多情况下 C $=$ C 伸缩振动的拉曼谱带比相应的红外谱带较为强烈,而 C $=$ O 的伸缩振动的红外谱带比相应的拉曼谱带更为显著。对于链状聚合物来说,碳链上的取代基用红外光谱较易检测出来,而碳链的振动用拉曼光谱表征更为方便。

以聚乙烯为例说明红外与拉曼光谱在研究聚合物时的区别。图 9.5 为线型聚乙烯的红外及拉曼光谱。

聚乙烯分子中具有对称中心,红外与拉曼光谱应当呈现完全不同的振动模式,事实上确实如此。在红外光谱中,CH_2 振动为最显著的谱带。而拉曼光谱中,C—C 振动有明显的吸收。

虽然拉曼光谱与红外光谱产生的机理并不相同,但是它们的光谱所反映的分子能级跃迁类型则是相同的。对于一个分子来说,如果它的振动方式对于红外吸收和拉曼散射都是活性的话,那么,在拉曼光谱中所观察到的拉曼位移与红外光谱中所观察到的吸收峰的频率是相同的,只是对应蜂的相对强度不同而已。也就是说,拉曼光谱、红外光谱与基团频率的关系也基本上是一致的。因此,在红外光谱中所讲的结构分析方法也适合拉曼光谱,即根据谱带频率、形状、强度利用基团频率表推断分子结构。

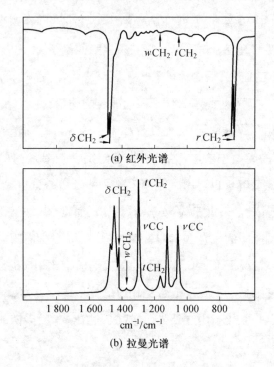

(a) 红外光谱

(b) 拉曼光谱

图9.5　线型聚乙烯的红外及拉曼光谱

如 O—H 的伸缩振动都是在拉曼和红外光谱的 3 600 cm⁻¹ 附近,N—H 伸缩振动都在 3 400 cm⁻¹ 附近,其他如 C—H 伸缩振动在 3 000 cm⁻¹ 附近, C≡C 伸缩振动在 2 200 cm⁻¹ 附近,C ═C 伸缩振动在 1 600 cm⁻¹ 附近等,都是一致的。

但是,因为红外光谱和拉曼光谱的活性机制不同,两者的光谱是有区别的,例如,反式烯烃的内双键

$$
\begin{array}{ccc}
H & & R' \\
& C\!\!=\!\!C & \\
R & & H
\end{array}
$$

在 1 675 cm⁻¹ 有很强的拉曼线,而对应的红外谱带则很弱或根本不存在。反之,在 720 cm⁻¹ 处有红外谱带。表明在碳链上有四个或更多个次甲基存在,而在拉曼光谱则没有。

和红外光谱一样,给出的基团频率是个范围值。对一定的基团来说,其拉曼频率的变化反映了与基团相连的分子其余部分的结构。例如,乙烯基的频率为 $1\ 600 \sim 1\ 680\ cm^{-1}$,但对乙烯来说,其拉曼峰是 $1\ 647\ cm^{-1}$,而对 $CH_2 =\!\!= CHR$ 类型的烯烃来说,其拉曼峰是 $1\ 647\ cm^{-1}$;$CH_2 =\!\!= CHCl$ 乙烯基的拉曼峰在 $1\ 608\ cm^{-1}$,$CH_2 =\!\!= CHCHO$ 在 $1\ 618\ cm^{-1}$。

与红外光谱相比,拉曼散射光谱具有以下优点:

(1)拉曼光谱是一个散射过程,因而任何尺寸、形状、透明度的样品,只要能被激光照射到,就可直接用来测量。由于激光束的直径较小,且可进一步聚焦,因而极少量样品都可测量。

(2)水是极性很强的分子,因而其红外吸收非常强烈。但水的拉曼散射却极微弱,因而水溶液样品可直接进行测量,这对生物大分子的研究非常有利。此外,玻璃的拉曼散射也较弱,因而玻璃可作为理想的窗口材料,例如液体或粉末固体样品可放于玻璃毛细管中测量。

(3)对于聚合物及其他分子,选择拉曼散射定则的限制较小,因而可得到更为丰富的谱带。

$S—S$,$C—C$,$C =\!\!= C$,$N =\!\!= N$ 等红外较弱的官能团,在拉曼光谱中信号较为强烈。

拉曼光谱研究高分子样品的最大缺点是荧光散射,多半与样品中的杂质有关,但采用傅里叶变换拉曼光谱仪,可以克服这一缺点。

9.2.3　偏振度的测定

1. 偏振光

光是一种电磁波,光波振动的方向和前进的方向相垂直,普通光线可以在垂直于前进方向的一切可能的平面上振动。

若将普通光通过一个特殊的尼克尔棱镜时,则透过棱镜的光只在一个平面上振动,这种光叫偏振光,如图9.6所示。

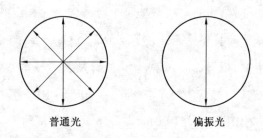

普通光　　　　　　　　偏振光

图9.6　普通光与偏振光

（双箭头表示一个与纸面垂直的面）

如果将偏振光投射在另一个尼克尔棱镜上,只有当偏振光的振动力向与棱镜的轴平行时,偏振光才能通过,若两者互相垂直则不能通过,如图9.7所示。

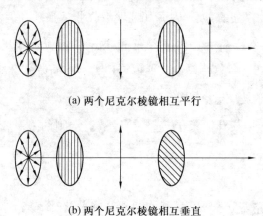

(a) 两个尼克尔棱镜相互平行

(b) 两个尼克尔棱镜相互垂直

图9.7　尼克尔棱镜位置对偏振光的传播

2.去偏振光

绝大多数的光谱只有两个基本参数,即频率和强度。但是拉曼光谱还有一个参数即去偏振度。

激光是偏振光,一般有机化合物都是各向异性的。当激光与样品分子发生碰撞时,可散射出各种不同方向的偏振光,如图9.8所示。

当入射激光沿着 x 轴方向与分子 O 相遇时,使分子激发,散射出不同方向的偏振光。若在 y 轴方向上放置一个偏振器 P(例如尼克尔棱镜),当偏振器与

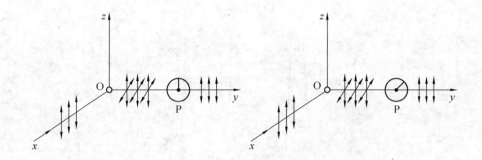

图9.8　样品分子对激光的散射与去偏振度的测定

P—偏振器；O—不对称分子

激光方向平行时,则 zy 面上的散射光就可透过,若偏振器垂直于激光方向时,则 xy 面上的散射光就能透过。

设 $I_\perp$ 为偏振器在垂直方向时散射光的强度,而 $I_\parallel$ 为偏振器在平行方向时散射光的强度,两者之比定义为去偏振度,即

$$\rho_p = \frac{I_\perp}{I_\parallel} \tag{9.5}$$

去偏振度与分子的极化度有关,若分子是各向同性的,则分子在 x、y、z 三个空间取向的极化度都相等,若分子是各向异性的,则沿着三个轴的极化度互不相等。若令 $\bar{\alpha}$ 为极化度中的各向同性部分,$\bar{\beta}$ 为极化度中的各向异性部分,则

$$\rho_p = \frac{3\bar{\beta}^2}{45\bar{\alpha}^2 + 4\bar{\beta}^2} \tag{9.6}$$

对球形对称振动来说,$\bar{\beta}=0$,因此去偏振度 $\rho_p=0$。即如 ρ_p 值越小,分子的对称性越高。若分子是各向异性的,则 $\bar{\alpha}=0$,$\rho_p=3/4$,即分子是不对称的。

由此可见,测定拉曼偏振光谱的去偏振度,可以确定分子的对称性。图 9.9 为 CCl_4 的偏振光谱。在 459 cm^{-1} 处的拉曼谱带,去偏振度 $\rho_p=0.007$,而在 314 cm^{-1}、218 cm^{-1} 处去偏振度 $\rho_p \approx 0.75$,说明 459 cm^{-1} 的谱带对应的是 CCl_4 的完全对称的伸缩振动,而在 314 cm^{-1}、218 cm^{-1} 处则是非对称性的伸缩振动。

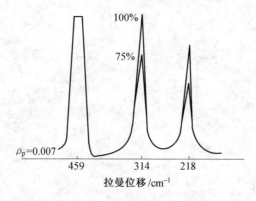

图 9.9　CCl_4 的拉曼偏振光谱

（$100\% CCl_4$, 狭缝宽度为 10 cm^{-1}）

9.3　仪器和装置

　　因为拉曼光谱使用的是可见光或紫外光, 拉曼分光光度计和紫外-可见分光光度计的结构基本相同, 主要包括光源、试样装置、单色器和检测器四个部分。只是在光源和试样装置方面拉曼光谱仪有特殊的要求, 如图 9.10 所示为激光拉曼光谱仪的方块图。

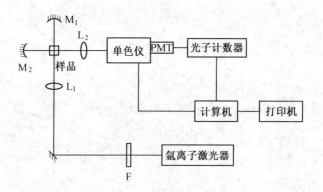

图 9.10　激光拉曼光谱仪的方块图

9.3.1　光源

拉曼光谱光源的作用是用其单色光照射样品,使之产生具有足够强度的散射光。在激光问世之前,使用最广泛的光源是汞弧灯。用激光作光源的拉曼光谱叫激光拉曼光谱。

1. 汞弧灯

拉曼效应很弱,必须用尽可能强的入射光照射样品。汞弧灯能发出 7 条比较强的辐射线,即 253.7,365.0,405.7,435.8,546.1,577.0 和 576.0 nm。在拉曼光谱中常用的是 435.8 nm。为了消除其他的辐射线,一般用饱和的亚硝酸钠水溶液吸收 435.8 nm 以下的线,在 435.8 nm 以上的线使用若丹明染料吸收。这样就可得到 438.5 nm 的汞的兰线单色光。图 9.11 为拉曼散射装置的汞弧灯结构示意图。

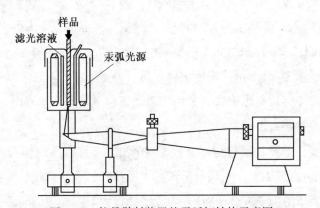

图 9.11　拉曼散射装置的汞弧灯结构示意图

但是,即使用汞弧光源,对于拉曼效应来说,仍嫌太弱。因为汞弧灯的散射角大,单色性比较差。一个 2.5 kW 的汞弧灯辐射在 4 358 nm 处仅占 50 W 左右,而其中真正有效激发样品的只有 1 W 左右。若采用很高的输出功率,由于产生大量热,又会造成样品分解,即使在通常功率条件下,也需要加水冷却,由于上述种种问题,拉曼光谱的使用和发展受到了很大限制。

2. 激光

激光是原子或分子受激辐射产生的,激光和普通光源相比具有以下突出的特点。

（1）具有极好的单色性。激光是一种单色性（即波长或频率极为单一）的光波，例如氦-氖激光器发出的 632.8 nm 的红色光，它的频率宽度只有 9×10^{-2} Hz。

（2）具有极好的方向性。激光几乎是一束平行光，例如红宝石激光器发射的光，其发散角只有 3′多。

（3）激光是非常强的光源。一般光源发出的光射向四面八方，分散了能量，而激光有极好的方向性，所以激光的能量集中在一个很窄的范围内，也即激光在单位面积上的强度远远高于普通光源。

由于激光的这些特点，它是拉曼散射光谱的理想光源。激光拉曼光谱仪比用汞弧灯作光源的经典拉曼光谱仪具有明显的优点：

①被激发的拉曼谱线比较简单，易于解析。

②灵敏度高，样品用量少，普通拉曼光谱液体样品需 50 mL 左右，而激光拉曼光谱只要 1 μL 即可，固体 0.5 μg，气体只要 10^{11} 个分子就够了。

③激光是偏振光，测量偏振度比较容易。

下面着重介绍拉曼光谱仪中常用的激光器和激光的基本原理。

1. 受激辐射和自发辐射

当原子或分子吸收辐射出基态跃迁到高能态后，自发地辐射光子回到基态，这种现象叫自发辐射。一般分析仪器中所涉及的辐射都是自发辐射。

处于高能态的原子或分子，在外来光子的作用下跃迁到低能态而辐射光子的现象叫受激辐射。图 9.12 为自发辐射和受激辐射示意图。

设有一能量与原子的能级差相一致的光子通过原子时，可引起 E_2 能级上的原子发生受激辐射，放出能量 $\Delta E = h\nu$ 的光子，回到 E_1 能级，变为两个光子。显然受激辐射产生的光子其频率与引发受激辐射的光子相同，而且与之相联系的光波也是同相的，因此有相干性。而在自发辐射中，产生的光子相比是无规则的，没有相干性。

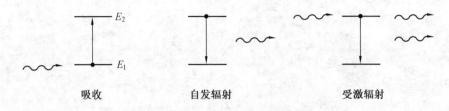

吸收　　　　　　　自发辐射　　　　　　　受激辐射

图 9.12　自发辐射和受激辐射过程

在一个含大量原子或分子的体系中,光辐射的这两种过程哪一种占优势,决定于高能态和低能态的相对粒子数。处于高能态的粒子数较多,则受激辐射占优势,处于低能态的粒子数较多,则吸收将多于受辐射。对于大多数原子和分子,它们的基态与最低激发态的能级差约为 1.25 eV,相当于一个可见光光子的能量。根据波尔兹曼分布定律,在室温热平衡条件下,最低激发态的粒子数与基态相比是非常少的,即当可见光光子作用于一个处于热平衡条件下的物质时,总是发生吸收而不产生受激辐射。

2. 粒子数反转与光的放大

如果设法使处于高能态的粒子数超过处在低能态的粒子数,即原子数按能级分布与正常分布相反,即使粒子数反转时,就可通过光子的射入引发受激辐射。要使粒子数反转,就需要从外界输入某种形式的能量,例如气体放电,光照射等方式,把处于低能态的原子或分子不断地激发到高能态。

如果有一个与两能态间能级差相当的光子射入粒子数反转的体系中时,就会通过受激辐射产生光子,这个光子再去引发处子同一高能态的其他原子受激辐射,这样由一个光子变为两个光子,两个光子变为四个光子,随着光子在体系中传播路程的不断增加,光子数按指数规则迅速地雪崩式地增强起来,即实现光子的放大。图 9.13 为这个连锁反应的放大过程。

3. 氦氖激光器

拉曼光谱中最常用的是 He-Ne 气体激光器,其结构如图 9.14 所示。中间是一放电管,共两端是用环氧树脂密封的布儒斯特窗。

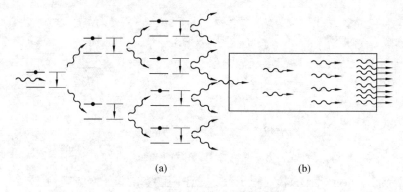

(a)　　　　　　　　　　　　(b)

图 9.13　光子放大示意图

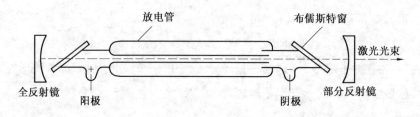

图 9.14　氦氖激光器结构示意图

在放电管的外面,在两头垂直于放电管轴线放置两个球面反射镜,其中一个是全反射镜,另一个是反射率为 98% 的反射镜,它们的曲率半径等于或大于两镜间的距离,这样就构成一个透射共振腔,反射镜放置在管外便于调节与更换,称之为外腔式激光器。

激光器内装 He、Ne 混合气体(3∶1~10∶1),总压强为几百 Pa。受激辐射发生于 Ne 原子的两个能态之间,He 原子的作用是使 Ne 原子实现粒子数反转。图 9.15 是 He-Ne 原子的能级图。

He 原子的基态光谱项为 1^1s_0,当 1 个电子被激发成 $1s^12s^1$ 能态时,由于这两个电子可以是自旋平行,也可以自加反平行,因而分别产生三重态 2^3s 和单重态 2^1s。He 原子的这两个能态是亚稳态,即原子在这样的能态上可以停留较长时间(约 10^{-6} s),而不是立即跃迁回到基态。Ne 原子能态结构比较复杂,如图 9.15 所示,Ne 原子的基态是 $2p_6$,激发态的光谱项是 $1s,2s_2,3s_2$ 及 $2p_4,3p_4$

等。其中的 $2s_2$、$3s_2$ 能级和 He 原子的亚稳态能级 2^3s、2^1s 相近。当一个处于亚稳态的 He 原子与一个处于基态的 Ne 原子相碰时,它们之间存在着高的转移几率。碰撞造成 3s 与 3p,2s 与 2p 之间的粒子数反转。由于 3p 和 2p 能级上离子数为零,因此,只要 3s 和 2s 上有较少离子就能产生激光。

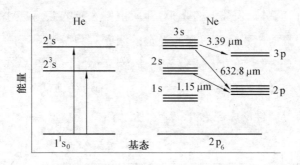

图 9.15　He-Ne 原子的能级图

氦氖激光器是用气体放电方式激励的,在气体放电时,被电场加速的电子与 He 原子发生碰撞,使 He 原子由基态跃迁到亚稳态 2^1s 和 2^3s,处于亚稳态内 He 原子再与基态 Ne 原子相撞,使 Ne 原子跃迁到 $2s_2$ 和 $3s_2$,而 He 原子则返回到基态,这种现象叫能量共振转移。但是 $2p_4$、$3p_4$ 没有相应的亚稳态与之对应,不会发生能量共振转,它们只在基态 Ne 原子与电子碰撞时将部分 Ne 原子直接激发,获得一些高能态粒子数。由于放电管中 He 原子比 Ne 原子数多几倍,且 Ne 的 2p 态寿命很短,跃迁到 1s 是很快的过程,因此与 $2s^2$、$3s^2$ 通过共振转移获得的高能态粒子数相比要少得多,这样就在 $2s_2$、$3s_2$ 与 $2p_4$、$3p_4$ 之间实现了粒子数反转。Ne 的 1s 态主要是通过向管壁扩散,与之碰撞后失去能量而回到基态。由图 9.15 可以看出,从 $3s_2$、$2s_2$ 跃迁到 $3p_4$、$2p_4$ 可有三种途径,与之相对应的辐射有三种不同的波长,即

$$Ne(3s_2) \rightarrow Ne(2p_4) \quad 632.8 \text{ nm}$$

$$Ne(2s_2) \rightarrow Ne(2p_4) \quad 1.15 \text{ μm}$$

$$Ne(3s_2) \rightarrow Ne(3p_4) \quad 3.39 \text{ μm}$$

如果在上述三种跃迁中任何一种发生自发辐射时,产生一个光子,这个光

子就作用在 Ne 原子的高能态上,产生受激辐射。

显然,光子穿过物质的路程越长,受激辐射的光子众多,光量子放大器的增益越高。因此要获得很强的激光,就要尽量提高增益,在工作物质的两端加两块平行反射镜,构成一个共振腔,使光子在共振腔内来回反射,多次穿过工作物质,在共振腔内就可聚积很强的光来,即所谓发生光的振荡,当振荡稳定以后,部分从反射镜端射出的就是很强的稳定的激光。共振腔除了产生与维持光的振荡外,就是保证激光的方向性和单色性,在共振腔内凡是不沿着共振腔轴线传播的光子将很快地逸出腔外,只有沿共振腔轴线传播的光才能产生振荡,这就是激光具有方向性的原因,如图 9.16 所示。

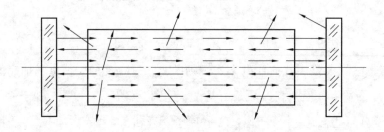

图 9.16 共振腔作用的示意图

共振腔长度确定以后,在腔内来回传播,振荡的光波频率也就确定,只有满足半波长的整数倍等于腔长 L 这个条件的光波,在共振腔内才得到振荡加强,其他不满足这个条件的光波很快被削弱。$L=m/\lambda$（m 为正整数）这个条件确定了腔内光的波长,即输出光的波长,这就是激光单色性好的原因。

布儒斯特窗采用熔融石英材料制作,它对紫外、可见和近红外光的吸收很小。它的作用是减少激光的反射损失,使在共振腔内得到所需的线偏振光。如图 9.17 所示,当激光以起偏振角 i_0 通过布儒斯特窗时,其垂直于入射面(即图面)的偏振成分,将有一部分沿 OR 方向反射掉,而其平行于入射面的偏振成分(用平行线表示)可以全部透过布儒斯特窗。不发生反射,直接射向球面反射镜,从球面反射镜反射回来的激光再经过布儒斯特窗时,垂直于入射面的振动成分又有部分被反射,而平行于入射面的振动成分则全部返回放电管内,在另外一端的情况与此类似。因此,激光在共振腔内经过多次来回反射,垂直于入射面的偏振成分越来越少,很快就达到只有那种振动面在入射面内的完全偏振光,所以有布儒斯特窗的激光器,发出的激光是完全偏振光。

　　He-Ne 激光器是目前激光拉曼光谱仪中最好的光源,比较稳定,使用寿命也比较长(约 15 000 h),但是它的输出功率有限(632.8 nm 在 100 mW 以下)。

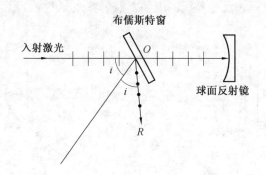

图 9.17　布儒斯特窗的作用

4. 氩离子激光器

　　氩离子(Ar^+)激光器是拉曼光谱仪中另一个常用的光源,这种激光器可输出 488.0、496.5、514.5 nm 三条很强的激光,其输出功率也比较高,可达 3 W,缺点是寿命较短,约 1 000 h。

　　Ar^+ 的受激辐射产生于两个离子能态间的跃迁,其受激过程如下:首先使 Ar 原子电离,由 $3s^2 3p^6$ 电子层结构变成 Ar^+ 的基态 $3s^2 3p^5$,然后在 4p 和 4s 态实现粒子数反转,由 4p 能态受激辐射跃迁到 4s 态,即得到 488.0、496.5、514.5 nm 波长的激光。若与 He-Ne 激光器基本相似,在布儒斯特窗和反射镜之间的波长选择棱镜,是用于将激光器调谐到所需要的工作波长上。螺旋管的作用是产生一个 1 000 Gs($1 Gs = 10^{-4}T$)的磁场以压缩放电电流,增加电流密度,使有足够的 Ar 原子电离。维持氩原子的数量很少时,就只发出最强的 488.0 nm 的激光。

9.3.2 试样装量和缝前透射系统

激光拉曼光谱仪的缝前透射系统是为了有效地激发样品,最大限度地收集散射光进入单色器系统,样品照射一般分 90°和 180°两种方式。180°照射方式散射光收集效率比较高,信噪比较大;90°照射方式可以提高拉曼散射和瑞利散射的比值,有利于低频区拉曼线的观测。照射方式如图 9.18 所示。

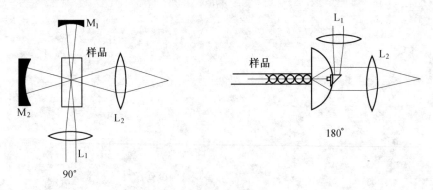

图 9.18　缝前透射系统和照射方式

M_1,M_2—反射镜;L_1,L_2—透镜

为了提高散射强度,样品放置方式非常重要。绝大多数的样品是放在激光器的外面,气体样品可采用内腔方式,即把样品放在激光器的共振腔内,如图 9.19 所示。

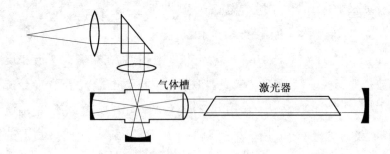

图 9.19　共振腔气体样品槽

在一般情况下气体样品采用多路反射气槽;液体样品可用毛细管、多重反射槽(反射达 150 次);固体样品,粉末可装在玻璃管内也可压片测量。试样管一般用玻璃制成,体积可以小至微米级。有些试样也可进行温度控制,用以作变温测量。

9.3.3　单色器

激光拉曼光谱仪中装有两种不同作用的单色器,一种是前置单色器,另一种是双光栅单色器。

前置单色器又称激光滤光器,一般拉曼光谱仪的单色器是前置单色器,其主要作用是消除激光的等离子体线及其他杂散光进入光路,以及选择不同波长的激光以满足分析样品的要求。双光栅单色器是把入射光照射样品后得到的散射光进行分光。

拉曼光谱上的单色器除了要使散射光单色化外,最突出的作用是消除杂散光。因为拉曼散射光极其微弱,仅有激光强度的 $10^{-6} \sim 10^{-8}$。来自样品室器壁等处的反射光在进入单色器后就成为杂散光。杂散光作为背景把拉曼散射光掩盖起来。特别是不透明的细晶体、粉末等样品,杂散光尤为严重,因为在这些样品上,激光的漫反射会产生更强的杂散光,使许多低波数范围的拉曼线被掩盖而测不出来。

9.3.4　检测器

早期检测拉曼散射光谱的通用办法是照相干板。因为拉曼谱线强度很弱,需要的曝光时间很长。现在的拉曼光谱仪都使用光电倍增管做检测器,其灵敏度高、暗电流小。如要测量反斯托克斯线可以采用光子计数器。放大器可采用直流放大或交流放大。

9.3.5　制备技术及放置方式

拉曼实验用的样品主要是溶液(以水溶液为主)和固体(包括纤维)。

为了使实验获得十分高的照度和有效地收集从小体积发出的拉曼辐射,多采用一个90°(较通常)或180°的试样透射系统。从试样收集到的发射光进入单色仪的入射狭缝。

为了提高散射强度,样品的放置方式非常重要。气体样品可采用内腔方式,即把样品放在激光器的共振腔内,液体和固体样品放在激光器的外面,如图9.20所示。

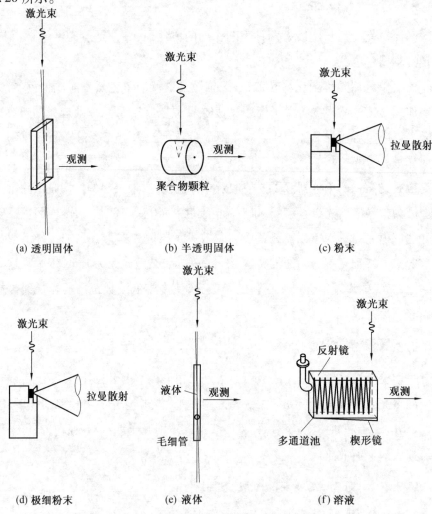

图9.20　各种形态样品在拉曼光谱仪中放置方法

一般情况下,气体样品采用多路反射气槽,液体样品可用毛细管、多重反射槽,粉末样品可装在玻璃管内,也可压片测量。

9.4　激光拉曼光谱法的应用

9.4.1　有机物结构分析

激光拉曼光谱,特别是与红外光谱相配合,是测定有机物分子结构的重要工具。如前所述,红外活性与分子振动时偶极矩的变化有关,拉曼活性与分子振动的极化度变化有关,因此高度对称的振动是拉曼活性的,一些非极性基团和骨架结构的对称振动有强的拉曼谱带;高度非对称的振动是红外活性的,一些强极性基团的不对称振动有强的红外谱带。一般有机化合物分子则介于两者之间,在两个谱中都有反映。

激光拉曼光谱振动叠加效应较小,谱带较为清晰;倍频和组频很弱,易于进行偏振度测量,以确定振动结构的对称性。因此比较容易确定谱带的归宿,在谱图解析上有一定的方便之处。然而,作为有机化合物的指纹而言,红外光谱已积累了大量的标准谱图,便于结构分析,而拉曼光谱与结构的关系尚在建立中,标准谱图还很有限。因此,两种光谱互相配合,互相补充,可以更好地解决分子结构测定问题。

例如,二甲基乙炔 CH_3—$C\equiv C$—CH_3 中的 —$C\equiv C$— 伸缩振动在 $2\,200\ cm^{-1}$ 处有强的拉曼光谱。乙基二硫化物 CH_3—CH_2—S—S—CH_2CH_3 中的 S—S—键在 $500\ cm^{-1}$ 处有强的拉曼谱带。相反,在红外光谱中则没有反映。同样,对于强极性基因,如—OH,在红外光谱中有强的吸收,而在拉曼光谱中则没有反映或反映不明显。

(1)化合物分子式为 $C_6H_6OCl_2$,其拉曼光谱、红外光谱如图 9.21 所示。由图可以看出,两个光谱在 $1\,795\ cm^{-1}$ 处都有一个表征酰氯的谱带,而在拉曼光谱中,在 $1\,888\ cm^{-1}$ 处还有一个谱带,它是环丙烯取代物的特征峰,根据分子式

可推断该化合构的结构为

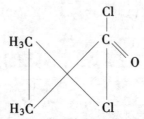

由这个例子可以看出,由于分子中的—C≡C—基团基本上是对称性结构,所以红外吸收非常弱,以致在光谱中没有反映。

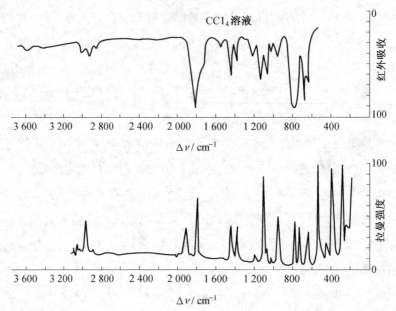

图 9.21　$C_6H_6OCl_2$ 在 CCl_4 溶液中的红外光谱及其液体的拉曼光谱图

(2)拉曼光谱与红外光谱配合鉴别顺反异构体是非常有效的。例如,$H_4C_4N_4$ 化合物在 1 621 cm^{-1} 有一表征 $\diagdown$C=C$\diagup$ 的强拉曼谱带,与 1 623 cm^{-1} 的强红外谱带基本上是一致。根据判别红外和拉曼活性的规则,凡不具有对称中心的分子,其红外和拉曼都是活性的,由此可以推断该化合物是顺式结构

$$H_2N-\overset{\displaystyle |}{\underset{\displaystyle ||}{C}}-CN$$
$$H_2N-\underset{\displaystyle |}{C}-CN$$

如果该化合物是反式结构，$\diagup$C=C$\diagdown$ 键的伸缩振动只在拉曼光谱中有谱带出现，其红外吸收谱带则很弱或看不到。

（3）醋酸基丙腈化合物的红外和拉曼光谱。虽然 —C≡N 是极性基团，通常在红外光谱中 2 100～2 300 cm^{-1} 区域应有强的吸收峰，但是该化合物的红外光谱则没有表征 —C≡N 基团存在的特征峰，而在拉曼光谱中 2 250 cm^{-1} 处则有强的 —C≡N 特征谱带，这是由于分子中与 —C≡N 基团中的碳原子相连的醋酸基的电负性，使 —C≡N 基团的极性大大减弱，致使红外吸收很弱而观察不到。因此，根据以上的分析，再考虑谱图上出现的 $\diagup$C=O ，C—O—C·CH$_3$ 的振动谱带。可以推断该化合物的结构是

$$CH_3 \cdot \underset{\displaystyle |}{\underset{\displaystyle C\equiv N}{CH}}-O-CO-CH_3$$

虽然红外光谱在烯烃的结构族组成、润滑剂以及添加剂的类型和结构等的测定方面起了重要作用，但是要确定分子的结构则比较困难，而拉曼光谱则是测定分子骨架连接方式的一个重要方法。因为烃类的碳链和环的骨架振动，拉曼光谱比红外光谱要特征得多。当分子中含有不同结构的碳链时，能出现不同的强特征拉曼线，根据特征拉曼线可以确定其结构。

上述频率因取代基不同有一定的频率位移。测定环戊烷时必须扣掉正烷烃的干扰。

（4）辨认 3 300 cm^{-1} 附近的基团是拉曼光谱比红外光谱高明之处。在红外光谱中，3 300 cm^{-1} 附近为—OH 的强吸收，而—N—H$_2$ 基团的吸收峰往往不容易辨认。单靠红外光谱往往难以确定它们的存在，而用拉曼光谱则比较有力。

例如，2-氨基-丁醇-1（图 9.22）在 3 300 cm^{-1} 附近是—OH 的强吸收峰，

—NH$_2$ 峰几乎被淹没,只能从重叠的肩部勉强地看到,而在拉曼光谱中 3 300 cm^{-1} 附近的—NH$_2$ 谱带,由于—OH 谱带比较弱,因此确定它的存在比较容易。为避免判断错误可用其他伯胺光谱做对照。

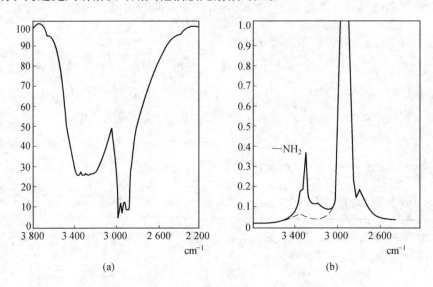

图 9.22　2-氨基-丁醇-1 的红外和拉曼光谱图

9.4.2　高聚物的分析

高聚物的激光拉曼光谱近年来发展很快,成为激光拉曼光谱研究的一个重要领域。这是因为拉曼光谱易于进行聚合物的立规性、结晶度和取向度等的研究;聚合物分子是长链大分子,骨架结构用拉曼光谱便于研究;水溶性聚合物用激光拉曼光谱研究较为方便。

因为 C＝C 链的拉曼散射很强,且因结构而异,用拉曼光谱测定外部和内部双链及顺反异构体是很有效的。例如,聚丁二烯,顺式 1.4 和反式 1.4 结构其拉曼谱带分别在 1 650 cm^{-1} 和 1 664 cm^{-1} 处,而 1,2 端乙烯基结构则在 1 639 cm^{-1} 处。聚异戊二烯 1,4 结构的拉曼谱带在 1 662 cm^{-1} 处,3,4 结构在 1 641 cm^{-1} 处,1,2 端乙烯基结构在 1 639 cm^{-1} 处。

由这些谱带就可以确定其结构,聚四氟乙烯的结晶度在拉曼光谱中可以明显地反映出来,如图 9.23 所示。

随着结晶度降低,谱带变宽,尤其在 600 cm^{-1} 处更为显著。聚乙烯中也有类似情况如图 9.24 所示。

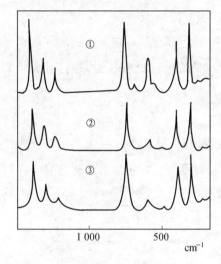

图 9.23　聚四氟乙烯的拉曼光谱图

①—90% 的结晶样品在 $-150℃$ 条件;

②—60% 的结晶样品在室温条件;

③—80% 六氟丙烯/92% 四氟乙烯共聚物

　　在室温条件

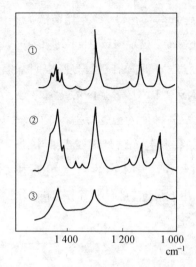

图 9.24　聚乙烯的拉曼光谱图

①—高密度;②—低密度;③—低密度熔体

用拉曼光谱区分聚合物的构型是一个重要的应用,易取代乙烯聚合物,如聚氟乙烯、聚氧乙烯、聚氯乙烯、聚丙烯及聚丁烯等可能以各种的立体规则性结构存在,如全同立构、间同立构、无规立构等。根据振动谱带的拉曼活性和红外活性,以及拉曼谱带的去偏振度等可予以区分。

9.4.3　无机体系的研究

对于无机体系的研究,拉曼光谱比红外光谱要优越得多,因为在振动过程中,水的极化度变化很小,因此其拉曼散射很弱,干扰很小。此外,在络合物中金属-配位体键的振动频率一般都在 100 ~ 700 cm^{-1} 范围,用红外光谱研究比较困难。然而这些键的振动常具有拉曼活性,其拉曼谱带易于观测,因此适合对络合物的组成、结构和稳定性等方面进行研究。

用拉曼光谱可测定某些无机原子团的结构,例如汞离子在水溶液中是以 Hg^+ 或 Hg^{2+} 存在,用红外光谱法无法确定,因两者均无吸收,而在拉曼光谱中,在 169 cm^{-1} 出现 $(Hg-Hg)^{2+}$ 强偏振线,表明 Hg^{2+} 存在。而在一价铊离子的情况下,无 Tl_2^{2+} 的强偏振线出现,表明是以 Tl^+ 形式存在。此外,还可用拉曼光谱测定 H_2SO_4、HNO_3 等强酸的离解常数。

1. 各种高岭土的鉴别

FT-拉曼光谱是陶瓷工业中快速而有效的测量技术。陶瓷工业中常用原料如高岭土、多水高岭土、地开石和珍珠陶土的 FT-拉曼光谱如图 9.25(a) 所示。由图可知,它们都有各自的特征谱带,而且比红外光谱(图 9.25(b))更具特征性。

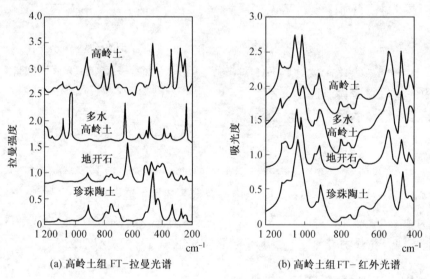

(a) 高岭土组 FT-拉曼光谱　　　　　　(b) 高岭土组 FT-红外光谱

图 9.25　高岭土组 FT-拉曼光谱和高岭土组 FT-红外光谱

2. 金刚石薄膜质量的判定

用化学气相合成(CVD)金刚石薄膜是近年来获得广泛重视和迅速发展的

新材料,它的禁带宽度为 5.5 eV。所以从紫外到远红外的透射区域内都具有极好的透射透光性,具有极高的硬度和化学稳定性,是制备透射保护膜、增透膜的理想材料。且金刚石内电子和空穴的迁移率很高,可用来制造宽禁带高温半导体材料。制造金刚石薄膜方法很多,现在常用的有热解化学气相积淀 CVD方法、直流等离子体 CVD、微波等离子体 CVD、热灯丝的 CVD 方法。用 CVD 方法制备的金刚石薄膜是一种多晶结构,其组分构成对材料物理性质有很大的影响。CVD 方法制备的金刚石薄膜,除了 sp^3 金刚石相外,它的拉曼特征峰是1 332 cm^{-1},不同程度地存在 sp^2 键石墨相,它在 1 550 cm^{-1} 处有一个拉曼特征宽峰,利用拉曼光谱来确定 sp^2/sp^3 键价比,是判定金刚石薄膜质量的有效方法之一。

9.4.4　生物高分子方面的研究

激光拉曼光谱是研究生物大分子结构的有力工具之一。例如,在研究酶、蛋白质、核酸等这些具有生物活性的物质结构时,必须研究它所在生物体环境中(水溶液体系,pH 接近中性等)的结构和行为,用红外光谱研究是比较困难的。近年来用激光拉曼光谱研究生物大分子发展很快,已有几十种以上的酶、蛋白质、肽抗体、毒素等用拉曼光谱进行研究。图 9.26 是人体碳酸酐酶–B 的拉曼光谱。图中可以看出构成人体碳酸酐酶–B 的各种氨基酸,以及特征化学键基团的拉曼谱带。如能对谱带进行详细的解析则可对构象、氢键和氨基酸残基周围环境等提供大量的结构性息。

在生物领域中共振拉曼光谱具有显著的优越性,共振拉曼光谱是当激光频率和生色团的电子运动的特征频率相等时,就会发生共振拉曼散射。共振拉曼散射的强度比正常拉曼散射强度大好几个数量级,因此可以测定浓度很小的样品。适于对有生色团的生物大分子化合物进行研究,它可避免由于高浓度经激光照射所产生的样品分解和荧光现象。

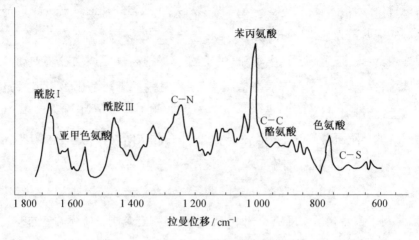

图 9.26　人体碳酸酐酶–B 的拉曼光谱

9.4.5　拉曼光谱在高分子材料中的应用

1. 拉曼光谱的选择定则与高分子构象

由于拉曼与红外光谱具有互补性,因而二者结合使用能够得到更丰富的信息。而这种互补的特点是由它们的选择定则决定的。凡具有对称中心的分子,它们的红外吸收光谱与拉曼散射光谱没有频率相同的谱带,这就是所谓的"互相排斥定则"。例如聚乙烯具有对称中心,所以它的红外光谱与拉曼光谱没有一条谱带的频率是一样的。

上述原理可以帮助推测聚合物的构象。例如,聚硫化乙烯(PES)的分子链的重复单元为($CH_2CH_2SCH_2CH_2—S$),与 $C—S$、$S—C$、$C—C$ 及 $S—C$ 有关的构象分别为反式、右旁式、右旁式、反式、左旁式和左旁式。倘若 PES 的这一结构模式是正确的,那它就具有对称中心,从理论上可以预测 PES 的红外及拉曼光谱中没有频率相同的谱带。例如,PES 采取像聚氧化乙烯(PEO)那样的螺旋结构,那就不存在对称中心,它们的红外及拉曼光谱中就有频率相同的谱带。测量结果发现,PEO 的红外及拉曼光谱有 20 条频率相同的谱带,而 PES 的两种光谱中仅有两条谱带的频率比较接近。因而,可以推论 PES 具有与 PEO 不同的构象:在 PEO 中,C—C 键是旁式构象,C—O 为反式构象;而在 PES 中,C—C 键是反式构象,C—S 为旁式构象。

分子结构模型的对称因素决定了选择原则。比较理论结果与实际测量的光谱,可以判别所提出的结构模型是否准确。这种方法在研究小分子的结构及大分子的构象方面起着很重要的作用。

2.高分子的红外二向色性及拉曼去偏振度

图 9.27 为拉伸 250% 的聚酰胺-6 薄膜的红外偏振光谱。图 9.28 为拉伸 400% 的聚酰胺-6 薄膜的偏振拉曼散射光谱。在聚酰胺-6 的红外光谱中,某些谱带显示了明显的二向色性特性。它们是 NH 伸缩振动($3\,300\ cm^{-1}$)、CH_2 伸缩振动($3\,000 \sim 2\,800\ cm^{-1}$)、酰胺 I($1\,640\ cm^{-1}$)及酰胺 H($1\,550\ cm^{-1}$)吸收和酰胺 m($1\,260\ cm^{-1}$ 和 $1\,201\ cm^{-1}$)吸收谱带。其中 NH 伸缩振动、CH_2 伸缩振动及酰胺 I 谱带的二向色性比清楚地反映了这些振动的跃迁及在样品被拉伸后向垂直于拉伸方向的取向。酰胺 II 及 III 谱带的二向色性显示了 C—N 伸缩振动向拉伸方向的取向。聚酰胺-6 的拉曼光谱(图 9.28)的去偏振度研究结果与红外二向色性完全一致。拉曼光谱中 $1\,081\ cm^{-1}$ 谱带(C—N 伸缩振动)及 $1\,126\ cm^{-1}$ 谱带(C—C 伸缩振动)的偏振度显示了聚合物骨架经拉伸后的取向。

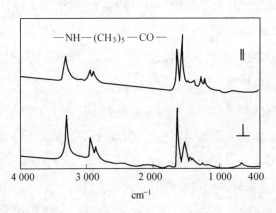

图 9.27 聚酰胺-6 薄膜被拉伸 250% 后得到的红外偏振光谱

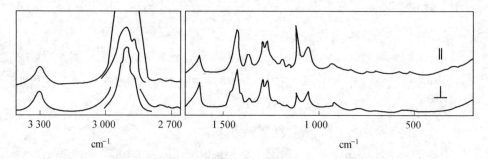

图 9.28　聚酰胺–6 薄膜拉伸 400% 后得到的激光拉曼散射光谱

∥—偏振激光电场矢量与拉伸方向平行；⊥—偏振激光电场矢量与拉伸方向垂直

3. 聚合物形变的拉曼光谱研究

纤维状聚合物在拉伸形变过程中，链段与链段之间的相对位置发生了移动，从而使拉曼谱带发生变化。在纤维增强热塑性或热固性树脂高强度复合材料中，树脂与纤维之间的应力转移效果，是决定复合材料机械性能的关键因素。将聚丁二炔单晶纤维埋于环氧树脂之中，固化后生成性能优良的结构材料。对环氧树脂施加应力进行拉伸，使其产生形变。此时外加应力通过界面传递给聚丁二炔单晶纤维，使纤维产生拉伸形变。丁二炔单晶纤维的形变可以用共振拉曼光谱加以观察。图 9.29 为丁二炔单体分子及聚合物链的排列示意图。

图 9.30 为聚丁二炔单晶纤维的共振拉曼光谱，入射光波长为 638 nm。当聚丁二炔单晶纤维发生伸长形变时，2 085 cm^{-1} 谱带向低频区移动。其移动范围为：纤维每伸长 1%，向低频区移动约 20 cm^{-1}，由于拉曼谱带测量精度通常可达 2 cm^{-1}，因而拉曼测量纤维形变形精确度可达 ±0.1%。环氧树脂对激光是透明的，因此可以用激光拉曼光谱对复合材料中的聚丁二炔单晶纤维的形变进行测量。图 9.31 即为拉曼光谱测得的复合材料在外力拉伸下聚丁二炔单晶纤维形变的分布，复合材料伸长形变为 0.00%，0.50%，1.00%。

4. 聚合物对金属表面的防蚀性能

在拉曼光谱分析技术中有一项叫作"变面增强拉曼散射"（Surface Enhanced Raman Scattering，SERS）的技术，这项技术可以使与金属直接相连的分

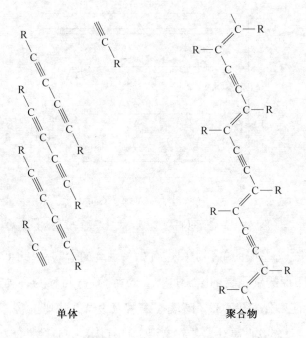

单体　　　　　　　　　　　　聚合物

图 9.29　丁二炔单体分子及聚合物链的排列示意图

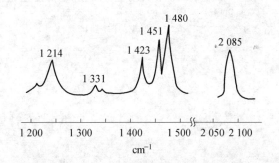

图 9.30　聚丁二炔单晶纤维的共振拉曼光谱

子层的散射信号增强 $10^5 \sim 10^6$ 倍,它使拉曼光谱技术成为表面化学、表面催化、各种涂层分析的重要手段。

　　氮杂环化合物在铜及其合金的防腐蚀方面有着广泛的用途,这是因为在共吸附氧的作用下,咪唑类化合物在铜或银等表面形成了致密的抗腐蚀膜。由于

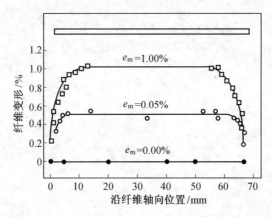

图 9.31 复合材料中聚丁二炔单晶纤维形变分布

SERS 可以对靠近基底的单分子层进行高灵敏度的检测,因此可用来观测覆盖在聚合物膜下面的氧化物的生成过程。因而 SERS 可作为一种原位判断表面膜耐蚀性能的手段。图 9.32 为苯并三氮唑及聚苯并咪唑在铜表面加热下的原位 SERS 谱。虽然这两种化合物在常温下具有优良的防蚀性能,但在高温下可以清楚地观察到在 $480 \sim 630 \ cm^{-1}$ 之间出现的氧化铜及氧化亚铜的拉曼谱带。

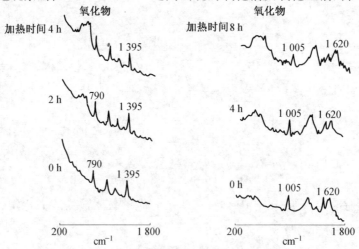

(a) 用苯并三氮咪唑预先处理过的铜片　(b) 用聚苯并咪唑预先处理过的钢片

图 9.32 铜在 200 ℃下氧化的 SERS 谱

SERS 谱中出现的氧化物拉曼谱带,表示在覆盖膜下金属的高温氧化过程。但是用 SERS 研究发现,当用聚苯并三氮唑及聚苯并咪唑混合溶液处理钢片之后,金属表面呈现优良的耐高温氧化性能。

图 9.33 中的原位 SERS 光谱表明,铜片经苯并三氮唑和聚苯并咪唑混合溶液处理后,比用单一化合物处理,具有优良得多的耐高温腐蚀性。

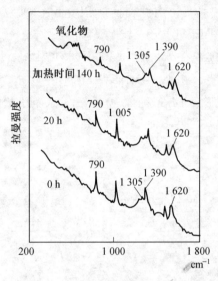

图 9.33   用苯并三氮唑与聚苯并咪唑混合液预
处理的钢片在 200 ℃原位 SERS 光谱

9.4.6 定量分析

用拉曼光谱进行定量分析尚未得到广泛的应用,但是它比红外光谱法有两个明显的优点。第一,红外光谱(包括其他吸收光谱)吸收强度与浓度呈对数关系,而拉曼散射强度与样品浓度却呈简单的线性关系。第二,拉曼光谱相比红外光谱来说要简单,谱带比较窄、重叠现象也比较少,因此选择谱带比较容易。

拉曼光谱可用于混合物分析,曾有人分析了一个 8 组分的混合物,其组分是苯、异丙苯、三种二异丙苯、二种三异丙苯和 1,2,4,5-四异丙苯。用 CCl4 作参比峰,各组分结果的平均误差为1%。由于激光的强度高,特别是使用大功率的激光器可以大大提高分析的灵敏度。

参考文献

[1] LONG D A. Raman spectroscopy[M]. New York:McGraw-Hill, 1977.

[2] PARKER F S. Applications of Infrared Raman and Resonance Raman spectroscopy[M]. New York:Pleunum Press, 1983.

[3] 邓勃,宁永成,刘密新. 仪器分析[M]. 北京:清华大学出版社,1990.

[4] 游效曾. 结构分析导论[M]. 北京:科学出版社,1980.

[5] 潘家来. 激光拉曼光谱在有机化学上的应用[M]. 北京:化学工业出版社,1986.

附　　录

附录1　立方系晶面间夹角

{*HKL*}	{*hkl*}	*HKL* 与 *hkl* 晶面(或晶向)间夹角的数值/(°)							
	100	0	90						
	110	45	90						
	111	54.73							
	210	26.57	64.43	90					
	211	35.27	65.90						
	221	48.19	70.53						
100	310	18.44	71.56	90					
	311	25.24	72.45						
	320	33.69	56.31	90					
	321	36.70	57.69	74.50					
	322	43.31	60.98						
	410	14.03	75.97	90					
	411	19.47	76.37						
	110	0	60	90					
	111	35.27	90						
	210	18.44	50.77	71.56					
	211	30	54.73	73.22	90				
	221	19.47	45	73.37	90				
	310	26.57	47.87	63.43	77.08				
110	311	31.48	64.76	90					
	320	11.31	53.96	66.91	78.69				
	321	19.11	40.89	55.46	67.79	79.11			
	322	30.97	46.69	80.13	90				
	410	30.97	46.69	59.03	80.13				
	411	33.55	60	79.53	90				
	331	13.27	49.56	71.07	90				

续附录1

{HKL}	{hkl}	HKL 与 hkl 晶面(或晶向)间夹角的数值/(°)								
	111	0	70.53							
	210	39.23	75.04							
	211	19.47	61.87	90						
	221	15.81	54.73	78.90						
	310	43.10	68.58							
111	311	29.50	58.52	79.98						
	320	36.81	80.79							
	321	22.21	51.89	72.02	90					
	322	11.42	65.16	81.95						
	410	45.57	65.16							
	411	35.27	57.02	74.21						
	331	21.99	48.53	82.39						
	210	0	36.87	53.13	66.42	78.46	90			
	211	24.09	43.09	56.79	79.43	90				
	221	26.57	41.81	53.40	63.43	72.65	90			
	310	8.13	31.95	45	64.90	73.57	81.87			
	311	19.29	47.61	66.14	82.25					
210	320	7.12	29.75	41.91	60.25	68.15	75.64	82.88		
	321	17.02	33.21	53.50	61.44	68.99	83.13	90		
	322	29.80	40.60	49.40	64.29	77.47	83.77			
	410	12.53	29.80	40.60	49.40	64.29	77.47	83.77		
	411	18.43	42.45	50.57	71.57	77.83	83.95			
	331	22.57	44.10	59.14	72.07	84.11				

续附录1

{HKL}	{hkl}	HKL 与 hkl 晶面(或晶向)间夹角的数值/(°)								
211	211	0	33.56	48.19	60	70.53	80.41			
	221	17.72	35.26	47.12	65.90	74.21	82.18			
	310	25.35	49.80	58.91	75.04	82.59				
	311	10.02	42.39	60.50	75.75	90				
	320	25.07	37.57	55.52	63.07	83.50				
	321	10.90	29.21	40.20	49.11	56.94	70.89	77.40	83.74	90
	322	8.05	26.98	53.55	60.33	72.72	78.58	84.32		
	410	26.98	43.13	53.55	60.33	72.72	78.58			
	411	15.80	39.67	47.66	54.73	61.24	73.22	84.48		
	331	20.51	41.47	68.00	79.20					
221	221	0	27.27	38.94	63.61	83.62	90			
	310	32.51	42.45	58.19	65.06	83.95				
	311	25.24	45.29	59.83	72.45	84.23				
	320	22.41	42.30	49.67	68.30	79.34	84.70			
	321	11.49	27.02	36.70	57.69	63.55	74.50	79.74	84.89	
	322	14.04	27.21	49.70	66.16	71.13	75.96	90		
	410	36.06	43.31	55.53	60.98	80.69				
	411	30.20	45	51.06	56.64	66.87	71.68	90		
	331	6.21	32.73	57.64	67.52	85.61				
310	310	0	25.84	36.86	53.13	72.54	84.26	90		
	311	17.55	40.29	55.10	67.58	79.01	90			
	320	15.25	37.87	52.13	58.25	74.76	79.90			
	321	21.62	32.31	40.48	47.46	53.73	59.53	65.00	75.31	85.15	90
	322	32.47	46.35	52.15	57.53	72.13	76.70			
	410	4.40	23.02	32.47	57.53	72.13	76.70	85.60		
	411	14.31	34.93	58.55	72.65	81.43	85.73			

续附录1

{HKL}	{hkl}	HKL 与 hkl 晶面(或晶向)间夹角的数值/(°)									
	311	0	35.10	50.48	62.97	84.78					
	320	23.09	41.18	54.17	65.28	75.47	85.20				
	321	14.77	36.31	49.86	61.08	71.20	80.73				
311	322	18.08	36.45	48.84	59.21	68.55	85.81				
	410	18.08	36.45	59.21	68.55	77.33	85.81				
	411	5.77	31.48	44.72	55.35	64.76	81.83	90			
	331	25.95	40.46	51.50	61.04	69.77	78.02				
	320	0	22.62	46.19	62.51	67.38	72.08	90			
	321	15.50	27.19	35.38	48.15	53.63	58.74	68.25	77.15	85.75	90
320	322	29.02	36.18	47.73	70.35	82.27	90				
	410	19.65	36.18	47.73	70.35	82.27	90				
	411	23.77	44.02	49.18	70.92	86.25					
	331	17.37	45.58	55.07	63.55	79.00					
	321	0	21.79	31.00	38.21	44.42	50.00	60	64.62	73.40	85.90
	322	13.52	24.84	32.58	44.52	49.59	63.02	71.08	78.79	82.55	86.28
321	410	24.84	32.58	44.52	49.59	54.31	63.02	67.11	71.08	82.55	86.28
	411	19.11	35.02	40.89	46.14	50.95	55.46	67.79	71.64	79.11	86.39
	331	11.18	30.87	42.63	52.18	60.63	68.42	75.80	82.95	90	
	322	0	19.75	58.03	61.93	76.39	86.63				
322	410	34.56	49.68	53.97	69.33	72.90					
	411	23.85	42.00	46.99	59.04	62.78	66.41	80.13			
	331	18.93	33.42	43.97	59.95	73.85	80.39	86.81			
	410	0	19.75	28.07	61.93	76.39	86.63	90			
410	411	13.63	30.96	62.78	73.39	80.13	90				
	331	33.42	43.67	52.26	59.95	67.08	86.81				
411	411	0	27.27	38.94	60	67.12	86.82				
	331	30.10	40.80	57.27	64.37	77.51	83.79				
331	331	0	26.52	37.86	61.73	80.91	86.98				

附录2　立方与六方晶体可能出现的反射

立　　　方					六　　方	
$h^2+k^2+l^2$	hkl				$h^2+k^2+l^2$	hk
	简单立方	面心立方	体心立方	金刚石立方		
1	100				1	10
2	110	—	110		2	
3	111	111	—	111	3	11
4	200	200	200		4	20
5	210				5	
6	211	—	211		6	
7					7	21
8	220	220	220	220	8	
9	300,221				9	30
10	310	—	310		10	
11	311	311	—	311	11	
12	222	222	222		12	22
13	320				13	31
14	321	—	321		14	
15					15	
16	400	400	400	400	16	40
17	410,322				17	
18	411,330	—	411,330		18	
19	331	331	—	331	19	32

续附录2

$h^2+k^2+l^2$	立 方				六 方	
	hkl				$h^2+k^2+l^2$	hk
	简单立方	面心立方	体心立方	金刚石立方		
20	420	420	420		20	
21	421				21	41
22	332	—	332		22	
23					23	
24	422	422	422	422	24	
25	500,430				25	50
26	510,431	—	510,431		26	
27	511,333	511,333		511,333	27	33
28					28	42
29	520,432				29	
30	521	—	521		30	
31					31	51
32	440	440	440	440	32	
33	522,441				33	
34	530,433	—	530,433		34	
35	531	531	—	531	35	
36	600,442	600,442	600,442		36	60
37	610				37	43
38	611,532	—	611,532		38	
39					39	52
40	620	620	620	620	40	

附录 3　特征 X 射线的波长和能量表

元素		$K_{\alpha1}$		$K_{\beta1}$		$I_{\alpha1}$		$M_{\alpha1}$	
Z	符号	$\lambda/0.1$ nm	$E/$keV	$\lambda/0.1$ nm	$E/$keV	$\lambda/0.1$ nm	$E/$keV	$\lambda/0.1$ nm	$E/$keV
4	Be	114.00	0.109						
5	B	67.6	0.183						
6	C	44.7	0.277						
7	N	31.6	0.392						
8	O	23.62	0.525						
9	F	18.32	0.677						
10	Ne	14.61	0.849	14.45	0.858				
11	Na	11.91	1.041	11.58	1.071				
12	Mg	9.89	1.254	9.52	1.032				
13	Al	8.339	1.487	7.96	1.557				
14	Si	7.125	1.740	6.75	1.836				
15	P	6.157	2.014	5.796	2.139				
16	S	5.372	2.308	5.032	2.464				
17	Cl	4.728	2.622	4.403	2.816				
18	Ar	4.192	2.958	3.886	3.191				
19	K	3.741	3.314	3.454	3.590				
20	Ca	3.358	3.692	3.090	4.103				
21	Sc	3.031	4.091	2.780	4.461				
22	Ti	2.749	4.511	2.514	4.932	27.42	0.452		
23	V	2.504	4.952	2.284	5.427	24.25	0.511		
24	Cr	2.290	5.415	2.085	5.947	21.64	0.573		
25	Mn	2.102	5.899	1.910	6.490	19.45	0.637		

续附录3

元素		$K_{\alpha 1}$		$K_{\beta 1}$		$I_{\alpha 1}$		$M_{\alpha 1}$	
Z	符号	λ/0.1 nm	E/keV	λ/0.1 nm	E/keV	λ/0.1 nm	E/keV	λ/0.1 nm	E/keV
26	Fe	1.936	6.404	1.757	7.058	17.59	0.705		
27	Co	1.789	6.980	1.621	7.649	15.97	0.776		
28	Ni	1.658	7.478	1.500	8.265	14.56	0.852		
29	Cu	1.541	8.048	1.392	8.905	13.34	0.930		
30	Zn	1.435	8.639	1.295	9.572	12.25	1.012		
31	Ga	1.340	9.252	1.208	10.26	11.29	1.098		
32	Ge	1.254	9.886	1.129	10.98	10.44	1.188		
33	As	1.177	10.53	1.057	11.72	9.671	1.282		
34	Se	1.106	11.21	0.992	12.49	8.99	1.379		
35	Br	1.041	11.91	0.933	13.29	8.375	1.480		
36	Kr					7.817	1.586		
37	Rb					7.318	1.694		
38	Sr					6.863	1.807		
39	Y					6.449	1.923		
40	Zr					6.071	2.042		
41	Nb					5.724	2.166		
42	Mo					5.407	2.293		
43	Tc					5.115	2.424		
44	Ru					4.846	2.559		
45	RH					4.597	2.697		
46	Pd					4.368	2.839		
47	Ag					4.154	2.984		

续附录 3

元素		$K_{\alpha1}$		$K_{\beta1}$		$I_{\alpha1}$		$M_{\alpha1}$	
Z	符号	$\lambda/0.1\ nm$	E/keV	$\lambda/0.1\ nm$	E/keV	$\lambda/0.1\ nm$	E/keV	$\lambda/0.1\ nm$	E/keV
48	Cd					3.956	3.134		
49	In					3.772	3.287		
50	Sn					3.600	3.444		
51	Sb					3.439	3.605		
52	Te					3.289	3.769		
53	I					3.149	3.938		
54	Xe					3.017	4.110		
55	Cs					2.892	4.287		
56	Ba					2.776	4.466		
57	La					2.666	4.651		
58	Ce					2.562	4.840		
59	Pr					2.463	5.034		
60	Nd					2.370	5.230		
61	Pm					2.282	5.433		
62	Sm					2.200	5.636	11.47	1.081
63	Eu					1.212	5.846	10.96	1.131
64	Cd					2.047	6.057	10.46	1.182
65	Tb					1.977	6.273	10.00	1.240
66	Dy					1.909	6.495	9.590	1.293
67	Ho					1.845	6.720	9.200	1.347
68	Er					1.784	6.949	8.820	1.405
69	Tm					1.727	7.180	8.480	1.462

续附录 3

元素		$K_{\alpha 1}$		$K_{\beta 1}$		$l_{\alpha 1}$		$M_{\alpha 1}$	
Z	符号	$\lambda/0.1\,nm$	E/keV	$\lambda/0.1\,nm$	E/keV	$\lambda/0.1\,nm$	E/keV	$\lambda/0.1\,nm$	E/keV
70	Yb					1.672	7.416	8.149	1.521
71	Lu					1.620	7.656	7.840	1.581
72	Hf					1.570	7.899	7.539	1.645
73	Ta					1.522	8.146	7.252	1.710
74	W					1.476	8.398	6.983	1.775
75	Re					1.433	8.653	6.729	1.843
76	Os					1.391	8.912	6.490	1.910
77	Ir					1.351	9.175	6.262	1.980
78	Pt					1.313	9.442	6.047	2.051
79	Au					1.276	9.713	5.840	2.123
80	Hg					1.241	9.989	5.645	2.196
81	Tl					1.207	10.27	5.460	2.271
82	Pb					1.175	10.55	5.286	2.346
83	Bi					1.144	10.84	5.118	2.423
84	Po					1.114	11.13		
85	At					1.085	11.43		
86	Rn					1.057	11.73		
87	Fr					1.030	12.03		
88	Ra					1.005	12.34		
89	Ac					0.979 9	12.65		
90	Th					0.956	12.97	4.138	2.996
91	Pa					0.933	13.29	4.022	3.082
92	U					0.911	13.61	3.910	3.171

附录 4　部分物相的 d 值表

1. BCC

		α-Fe	Cr	Mo	W	Nb	Ta
a/nm		0.286 6	0.288 5	0.314 7	0.316 5	0.330 1	0.330 5
N	hkl			d/nm			
1	011	0.202 69	0.204 03	0.222 56	0.223 83	0.233 45	0.233 73
2	002	0.143 32	0.144 27	0.157 38	0.158 27	0.165 08	0.165 28
3	112	0.117 02	0.117 80	0.128 50	0.129 23	0.134 78	0.134 95
4	022	0.101 35	0.102 02	0.111 28	0.111 92	0.116 73	0.116 87
5	013	0.090 65	0.091 25	0.099 53	0.100 10	0.104 40	0.104 53
6	222	0.082 75	0.083 30	0.090 86	0.091 38	0.095 31	0.095 42
7	123	0.076 61	0.077 12	0.084 12	0.084 60	0.088 24	0.088 34
8	004	0.071 66	0.072 14	0.078 69	0.079 14	0.082 54	0.082 64
9	114	0.067 56	0.068 01	0.074 19	0.074 61	0.077 82	0.077 91
10	033	0.067 56	0.068 01	0.074 19	0.074 61	0.077 82	0.077 91
11	024	0.064 10	0.064 52	0.070 38	0.070 78	0.073 82	0.073 91
12	233	0.061 11	0.061 52	0.067 10	0.067 49	0.070 39	0.070 47
13	224	0.058 51	0.058 90	0.064 25	0.064 62	0.067 39	0.067 47
14	015	0.056 22	0.056 59	0.061 73	0.062 08	0.064 75	0.064 83
15	134	0.056 22	0.056 59	0.061 73	0.062 08	0.064 75	0.064 83
16	125	0.052 33	0.052 68	0.057 46	0.057 79	0.060 28	0.060 35
17	044	0.050 67	0.051 01	0.055 64	0.055 96	0.058 36	0.058 43
18	035	0.049 16	0.049 49	0.053 98	0.054 29	0.056 62	0.056 69
19	334	0.049 16	0.049 49	0.053 98	0.054 29	0.056 62	0.056 69
20	244	0.047 77	0.048 09	0.052 46	0.052 76	0.055 02	0.055 09
21	235	0.046 50	0.046 81	0.051 06	0.051 35	0.053 56	0.053 62
22	145	0.044 23	0.044 52	0.048 57	0.048 84	0.050 94	0.051 00
23	444	0.041 37	0.041 65	0.045 43	0.045 69	0.047 65	0.047 71
24	055	0.040 54	0.040 81	0.044 51	0.044 77	0.046 69	0.046 75
25	345	0.040 54	0.040 81	0.044 51	0.044 77	0.046 69	0.046 75

2. FCC

N	hkl	γ-Fe	Cu	Al	Au	Ag	Ni
	a/nm	0.358 5	0.361 5	0.404 9	0.407 8	0.408 6	0.352 4
N	hkl			d/nm			
1	111	0.207 01	0.208 74	0.233 80	0.235 47	0.235 93	0.203 49
2	002	0.179 28	0.180 77	0.202 47	0.203 93	0.204 33	0.176 23
3	022	0.126 77	0.127 83	0.143 17	0.144 20	0.144 48	0.124 61
4	113	0.108 11	0.109 01	0.122 10	0.122 97	0.123 21	0.106 27
5	222	0.103 50	0.104 37	0.116 90	0.117 74	0.117 97	0.101 74
6	004	0.089 64	0.090 39	0.101 24	0.101 96	0.102 16	0.088 11
7	133	0.082 26	0.082 94	0.092 90	0.093 57	0.093 75	0.080 86
8	024	0.080 17	0.080 84	0.090 55	0.091 20	0.091 38	0.078 81
9	224	0.073 19	0.073 80	0.082 66	0.083 25	0.083 41	0.071 94
10	333	0.069 00	0.069 58	0.077 93	0.078 49	0.078 64	0.067 83
11	115	0.069 00	0.069 58	0.077 93	0.078 49	0.078 64	0.067 83
12	044	0.063 38	0.063 91	0.071 59	0.072 10	0.072 24	0.062 30
13	135	0.060 61	0.061 11	0.068 45	0.068 94	0.069 07	0.059 57
14	006	0.059 76	0.060 26	0.067 49	0.067 98	0.068 11	0.058 74
15	244	0.059 76	0.060 26	0.067 49	0.067 97	0.068 11	0.058 74
16	026	0.056 69	0.057 17	0.064 03	0.064 49	0.064 61	0.055 73
17	335	0.054 68	0.055 14	0.061 75	0.062 20	0.062 32	0.053 75
18	226	0.054 05	0.054 51	0.061 05	0.061 49	0.061 61	0.053 13
19	444	0.051 75	0.052 18	0.058 45	0.058 87	0.058 98	0.050 87
20	155	0.050 21	0.050 63	0.056 70	0.057 11	0.057 22	0.049 35
21	046	0.049 72	0.050 14	0.056 16	0.056 56	0.056 67	0.048 88
22	246	0.047 91	0.048 31	0.054 11	0.054 50	0.054 61	0.047 10
23	355	0.046 68	0.047 07	0.052 72	0.053 10	0.053 20	0.045 88
24	446	0.043 48	0.043 84	0.049 11	0.049 46	0.049 56	0.042 74
25	066	0.042 26	0.042 61	0.047 72	0.048 07	0.048 16	0.041 54

3. FCC

		V$_4$C$_3$	TiC	NbC	CrN	TiN	NbN
	a/nm	0.416 0	0.436 0	0.447 0	0.414 0	0.423 0	0.439 0
N	hkl				d/nm		
1	111	0.240 20	0.251 75	0.258 10	0.239 05	0.244 25	0.253 48
2	002	0.208 03	0.218 03	0.223 52	0.207 03	0.211 53	0.219 53
3	022	0.147 10	0.154 17	0.158 06	0.146 39	0.149 57	0.155 23
4	113	0.125 44	0.131 47	0.134 79	0.124 84	0.127 55	0.132 38
5	222	0.120 10	0.125 88	0.129 05	0.119 52	0.122 12	0.126 74
6	004	0.104 01	0.109 01	0.111 76	0.103 51	0.105 76	0.109 76
7	133	0.095 45	0.100 04	0.102 56	0.094 99	0.097 05	0.100 72
8	024	0.093 03	0.097 50	0.099 96	0.092 58	0.094 60	0.098 17
9	224	0.084 93	0.089 01	0.091 25	0.084 52	0.086 35	0.089 62
10	333	0.080 07	0.083 92	0.086 03	0.079 68	0.081 42	0.084 49
11	115	0.080 07	0.083 92	0.086 03	0.079 68	0.081 42	0.084 49
12	044	0.073 55	0.077 08	0.079 03	0.073 19	0.074 79	0.077 61
13	135	0.070 32	0.073 71	0.075 56	0.069 99	0.071 51	0.074 21
14	006	0.069 34	0.072 68	0.074 51	0.069 01	0.070 51	0.073 18
15	244	0.069 34	0.072 67	0.074 51	0.069 01	0.070 51	0.073 17
16	026	0.065 78	0.068 95	0.070 68	0.065 47	0.066 89	0.069 42
17	335	0.063 45	0.066 50	0.068 17	0.063 14	0.064 51	0.066 95
18	226	0.062 72	0.065 74	0.067 39	0.062 42	0.063 78	0.066 19
19	444	0.060 05	0.062 94	0.064 53	0.059 76	0.061 06	0.063 37
20	117	0.058 26	0.061 06	0.062 60	0.057 98	0.059 24	0.061 48
21	155	0.058 26	0.061 06	0.062 60	0.057 98	0.059 24	0.061 48
22	046	0.057 70	0.060 47	0.061 99	0.057 42	0.059 24	0.061 48
23	246	0.055 60	0.058 27	0.059 74	0.055 33	0.056 53	0.058 67
24	137	0.054 16	0.056 77	0.058 20	0.053 90	0.055 08	0.057 16
25	355	0.054 16	0.056 77	0.058 20	0.053 90	0.055 08	0.057 16

4. HCP

		Mo$_2$C	Fe$_2$C	Nb$_2$C	Fe$_2$N	AlN	Mo$_2$N	Cr$_2$N
a/nm		0.300 2	0.275 4	0.312 6	0.276 5	0.311 4	0.282 7	0.274 8
c/nm		0.472 4	0.434 9	0.496 8	0.442 0	0.498 5	0.453 6	0.443 8
c/a		0.157 4	0.157 9	0.158 9	0.159 8	0.160 0	0.160 4	0.161 5
N	hkl				d/nm			
1	001	0.472 45	0.434 95	0.496 85	0.442 05	0.498 55	0.453 65	0.443 85
2	010	0.260 02	0.238 55	0.270 76	0.239 50	0.269 72	0.244 87	0.238 03
3	002	0.236 23	0.217 48	0.248 43	0.221 03	0.249 28	0.226 82	0.221 93
4	011	0.227 80	0.209 15	0.237 75	0.210 58	0.237 23	0.215 48	0.209 76
5	012	0.174 84	0.160 71	0.183 05	0.162 43	0.183 07	0.166 40	0.162 32
6	003	0.157 48	0.144 98	0.165 62	0.147 35	0.166 18	0.151 22	0.147 95
7	110	0.150 12	0.137 72	0.156 32	0.138 27	0.155 72	0.141 37	0.137 42
8	111	0.143 07	0.131 30	0.149 12	0.131 97	0.148 64	0.134 97	0.131 28
9	013	0.134 70	0.123 89	0.141 28	0.125 50	0.141 48	0.128 66	0.125 65
10	020	0.130 01	0.119 27	0.135 38	0.119 75	0.134 86	0.122 43	0.119 01
11	112	0.126 70	0.116 35	0.132 31	0.117 22	0.132 07	0.119 98	0.116 84
12	021	0.125 35	0.115 03	0.130 62	0.115 58	0.130 18	0.118 20	0.114 95
13	004	0.118 11	0.108 74	0.124 21	0.110 51	0.124 64	0.113 41	0.110 96
14	022	0.113 90	0.104 58	0.118 87	0.105 29	0.118 61	0.107 74	0.104 88
15	113	0.108 66	0.099 85	0.113 68	0.100 83	0.113 63	0.103 27	0.100 69
16	014	0.107 54	0.098 94	0.112 90	0.100 34	0.113 14	0.102 91	0.100 57
17	023	0.100 26	0.092 11	0.104 82	0.092 93	0.104 72	0.095 15	0.092 73
18	120	0.098 28	0.090 16	0.102 34	0.090 52	0.101 95	0.092 55	0.089 97
19	121	0.096 22	0.088 28	0.100 23	0.088 68	0.099 88	0.090 73	0.088 77
20	005	0.094 49	0.086 99	0.099 37	0.088 41	0.099 71	0.090 68	0.088 17
21	114	0.092 83	0.085 34	0.097 25	0.086 33	0.097 31	0.088 46	0.086 33
22	122	0.090 74	0.083 29	0.094 62	0.083 77	0.094 36	0.085 69	0.083 37
23	015	0.088 81	0.081 73	0.093 29	0.082 94	0.093 52	0.085 08	0.083 17
24	024	0.087 42	0.080 36	0.091 52	0.081 21	0.091 53	0.083 20	0.081 16
25	030	0.086 67	0.079 52	0.090 25	0.079 83	0.089 91	0.081 62	0.079 34

5. FCC

N	hkl	MnS 0.522 4	Fe$_3$O$_4$ 0.839 2	G 1.110 0	M$_{23}$C$_6$ 1.062 1	M$_6$C 1.108 2
	a/nm			d/nm		
1	111	0.301 63	0.484 54	0.640 88	0.613 23	0.639 84
2	002	0.261 23	0.419 62	0.555 03	0.531 08	0.554 12
3	022	0.184 71	0.296 72	0.392 46	0.375 53	0.391 82
4	113	0.157 52	0.253 04	0.334 69	0.320 25	0.334 15
5	222	0.150 82	0.242 27	0.320 44	0.306 61	0.319 92
6	004	0.130 61	0.209 81	0.277 51	0.265 54	0.277 06
7	133	0.119 86	0.192 54	0.254 66	0.243 67	0.254 25
8	024	0.116 82	0.187 66	0.248 21	0.237 50	0.247 81
9	224	0.106 64	0.171 31	0.226 59	0.216 81	0.226 22
10	333	0.100 55	0.161 51	0.213 63	0.204 41	0.213 28
11	115	0.100 54	0.161 51	0.213 63	0.204 41	0.213 28
12	044	0.092 36	0.148 36	0.196 23	0.187 76	0.195 91
13	135	0.088 31	0.141 86	0.187 63	0.179 54	0.187 33
14	006	0.087 08	0.139 87	0.185 01	0.177 03	0.184 71
15	244	0.087 07	0.139 87	0.185 01	0.177 02	0.184 71
16	026	0.082 61	0.132 70	0.175 51	0.167 94	0.175 23
17	335	0.079 67	0.127 98	0.169 28	0.161 98	0.169 01
18	226	0.078 76	0.126 52	0.167 35	0.160 12	0.160 70
19	444	0.075 41	0.121 13	0.160 22	0.153 31	0.159 96
20	117	0.073 16	0.117 52	0.155 44	0.148 73	0.155 19
21	155	0.073 16	0.117 52	0.155 44	0.148 73	0.155 19
22	046	0.072 45	0.116 38	0.153 94	0.147 29	0.153 69
23	246	0.069 81	0.112 15	0.148 34	0.141 93	0.148 10
24	137	0.068 02	0.109 26	0.144 52	0.138 28	0.144 28
25	355	0.068 02	0.109 26	0.144 52	0.138 28	0.144 28

6. FCC（Order）

N	hkl	Fe$_4$N 0.379 1	γ'-Ni$_3$Ti 0.360 0	N	hkl	Fe$_4$N 0.379 1	γ'-Ni$_3$Ti 0.360 0
	a/nm				a/nm		
		d/nm				d/nm	
1	001	0.379 15	0.360 05	21	024	0.084 78	0.080 51
2	011	0.268 10	0.254 59	22	124	0.082 74	0.078 57
3	111	0.218 90	0.207 87	23	233	0.080 83	0.076 76
4	002	0.189 57	0.180 02	24	224	0.077 39	0.073 49
5	012	0.169 56	0.161 02	25	005	0.075 83	0.072 01
6	112	0.154 79	0.146 99	26	034	0.075 83	0.072 01
7	022	0.134 05	0.127 30	27	015	0.074 36	0.070 61
8	003	0.126 38	0.120 02	28	134	0.074 36	0.070 61
9	122	0.126 38	0.120 02	29	115	0.072 97	0.069 29
10	013	0.199 00	0.113 86	30	333	0.072 97	0.069 29
11	113	0.114 32	0.108 56	31	025	0.070 41	0.066 86
12	223	0.109 45	0.103 94	32	234	0.070 41	0.066 86
13	023	0.105 16	0.099 86	33	125	0.069 22	0.065 74
14	123	0.101 33	0.096 23	34	044	0.067 02	0.063 65
15	004	0.094 79	0.090 01	35	144	0.066 00	0.062 68
16	014	0.091 96	0.087 32	36	225	0.066 00	0.062 68
17	223	0.091 96	0.087 32	37	035	0.065 02	0.061 75
18	033	0.089 37	0.084 86	38	334	0.065 02	0.061 75
19	114	0.089 37	0.084 86	39	135	0.064 09	0.060 86
20	133	0.086 98	0.082 60	40	244	0.063 19	0.060 01

7. $Si_3N_4(HCP)$　　$a=0.774\ 8$n m　　$c=0.561\ 7$n m　　$c/a=0.725$

N	hkl	d/nm	N	hkl	d/nm	N	hkl	d/nm
1	010	0.671 04	11	121	0.231 16	21	013	0.180 36
2	001	0.561 75	12	112	0.227 40	22	131	0.176 67
3	011	0.430 74	13	030	0.223 68	23	032	0.174 97
4	110	0.387 42	14	022	0.215 37	24	113	0.168 59
5	020	0.335 52	15	031	0.207 81	25	040	0.167 76
6	111	0.318 93	16	220	0.193 71	26	023	0.163 51
7	021	0.288 05	17	122	0.188 24	27	041	0.160 74
8	002	0.280 88	18	003	0.187 25	28	222	0.159 46
9	012	0.259 09	19	130	0.186 11	29	132	0.155 14
10	120	0.253 63	20	221	0.183 13	30	230	0.153 95

8. WC(HCP)　　$a=0.290\ 4$ nm　　$c=0.283\ 5$ nm　　$c/a=0.976$

N	hkl	d/nm	N	hkl	d/nm	N	hkl	d/nm
1	001	0.283 55	11	120	0.095 07	21	220	0.072 61
2	010	0.251 54	12	003	0.094 52	22	032	0.072 17
3	011	0.188 17	13	022	0.094 08	23	004	0.070 89
4	110	0.145 22	14	121	0.090 14	24	221	0.070 34
5	002	0.141 78	15	013	0.088 48	25	130	0.069 76
6	111	0.129 26	16	030	0.083 85	26	014	0.068 23
7	020	0.125 77	17	031	0.080 40	27	131	0.067 74
8	012	0.123 51	18	113	0.079 22	28	123	0.067 03
9	021	0.114 97	19	122	0.078 96	29	222	0.064 63
10	112	0.101 45	20	023	0.075 56	30	114	0.063 70

9. $Fe_3N(HCP)$ $a=0.269\ 5\text{n m}$ $c=0.436\ 2\text{n m}$ $c/a=1.618$

N	hkl	d/nm	N	hkl	d/nm	N	hkl	d/nm
1	001	0.436 25	11	112	0.114 65	21	114	0.084 78
2	010	0.233 44	12	021	0.112 75	22	122	0.081 79
3	002	0.218 13	13	004	0.109 06	23	015	0.081 73
4	011	0.205 82	14	022	0.102 91	24	024	0.079 69
5	012	0.159 37	15	113	0.098 85	25	030	0.077 81
6	003	0.145 42	16	014	0.098 81	26	031	0.076 60
7	110	0.134 77	17	023	0.091 02	27	123	0.075 43
8	111	0.128 77	18	120	0.088 23	28	032	0.073 29
9	013	0.123 43	19	005	0.087 25	29	125	0.073 24
10	020	0.116 72	20	121	0.086 48	30	025	0.069 88

10. $G(HCP)$ $a=0.246\ 1\text{n m}$ $c=0.670\ 8\text{n m}$ $c/a=2.726$

N	hkl	d/nm	N	hkl	d/nm	N	hkl	d/nm	N	hkl	d/nm
1	001	0.670 85	9	005	0.134 17	17	021	0.105 26	25	121	0.080 00
2	002	0.335 43	10	014	0.131 81	18	022	0.101 58	26	122	0.078 34
3	003	0.223 62	11	110	0.123 07	19	114	0.099 22	27	123	0.075 80
4	010	0.213 17	12	111	0.121 05	20	023	0.096 21	28	124	0.072 62
5	011	0.203 16	13	112	0.115 54	21	115	0.090 70	29	030	0.071 06
6	012	0.179 91	14	013	0.113 55	22	024	0.089 96	30	031	0.070 66
7	004	0.167 71	15	115	0.107 82	23	025	0.083 46			
8	013	0.154 29	16	020	0.106 59	24	120	0.080 57			

11. Fe$_3$C $a=0.452\ 40$ nm $c=0.508\ 0$n m $c/a=0.674\ 20$

N	hkl	d/nm	N	hkl	d/nm	N	hkl	d/nm
1	001	0.674 25	21	022	0.203 08	41	032	0.151 52
2	001	0.508 85	22	103	0.201 28	42	222	0.151 12
3	100	0.452 45	23	211	0.197 64	43	114	0.150 85
4	011	0.406 16	24	202	0.187 85	44	300	0.150 82
5	101	0.375 70	25	113	0.187 17	45	301	0.147 18
6	110	0.338 12	26	122	0.185 27	46	310	0.144 60
7	002	0.337 13	27	212	0.176 22	47	132	0.143 68
8	111	0.302 24	28	003	0.169 62	48	311	0.141 38
9	012	0.281 04	29	220	0.196 06	49	024	0.140 52
10	102	0.270 33	30	004	0.168 56	50	302	0.137 67
11	020	0.254 43	31	023	0.168 44	51	230	0.135 71
12	112	0.238 73	32	031	0.164 49	52	033	0.135 39
13	021	0.238 04	33	221	0.163 98	53	204	0.135 17
14	200	0.226 23	34	014	0.160 01	54	223	0.135 10
15	003	0.224 75	35	203	0.159 44	55	005	0.134 85
16	120	0.221 77	36	130	0.158 82	56	124	0.134 20
17	201	0.214 47	37	104	0.157 96	57	231	0.133 04
18	121	0.210 66	38	123	0.157 86	58	312	0.132 89
19	210	0.206 72	39	131	0.154 59	59	214	0.130 64
20	013	0.205 59	40	213	0.152 15	60	015	0.130 35

附录5 常见晶体结构倒易点阵平面基本数据表

1. BCC

No.	G_2/G_1	G_3/G_1	PHI	u	v	w	h_1	k_1	l_1	h_2	k_2	l_2
1	1.000	1.000	60.00	1	1	1	0	−1	−1	−1	1	0
2	1.001	1.196	106.60	2	4	5	−1	3	−2	−3	−1	1
3	1.001	1.291	99.59	1	3	5	−1	2	−1	−2	−1	1
4	1.001	1.415	90.00	0	0	1	−1	1	0	−1	−1	0
5	1.049	1.141	67.58	3	6	7	4	2	0	3	2	−3
6	1.081	1.225	72.02	2	3	5	−2	2	2	2	−3	1
7	1.081	1.472	90.00	1	4	5	−2	2	2	3	−2	1
8	1.096	1.184	68.58	1	3	4	−3	1	0	−2	−2	2
9	1.134	1.196	67.79	1	2	7	−3	2	1	1	−4	1
10	1.196	1.464	83.14	2	4	7	1	3	−2	−4	2	0
11	1.196	1.559	90.00	3	5	6	−1	3	−2	−4	0	2
12	1.196	1.254	68.99	3	4	6	−2	3	−1	−4	0	2
13	1.225	1.225	65.91	0	1	2	−2	0	0	−1	−2	1
14	1.291	1.528	97.42	1	3	7	1	2	−1	−3	1	0
15	1.291	1.415	75.04	1	2	3	−1	2	0	−3	0	1
16	1.342	1.415	107.35	1	2	6	0	3	−1	−4	−1	1
17	1.355	1.472	75.75	1	5	6	−2	−2	−2	3	−3	2
18	1.363	1.604	83.98	4	5	7	−2	3	−1	−4	−1	3
19	1.415	1.484	106.43	1	3	6	3	−1	0	0	4	−2
20	1.415	1.733	90.00	0	1	1	0	1	−1	−2	0	0
21	1.415	1.613	81.87	2	3	6	3	0	−1	0	4	−2
22	1.464	1.604	78.74	4	6	7	−1	3	−2	−5	1	2
23	1.472	1.582	76.91	3	4	7	−2	−2	2	3	−4	1
24	1.473	1.780	90.01	2	5	7	−2	−2	2	4	−3	1
25	1.528	1.528	70.89	1	7	7	−2	−1	1	1	−3	2
26	1.528	1.826	90.00	1	2	4	−2	−1	1	2	−3	1

续表 1

No.	G_2/G_1	G_3/G_1	PHI	u	v	w	h_1	k_1	l_1	h_2	k_2	l_2
27	1.528	1.733	96.26	3	5	7	−1	2	−1	−3	−1	2
28	1.582	1.871	90.00	0	1	3	−2	0	0	0	−3	1
29	1.582	1.684	102.17	1	6	7	−2	−2	2	5	−2	1
30	1.613	1.898	90.00	2	5	6	3	0	−1	−1	4	−3
31	1.733	1.733	73.22	1	1	3	−1	1	0	−2	−1	1
32	1.826	2.082	90.00	1	2	5	1	2	−1	−4	2	0
33	1.826	1.915	79.48	2	3	4	−1	2	−1	−4	0	2
34	1.871	1.871	74.50	0	2	3	−2	0	0	−1	−3	2
35	1.898	2.050	83.95	2	6	7	−3	1	0	−2	−4	4
36	2.122	2.122	76.37	0	1	4	−2	0	0	−1	−4	1
37	2.237	2.237	77.08	1	3	3	0	1	−1	−3	1	0
38	2.381	2.450	81.95	3	4	5	−1	2	−1	−5	0	3
39	2.450	2.646	90.00	1	1	2	−1	1	0	−2	−2	2
40	2.450	2.517	97.82	1	4	6	−2	−1	1	4	−4	2
41	2.550	2.550	78.69	0	3	4	−2	0	0	−1	−4	3
42	2.550	2.739	90.00	0	1	5	−2	0	0	0	−5	1
43	2.646	2.708	97.24	2	3	7	−2	−1	1	4−	−5	1
44	2.646	2.646	79.11	1	1	5	−1	1	0	−3	−2	1
45	2.709	2.887	90.00	1	4	7	−1	−2	−1	−6	−2	2
46	2.739	2.739	79.48	0	2	5	−2	0	0	−1	−5	2
47	2.916	3.083	90.00	0	3	5	−2	0	0	0	−5	3
48	2.944	3.000	83.50	4	5	6	−1	2	−1	−6	0	4
49	3.001	3.163	90.00	1	2	2	0	1	−1	−4	1	1
50	3.083	3.083	80.66	0	1	6	−2	0	0	−1	−6	1
51	3.241	3.241	81.12	0	4	5	−2	0	0	−1	−5	4
52	3.317	3.317	81.33	3	3	5	−1	1	0	−3	−2	3
53	3.512	3.560	84.55	5	6	7	−1	2	−1	−7	0	5

续表1

No.	G_2/G_1	G_3/G_1	PHI	u	v	w	h_1	k_1	l_1	h_2	k_2	l_2
54	3.536	3.675	90.00	0	1	7	−2	0	0	0	−7	1
55	3.606	3.606	82.03	1	5	5	0	1	−1	−5	1	0
56	3.606	3.606	82.03	1	1	7	−1	1	0	−4	−3	1
57	3.675	3.675	82.18	0	2	7	−2	0	0	−1	−7	2
58	3.808	3.937	90.00	0	3	7	−2	0	0	0	−7	3
59	3.873	3.873	82.58	3	5	5	0	1	−1	−5	2	1
60	3.937	3.937	82.70	0	5	6	−2	0	0	−1	−6	5
61	4.063	4.063	82.93	0	4	7	−2	0	0	−1	−7	4
62	4.124	4.243	90.00	2	2	3	−1	1	0	−3	−3	4
63	4.124	4.124	83.04	3	3	7	−1	1	0	−4	−3	3
64	4.243	4.359	90.00	1	1	4	−1	1	0	−4	−4	2
65	4.302	4.416	90.00	0	5	7	−2	0	0	0	−7	5
66	4.637	4.637	83.81	0	6	7	−2	0	0	−1	−7	6
67	4.691	4.796	90.00	2	3	3	0	1	−1	−6	2	2
68	5.001	5.001	84.26	5	5	7	−1	1	0	−4	−3	5
69	5.001	5.001	84.26	1	7	7	0	1	−1	−7	1	0
70	5.197	5.197	84.48	3	7	7	0	1	−1	−1	2	1
71	5.568	5.568	84.85	5	7	7	0	1	−1	−7	3	2
72	5.745	5.831	90.00	1	4	4	0	1	−1	−8	1	1
73	5.745	5.831	90.00	2	2	5	−1	1	0	−5	−5	4
74	5.831	5.917	90.00	3	3	4	−1	1	0	−4	−4	6
75	6.165	6.245	90.00	1	1	6	−1	1	0	−6	−6	2
76	6.404	6.481	90.00	3	4	4	0	1	−1	−8	3	3
77	7.349	7.417	90.00	2	5	5	0	1	−1	−10	2	2
78	7.550	7.616	90.00	4	4	5	−1	1	0	−5	−5	8
79	7.550	7.616	90.00	2	2	7	−1	1	0	−7	−7	4
80	8.125	8.186	90.00	4	5	5	0	1	−1	−10	4	4

2. FCC

No.	G_2/G_1	G_3/G_1	PHI	u	v	w	h_1	k_1	l_1	h_2	k_2	l_2
1	1.000	1.415	90.00	0	0	1	−2	0	0	0	−2	0
2	1.000	1.155	109.47	0	1	1	1	−1	1	1	1	−1
3	1.000	1.000	60.00	1	1	1	0	2	−2	−2	2	0
4	1.001	1.096	66.42	1	2	4	0	−4	2	4	−2	0
5	1.001	1.026	118.27	3	5	6	−3	3	−1	−1	−3	3
6	1.001	1.055	116.39	2	5	6	−4	4	−2	−2	−4	4
7	1.001	1.291	99.59	1	3	5	2	−4	2	4	2	−2
8	1.001	1.349	95.22	1	2	5	1	−3	1	3	1	−1
9	1.026	1.358	84.11	3	6	7	1	3	−3	−4	2	0
10	1.055	1.375	96.05	2	6	7	2	4	−4	−6	2	0
11	1.096	1.342	100.52	2	3	4	−4	0	2	2	−4	2
12	1.124	1.358	79.20	5	6	7	−3	−1	3	2	−4	2
13	1.173	1.542	90.00	2	3	3	0	2	−2	−3	1	1
14	1.173	1.173	64.76	1	1	4	−2	2	0	−3	−1	1
15	1.202	1.248	111.70	4	6	7	−4	−2	4	6	−4	0
16	1.225	1.472	97.82	1	4	6	−4	−2	2	4	−4	2
17	1.291	1.528	97.42	1	3	7	−2	−4	2	6	−2	0
18	1.315	1.349	110.23	1	3	6	−3	−1	1	3	−3	1
19	1.315	1.478	78.02	3	4	5	−3	1	1	−1	−3	3
20	1.342	1.674	90.00	2	4	5	−4	2	0	−2	−4	4
21	1.342	1.415	72.65	1	2	6	4	−2	0	4	4	−2
22	1.349	1.567	82.25	1	2	7	1	3	−1	−4	2	0
23	1.415	1.613	98.13	2	3	6	0	−4	2	6	0	−2
24	1.472	1.684	83.50	4	5	6	−2	4	−2	−6	0	4
25	1.478	1.784	90.00	1	4	7	−3	−1	1	2	−4	2
26	1.478	1.567	104.25	2	3	7	1	−3	1	4	2	−2

续表 2

No.	G_2/G_1	G_3/G_1	PHI	u	v	w	h_1	k_1	l_1	h_2	k_2	l_2
27	1.528	1.528	70.89	1	5	7	−4	−2	2	2	−6	4
28	1.528	1.733	96.26	3	5	7	−2	4	−2	−6	−2	4
29	1.542	1.542	71.07	3	3	4	−2	2	0	−3	−1	3
30	1.542	1.838	90.00	1	1	6	−2	2	0	−3	−3	1
31	1.582	1.582	71.57	1	2	2	0	2	−2	−4	2	0
32	1.613	1.674	75.64	3	4	6	−4	0	2	0	−6	4
33	1.633	1.915	90.00	1	1	2	1	1	−1	−2	2	0
34	1.659	1.659	72.45	0	1	3	−2	0	0	−1	−3	1
35	1.674	1.844	96.86	2	4	7	4	−2	0	2	6	−4
36	1.733	1.733	73.22	1	1	3	2	−2	0	4	2	−2
37	1.784	1.810	104.76	4	5	7	−3	1	1	1	−5	3
38	1.838	2.092	90.00	2	5	5	0	2	−2	−5	1	1
39	2.092	2.092	76.17	4	5	5	0	2	−2	−5	3	1
40	2.122	2.122	76.37	2	2	3	−2	2	0	−4	−2	4
41	2.237	2.450	90.00	0	1	2	−2	0	0	0	−4	2
42	2.237	2.237	77.08	1	3	3	0	2	−2	−6	2	0
43	2.319	2.525	90.00	5	5	6	−2	2	0	−3	−3	5
44	2.517	2.582	82.39	1	2	3	1	1	−1	−3	3	−1
45	2.525	2.716	90.00	2	7	7	0	2	−2	−7	1	1
46	2.599	2.599	78.90	0	1	5	−2	0	0	−1	−5	1
47	2.646	2.646	79.11	1	1	5	2	−2	0	6	4	−2
48	2.716	2.716	79.39	4	7	7	0	2	−2	−7	3	1
49	2.894	3.062	90.00	6	7	7	0	2	−2	−7	3	3
50	2.916	2.916	80.13	1	4	4	0	2	−2	−8	2	0
51	2.916	2.916	80.13	2	2	5	2	−2	0	6	4	−4
52	2.959	2.959	80.27	0	3	5	−2	0	0	−1	−5	3
53	3.241	3.241	81.12	3	4	4	0	2	−2	−8	4	2

续表 2

No.	G_2/G_1	G_3/G_1	PHI	u	v	w	h_1	k_1	l_1	h_2	k_2	l_2
54	3.317	3.317	81.33	3	3	5	−2	2	0	−6	−4	6
55	3.416	3.465	95.60	1	3	4	1	1	−1	−5	3	−1
56	3.571	3.571	81.95	0	1	7	−2	0	0	−1	−7	1
57	3.606	3.742	90.00	0	2	3	−2	0	0	0	−6	4
58	3.606	3.606	82.03	1	5	5	0	2	−2	−10	2	0
59	3.606	3.606	82.03	1	1	7	2	−2	0	8	6	−2
60	3.808	3.808	82.46	4	4	5	−2	2	0	−6	−4	8
61	3.808	3.808	82.46	2	2	7	−2	2	0	−8	−6	4
62	3.841	3.841	82.52	0	3	7	−2	0	0	−1	−7	3
63	3.873	3.873	82.58	3	5	5	0	2	−2	−10	4	2
64	4.124	4.243	90.00	0	1	4	−2	0	0	0	−8	2
65	4.124	4.164	85.36	2	3	5	1	1	−1	−5	5	−1
66	4.124	4.124	83.04	3	3	7	2	−2	0	8	6	−6
67	4.302	4.302	83.32	1	6	6	0	2	−2	−12	2	0
68	4.321	4.435	90.00	1	4	5	1	1	−1	−6	4	−2
69	4.331	4.331	83.37	0	5	7	−2	0	0	−1	−7	5
70	4.528	4.528	83.66	4	4	7	−2	2	0	−8	−6	8
71	4.950	4.950	84.20	5	6	6	0	2	−2	−12	6	4
72	5.000	5.099	90.00	0	3	4	−2	0	0	0	−8	6
73	5.000	5.000	84.26	5	5	7	−2	2	0	−8	−6	10
74	5.001	5.001	84.26	1	7	7	0	2	−2	−14	2	0
75	5.197	5.197	84.48	3	7	7	0	2	−2	−14	4	2
76	5.260	5.292	86.48	1	5	6	1	1	−1	−7	5	−3
77	5.386	5.478	90.00	0	2	5	2	0	0	0	−10	4
78	5.523	5.523	84.81	6	6	7	−2	2	0	−8	−6	12
79	5.568	5.568	84.85	5	7	7	0	2	−2	−14	6	4
80	5.574	5.774	86.67	3	4	7	1	1	−1	−7	7	−1

3. HCP($c/a=1.6$)

No.	G_2/G_1	G_3/G_1	PHI	u	v	w	h_1	k_1	l_1	h_2	k_2	l_2
1	1.000	1.000	60.00	0	0	1	0	−1	0	1	−1	0
2	1.001	1.297	99.21	1	5	1	1	0	−1	−1	1	−1
3	1.001	1.176	71.97	2	4	1	1	0	−2	−1	1	−2
4	1.015	1.323	97.96	2	5	4	1	−2	2	2	0	−1
5	1.048	1.048	61.50	1	2	3	2	−1	0	1	1	−1
6	1.052	1.315	100.33	3	−4	1	−1	−1	−1	1	0	−3
7	1.071	1.087	116.83	1	−5	2	−1	1	3	−1	−1	−2
8	1.071	1.416	93.80	3	−5	1	1	0	−3	1	1	2
9	1.102	1.102	63.00	3	−3	1	−1	−1	0	0	−1	−3
10	1.102	1.488	90.00	3	−3	2	−1	−1	0	1	−1	−3
11	1.126	1.309	75.73	1	5	3	2	−1	1	1	1	−2
12	1.138	1.138	63.92	0	1	1	1	0	0	0	1	−1
13	1.142	1.458	85.53	1	3	4	1	1	−1	−2	2	−1
14	1.146	1.380	100.29	2	−5	4	−2	0	1	1	−2	−3
15	1.180	1.180	64.91	2	4	3	−2	1	0	−1	−1	2
16	1.197	1.560	90.00	1	2	4	2	−1	0	0	2	−1
17	1.232	1.295	109.98	2	5	1	1	0	−2	−1	1	−1
18	1.232	1.406	77.34	1	4	2	0	−1	2	2	−1	1
19	1.296	1.400	106.12	2	−4	5	1	−2	−2	2	1	0
20	1.297	1.596	87.05	1	3	1	1	0	−1	−1	1	−2
21	1.309	1.529	98.28	2	−5	3	−1	−1	−1	2	−1	−3
22	1.315	1.591	94.34	4	−5	1	−1	−1	−1	1	0	−4
23	1.315	1.420	74.29	3	−5	2	−1	−1	−1	1	−1	−4
24	1.323	1.520	80.46	3	−4	5	−2	1	2	−1	−2	−1
25	1.378	1.378	68.71	4	−4	1	−1	−1	0	0	−1	−4
26	1.386	1.619	83.75	2	−4	1	1	0	−2	1	1	2

续表3

No.	G_2/G_1	G_3/G_1	PHI	u	v	w	h_1	k_1	l_1	h_2	k_2	l_2
27	1.406	1.611	82.21	1	5	2	1	-1	2	2	0	-1
28	1.416	1.499	74.47	4	-5	3	1	-1	-3	2	1	-1
29	1.420	1.576	79.16	1	5	4	-1	-1	-1	2	-2	-3
30	1.458	1.489	71.80	1	3	5	1	-2	1	3	-1	0
31	1.474	1.474	70.17	0	2	1	1	0	0	0	1	-2
32	1.488	1.793	90.00	3	-3	4	-1	-1	0	2	-2	-3
33	1.489	1.576	104.26	1	4	5	1	1	-1	-3	2	-1
34	1.524	1.823	90.00	1	2	2	0	-1	1	2	-1	0
35	1.560	1.560	71.30	1	2	5	2	-1	0	1	2	-1
36	1.601	1.601	71.80	4	-4	3	-1	-1	0	1	-2	-4
37	1.612	1.833	94.24	2	-5	1	1	0	-2	1	1	3
38	1.651	1.651	72.37	2	4	5	2	-1	0	1	2	-2
39	1.667	1.667	72.54	5	-5	1	-1	-1	0	0	-1	-5
40	1.667	1.944	90.00	5	-5	2	-1	-1	0	1	-1	-5
41	1.678	1.797	79.93	1	4	1	1	0	-1	-1	1	-3
42	1.749	1.833	78.48	3	-4	2	0	-1	-2	2	0	-3
43	1.793	1.793	73.80	3	-3	5	-1	-1	0	2	-3	-3
44	1.796	1.940	82.63	2	-4	3	-1	1	2	-2	-1	0
45	1.797	1.823	104.62	1	3	2	1	-1	1	1	1	-2
46	1.815	2.072	90.00	0	1	2	1	0	0	-1	2	-1
47	1.833	2.069	91.24	1	-5	3	1	-1	-2	2	1	1
48	1.848	2.101	90.00	0	1	0	0	0	1	1	0	0
49	1.856	1.856	74.37	5	-5	3	1	1	0	-1	2	5
50	1.908	1.908	74.80	0	3	1	1	0	0	0	1	-3
51	1.944	2.186	90.00	5	-5	4	-1	-1	0	2	-2	-5
52	1.974	1.974	75.33	4	-4	5	-1	-1	0	2	-3	-4
53	2.089	2.098	103.29	1	5	1	1	0	-1	-2	1	-3

续表 3

No.	G_2/G_1	G_3/G_1	PHI	u	v	w	h_1	k_1	l_1	h_2	k_2	l_2
54	2.107	2.284	86.97	4	−5	2	−1	0	2	−1	−2	−3
55	2.266	2.439	92.36	2	5	2	−1	0	1	2	−2	3
56	2.327	2.375	99.57	1	3	3	0	−1	1	3	−1	0
57	2.375	2.577	90.00	0	3	2	1	0	0	−1	2	−3
58	2.379	2.474	96.51	3	−5	4	−1	1	2	−2	−2	−1
59	2.386	2.386	77.90	0	4	1	1	0	0	0	1	−4
60	2.439	2.538	84.03	1	−5	1	1	0	−1	1	1	4
61	2.514	2.681	91.52	1	4	3	1	−1	1	2	1	−2
62	2.701	2.701	79.33	0	1	3	1	0	0	−1	3	−1
63	2.731	2.805	96.17	2	5	3	1	−1	1	2	1	−3
64	2.859	2.859	79.93	0	2	3	1	0	0	−1	3	−2
65	2.886	2.886	80.02	0	5	1	1	0	0	0	1	−5
66	2.960	3.007	96.98	2	−5	−1	0	1	0	−2	−5	
67	3.084	3.171	85.79	1	4	4	0	−1	1	4	−2	1
68	3.200	3.353	90.00	1	2	0	0	0	1	2	−1	0
69	3.214	3.366	90.00	0	5	2	1	0	0	−1	2	−5
70	3.254	3.329	85.53	3	−4	3	−1	0	1	0	−3	−4
71	3.311	3.365	84.45	1	5	4	1	−1	1	3	1	−2
72	3.419	3.419	81.59	0	4	3	1	0	0	−1	3	−4
73	3.507	3.646	90.00	0	1	4	1	0	0	−2	4	−1
74	3.554	3.685	89.57	3	−5	3	1	0	−1	0	3	5
75	3.699	3.797	87.94	3	−4	4	0	−1	−1	4	−1	−4
76	3.786	3.786	82.41	0	5	3	1	0	0	−1	3	−5
77	3.826	3.955	90.00	0	3	4	1	0	0	−2	4	−3
78	3.834	3.863	95.79	2	5	5	0	−1	1	5	−2	0
79	3.863	3.950	92.38	1	5	5	0	−1	1	5	−2	1
80	4.091	4.141	85.89	1	−5	5	0	−1	−1	5	−2	−3

4. HCP（$c/a = 1.633$）

No.	G_2/G_1	G_3/G_1	PHI	u	v	w	h_1	k_1	l_1	h_2	k_2	l_2
1	1.000	1.000	60.00	0	0	1	0	-1	0	1	-1	0
2	1.001	1.288	99.83	1	2	1	1	0	-1	-1	1	-1
3	1.001	1.189	72.89	2	4	1	1	0	-2	-1	1	-2
4	1.019	1.329	97.70	2	5	4	1	-2	2	2	0	-1
5	1.038	1.295	101.11	3	-4	1	-1	-1	-1	1	0	-3
6	1.046	1.046	61.44	1	2	3	2	-1	0	1	1	-1
7	1.081	1.101	116.25	1	-5	2	-1	1	3	-1	-1	-2
8	1.081	1.436	92.83	3	-5	1	1	0	-3	1	1	2
9	1.086	1.086	62.56	3	-3	1	-1	-1	0	0	-1	-3
10	1.086	1.476	90.00	3	-3	2	-1	-1	0	1	-1	-3
11	1.122	1.299	75.24	1	5	3	2	-1	1	1	1	-2
12	1.132	1.132	63.79	0	1	1	1	0	0	0	1	-1
13	1.137	1.378	99.99	2	-5	4	-2	0	1	1	-2	-3
14	1.143	1.461	85.70	1	3	4	1	1	-1	-2	2	-1
15	1.173	1.173	64.76	2	4	3	-2	1	0	-1	-1	2
16	1.195	1.558	90.00	1	2	4	2	-1	0	0	2	-1
17	1.243	1.290	110.79	2	5	1	1	0	-2	-2	1	-1
18	1.243	1.420	77.70	1	4	2	0	-1	2	2	-1	1
19	1.288	1.601	87.82	1	3	1	1	0	-1	-1	1	-2
20	1.295	1.565	95.06	4	-5	1	-1	-1	-1	1	0	-4
21	1.295	1.411	74.64	3	-5	2	-1	-1	-1	1	-1	-4
22	1.299	1.512	98.86	2	-5	3	-1	-1	-1	2	-1	-3
23	1.303	1.404	106.21	2	-4	5	1	-2	-2	2	1	0
24	1.329	1.521	80.15	3	-4	5	-2	1	2	-1	-2	-1
25	1.355	1.355	68.33	4	-4	1	-1	-1	0	0	-1	-4
26	1.394	1.609	82.73	2	-4	1	1	0	-2	1	1	2

续表 4

No.	G_2/G_1	G_3/G_1	PHI	u	v	w	h_1	k_1	l_1	h_2	k_2	l_2
27	1.411	1.574	79.50	1	−5	4	−1	−1	−1	2	−2	−3
28	1.420	1.614	81.66	1	5	2	1	−1	2	2	0	−1
29	1.436	1.517	74.63	4	−5	3	1	−1	−3	2	1	−1
30	1.458	1.458	69.94	0	2	1	1	0	0	0	1	−2
31	1.461	1.490	71.76	1	3	5	1	−2	1	3	−1	0
32	1.476	1.783	90.00	3	−3	4	−1	−1	0	2	−2	−3
33	1.490	1.574	104.44	1	4	5	1	1	−1	−3	2	−1
34	1.531	1.828	90.00	1	2	2	0	−1	1	2	−1	0
35	1.558	1.558	71.28	1	2	5	2	−1	0	1	2	−1
36	1.582	1.582	71.57	4	−4	3	−1	−1	0	1	−2	−4
37	1.614	1.851	93.15	2	−5	1	1	0	−2	1	1	3
38	1.637	1.637	72.21	5	−5	1	−1	−1	0	0	−1	−5
39	1.637	1.918	90.00	5	−5	2	−1	−1	0	1	−1	−5
40	1.646	1.646	72.31	2	4	5	2	−1	0	1	2	−2
41	1.661	1.795	80.69	1	4	1	1	0	−1	−1	1	−3
42	1.754	1.851	79.36	3	−4	2	0	−1	−2	2	0	−3
43	1.783	1.783	73.71	3	−3	5	−1	−1	0	2	−3	−3
44	1.795	1.828	104.17	1	3	2	1	−1	1	1	1	−2
45	1.812	2.070	90.00	0	1	2	1	0	0	−1	2	−1
46	1.815	1.956	82.55	2	−4	3	−1	1	2	−2	−1	0
47	1.829	1.829	74.13	5	−5	3	1	1	0	−1	2	5
48	1.851	2.090	90.91	1	−5	3	1	−1	−2	2	1	1
49	1.880	1.880	74.57	0	3	1	1	0	0	0	1	−3
50	1.886	2.135	90.00	0	1	0	0	0	1	1	0	0
51	1.916	2.163	90.00	5	−5	4	−1	−1	0	2	−2	−5
52	1.959	1.959	75.21	4	−4	5	−1	−1	0	2	−3	−4
53	2.073	2.078	76.38	1	5	1	1	0	−1	−1	1	−4

续表4

No.	G_2/G_1	G_3/G_1	PHI	u	v	w	h_1	k_1	l_1	h_2	k_2	l_2
54	2.118	2.279	86.03	4	−5	2	−1	0	2	−1	−2	−3
55	2.258	2.420	93.09	2	5	2	−1	0	1	2	−2	3
56	2.338	2.384	99.61	1	3	3	0	−1	1	3	−1	0
57	2.346	2.346	77.69	0	4	1	1	0	0	0	1	−4
58	2.353	2.556	90.00	0	3	2	1	0	0	−1	2	−3
59	2.404	2.500	96.32	3	−5	4	−1	1	2	−2	−2	−1
60	2.420	2.504	83.06	1	−5	1	1	0	−1	1	1	4
61	2.519	2.692	91.11	1	4	3	1	−1	1	2	1	−2
62	2.699	2.699	79.32	0	1	3	1	0	0	−1	3	−1
63	2.728	2.812	95.65	2	5	3	1	−1	1	2	1	−3
64	2.835	2.835	79.84	0	5	1	1	0	0	0	1	−5
65	2.851	2.851	79.90	0	2	3	1	0	0	−1	3	−2
66	2.935	2.997	96.21	2	−5	2	−1	0	1	0	−2	−5
67	3.096	3.186	85.93	1	4	4	0	−1	1	4	−2	1
68	3.168	3.322	90.00	0	5	2	1	0	0	−1	2	−5
69	3.247	3.310	84.83	3	−4	3	−1	0	1	0	−3	−4
70	3.266	3.416	90.00	1	2	0	0	0	1	2	−1	0
71	3.321	3.368	84.10	1	5	4	1	−1	1	3	1	−2
72	3.392	3.392	81.52	0	4	3	1	0	0	−1	3	−4
73	3.505	3.645	90.00	0	1	4	1	0	0	−2	4	−1
74	3.538	3.657	88.82	3	−5	3	1	0	−1	0	3	5
75	3.696	3.803	88.48	3	−4	5	0	−1	−1	4	−1	−4
76	3.747	3.747	82.33	0	5	3	1	0	0	−1	3	−5
77	3.813	3.942	90.00	0	3	4	1	0	0	−2	4	−3
78	3.851	3.880	95.82	2	5	5	0	−1	1	5	−2	0
79	3.880	3.964	92.52	1	5	5	0	−1	1	5	−2	1
80	4.100	4.156	86.25	1	−5	5	0	−1	−1	5	−2	−3

附录6　常见晶体的标准电子衍射花样

1. 体心立方晶体的标准电子衍射花样

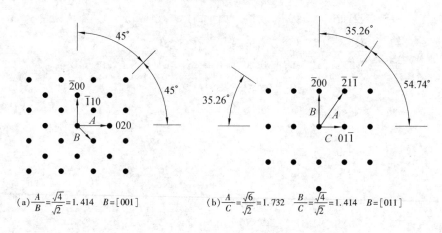

$$(a)\frac{A}{B}=\frac{\sqrt{4}}{\sqrt{2}}=1.414 \quad B=[001]$$

$$(b)\frac{A}{C}=\frac{\sqrt{6}}{\sqrt{2}}=1.732 \quad \frac{B}{C}=\frac{\sqrt{4}}{\sqrt{2}}=1.414 \quad B=[011]$$

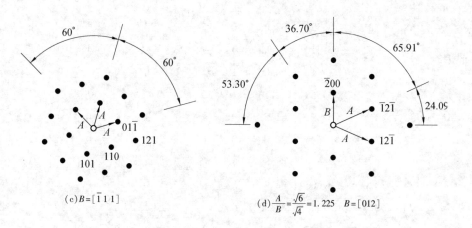

$$(c)B=[\bar{1}1\cdot1]$$

$$(d)\frac{A}{B}=\frac{\sqrt{6}}{\sqrt{4}}=1.225 \quad B=[012]$$

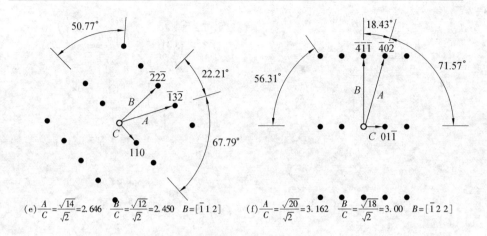

(e) $\dfrac{A}{C} = \dfrac{\sqrt{14}}{\sqrt{2}} = 2.646$　$\dfrac{B}{C} = \dfrac{\sqrt{12}}{\sqrt{2}} = 2.450$　$B = [\bar{1}\,1\,2]$　　(f) $\dfrac{A}{C} = \dfrac{\sqrt{20}}{\sqrt{2}} = 3.162$　$\dfrac{B}{C} = \dfrac{\sqrt{18}}{\sqrt{2}} = 3.00$　$B = [\bar{1}\,2\,2]$

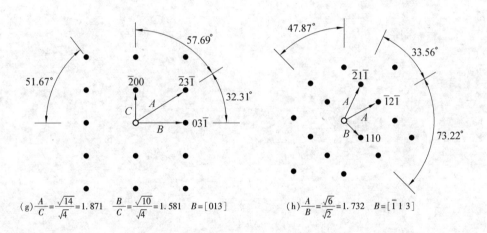

(g) $\dfrac{A}{C} = \dfrac{\sqrt{14}}{\sqrt{4}} = 1.871$　$\dfrac{B}{C} = \dfrac{\sqrt{10}}{\sqrt{4}} = 1.581$　$B = [013]$　　(h) $\dfrac{A}{B} = \dfrac{\sqrt{6}}{\sqrt{2}} = 1.732$　$B = [\bar{1}\,1\,3]$

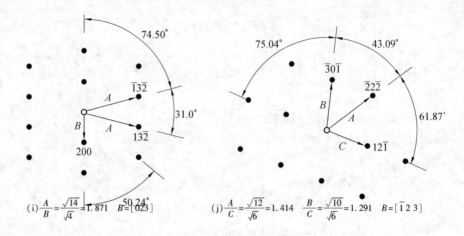

(i) $\dfrac{A}{B}=\dfrac{\sqrt{14}}{\sqrt{4}}=1.871$ $B=[0\bar{2}3]$

(j) $\dfrac{A}{C}=\dfrac{\sqrt{12}}{\sqrt{6}}=1.414$ $\dfrac{B}{C}=\dfrac{\sqrt{10}}{\sqrt{6}}=1.291$ $B=[\bar{1}\,2\,3]$

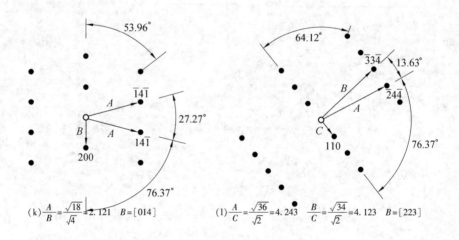

(k) $\dfrac{A}{B}=\dfrac{\sqrt{18}}{\sqrt{4}}=2.121$ $B=[0\,1\,4]$

(l) $\dfrac{A}{C}=\dfrac{\sqrt{36}}{\sqrt{2}}=4.243$ $\dfrac{B}{C}=\dfrac{\sqrt{34}}{\sqrt{2}}=4.123$ $B=[223]$

2. 面心立方晶体的标准电子衍射花样

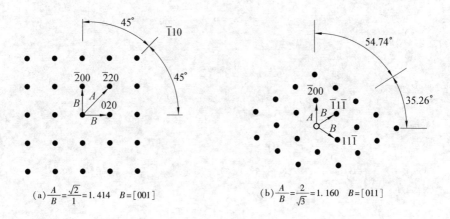

(a) $\dfrac{A}{B}=\dfrac{\sqrt{2}}{1}=1.414$ $B=[001]$

(b) $\dfrac{A}{B}=\dfrac{2}{\sqrt{3}}=1.160$ $B=[011]$

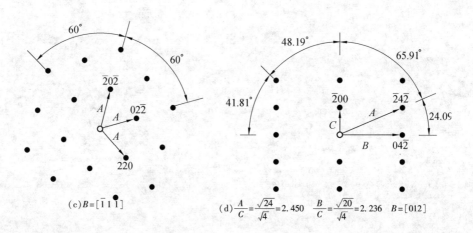

(c) $B=[\bar{1}1\bar{1}]$

(d) $\dfrac{A}{C}=\dfrac{\sqrt{24}}{\sqrt{4}}=2.450$ $\dfrac{B}{C}=\dfrac{\sqrt{20}}{\sqrt{4}}=2.236$ $B=[012]$

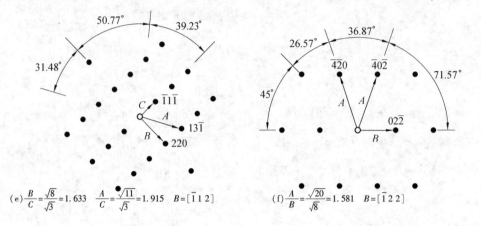

(e) $\dfrac{B}{C} = \dfrac{\sqrt{8}}{\sqrt{3}} = 1.633$ $\dfrac{A}{C} = \dfrac{\sqrt{11}}{\sqrt{3}} = 1.915$ $B = [\bar{1}1\,2]$

(f) $\dfrac{A}{B} = \dfrac{\sqrt{20}}{\sqrt{8}} = 1.581$ $B = [\bar{1}\,2\,2]$

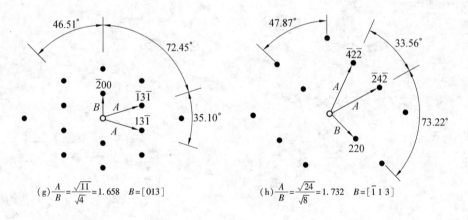

(g) $\dfrac{A}{B} = \dfrac{\sqrt{11}}{\sqrt{4}} = 1.658$ $B = [013]$

(h) $\dfrac{A}{B} = \dfrac{\sqrt{24}}{\sqrt{8}} = 1.732$ $B = [\bar{1}\,1\,3]$

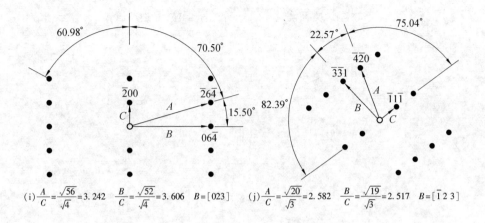

(i) $\dfrac{A}{C}=\dfrac{\sqrt{56}}{\sqrt{4}}=3.242$　$\dfrac{B}{C}=\dfrac{\sqrt{52}}{\sqrt{4}}=3.606$　$B=[023]$　(j) $\dfrac{A}{C}=\dfrac{\sqrt{20}}{\sqrt{3}}=2.582$　$\dfrac{B}{C}=\dfrac{\sqrt{19}}{\sqrt{3}}=2.517$　$B=[\bar{1}23]$

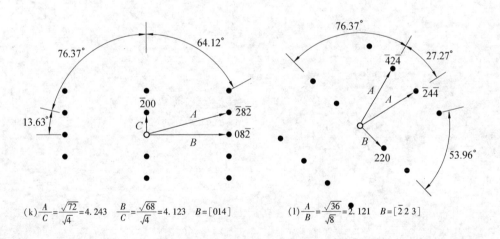

(k) $\dfrac{A}{C}=\dfrac{\sqrt{72}}{\sqrt{4}}=4.243$　$\dfrac{B}{C}=\dfrac{\sqrt{68}}{\sqrt{4}}=4.123$　$B=[014]$　(l) $\dfrac{A}{B}=\dfrac{\sqrt{36}}{\sqrt{8}}=2.121$　$B=[\bar{2}23]$

3. 密排六方晶体$\left(\dfrac{c}{a}=1.633\right)$的标准电子衍射花樣

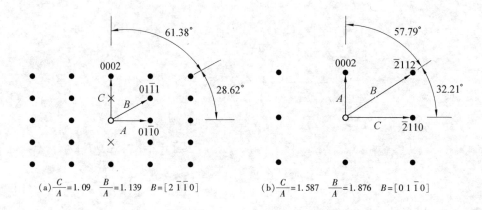

(a) $\dfrac{C}{A}=1.09$ $\dfrac{B}{A}=1.139$ $B=[2\,\bar{1}\,\bar{1}\,0]$

(b) $\dfrac{C}{A}=1.587$ $\dfrac{B}{A}=1.876$ $B=[0\,1\,\bar{1}\,0]$

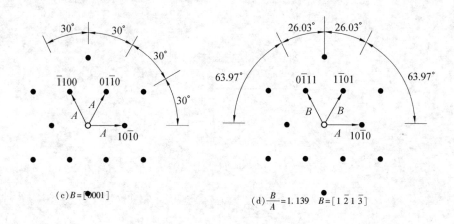

(c) $B=[0001]$

(d) $\dfrac{B}{A}=1.139$ $B=[1\,\bar{2}\,1\,\bar{3}]$

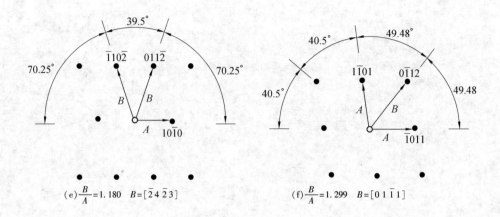

(e) $\dfrac{B}{A}=1.180$　$B=[\bar{2}\,4\,\bar{2}\,3]$

(f) $\dfrac{B}{A}=1.299$　$B=[0\,1\,\bar{1}\,1]$

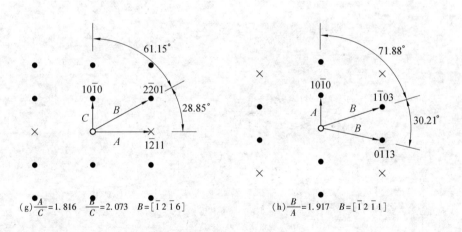

(g) $\dfrac{A}{C}=1.816$　$\dfrac{B}{C}=2.073$　$B=[\bar{1}\,2\,\bar{1}\,6]$

(h) $\dfrac{B}{A}=1.917$　$B=[\bar{1}\,2\,\bar{1}\,1]$

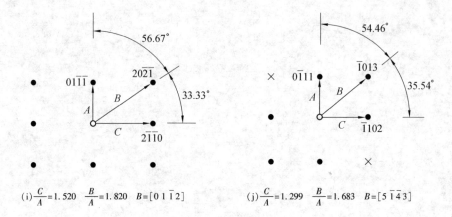

(i) $\dfrac{C}{A}=1.520$　$\dfrac{B}{A}=1.820$　$B=[0\,1\,\bar{1}\,2]$

(j) $\dfrac{C}{A}=1.299$　$\dfrac{B}{A}=1.683$　$B=[5\,\bar{1}\,\bar{4}\,3]$

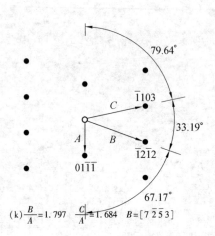

(k) $\dfrac{B}{A}=1.797$　$\dfrac{C}{A}=1.684$　$B=[7\,\bar{2}\,\bar{5}\,3]$

名词索引

A

ASTM 卡片(4.5)

B

波长色散 X 射线谱仪(简称波谱仪)(2.0)

变面增强拉曼散射

(Surface Enhanced Raman Scattering,SERS)(9.4)

C

场发射扫描电子显微镜

(Field Emission Scanning Electron Microscope,FESEM)(2.2)

重合位置点阵(CSL)(2.5)

磁力显微镜

(Magnetic Force Microscopy,MFM)(3.3)

D

电子枪(Electron Gun)(2.1)

电磁透镜(Electromagnetic Lens)(2.1)

Q

取向成像显微技术

(Orientation Imaging Microscopy,OIM)(2.5)

S

SEM 像(1.1)

STEM 像(1.1)

扫描电子显微镜

(Scanning Electron Microscope,SEM)(2.0)

扫描线圈(Scanning Section Coil)(2.1)

摄像仪 CCD(2.5)

扫描探针显微镜

(Scanning Probe Microscope,SPM)(3.0)

扫描隧道显微镜

(Scanning Tunneling Microscope,STM)(3.0)

扫描隧道谱

(Scanning Tunnel Spectrum,STS)(3.2)

T

TEM 像(1.1)

探头 EDX(2.5)

透射电子显微镜

(Transmission Electron Microscopy,TEM) (1.1)

透射扫描成像

（Scanning Transmission Electron Microscopy，STEM）（1.1）

特征 X 射线

（Characteristic X-ray）（2.1）

透射电子（Transmission Electron）（2.5）

脱氧核糖核酸 DNA（3.2）

X

吸收电子（Absorption Electron）（2.5）

X 射线衍射分析（X-ray Diffraction，XRD）（4.1）

X 射线光电子能谱

（X-ray Photoelectron Spectroscopy，XPS）（5.0）

Y

原子力显微镜

（Atomic Force Microscope，AFM）（3.0）

Z

织构（Goss）（2.5）

紫外光电子能谱

（Ultraviolet Photoelectron Spectroscopy，UPS）（5.0）